W0193802

Ein neues Leseerlebnis

Lesen Sie Ihr Buch online im Browser – geräteunabhängig und ohne Download!

Und so einfach geht's:

– Gehen Sie auf **https://mybookplus.de**, registrieren Sie sich und geben Sie
Ihren Buchcode ein, um auf die Online-Version Ihres Buches zugreifen zu können

– **Ihren individuellen Buchcode finden Sie am Buchende**

Wir wünschen Ihnen viel Spaß mit myBook+!

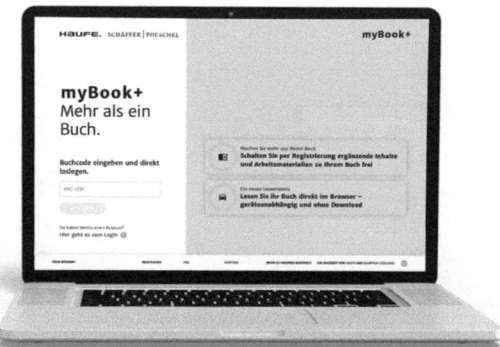

Ideen von heute für die Arbeitswelt von morgen

Zoe Nogai (Hrsg.)

Ideen von heute für die Arbeitswelt von morgen

Wie sich Top-Voices der Generation U30 das Berufsleben der Zukunft vorstellen

1. Auflage

Haufe Group
Freiburg · München · Stuttgart

Bibliografische Information der Deutschen Nationalbibliothek

Die Deutsche Nationalbibliothek verzeichnet diese Publikation in der Deutschen Nationalbibliografie; detaillierte bibliografische Daten sind im Internet über http://dnb.dnb.de/ abrufbar.

Print:	ISBN 978-3-648-17367-1	Bestell-Nr. 14178-0001
ePub:	ISBN 978-3-648-17365-7	Bestell-Nr. 14178-0100
ePDF:	ISBN 978-3-648-17366-4	Bestell-Nr. 14178-0150

Zoe Nogai (Hrsg.)
Ideen von heute für die Arbeitswelt von morgen
1. Auflage, Februar 2024

© 2024 Haufe-Lexware GmbH & Co. KG, Freiburg
www.haufe.de
info@haufe.de

Bildnachweis (Cover): © nd3000, iStock

Produktmanagement: Kerstin Erlich
Lektorat: Gabriele Vogt

Inhaltsverzeichnis

1   Vorwort 11

2   Gedanken zur Zukunft der Arbeit 13
    Einleitung von Zoe Nogai, 27, Projektmanagerin Telekom Deutschland,
    Herausgeberin und Autorin
2.1 Zukunft der Arbeit(-slosen): Wie die Angst vor Neuem unsere Arbeitswelt
    verbessern kann 14
2.2 Multimodal, multilokal, multidimensional: Die Zukunft der Arbeit ist
    ein Kaleidoskop der Möglichkeiten 15
2.3 Die fünf W-Fragen: Warum, warum, warum, warum und wer? 16
2.4 Holt die Personaler*innen raus aus den Personalabteilungen! 18
2.5 Be a leader or be gone: Wir haben keine Zeit mehr für Kompromisse 18
2.6 Scheitern als zentrale Zukunftskompetenz 19

3   Der Einfluss der Gen Z auf Innovations- und Transformationsthemen 21
    Ein Impuls von Hagen Rickmann, zuletzt Geschäftsführer Geschäftskunden,
    Telekom Deutschland & Initiator der DIGITAL X

4   Intrapreneurship: Unternehmerische Freiheit als Innovationstreiber
    (im Konzern) 25
    Im Interview mit Dustin Chabrowski, 29, Gründer und Co-Geschäftsführer von
    SIMPL Technologies GmbH 25
    Im Interview mit Lars Krauß, 29, Jungunternehmer 29

5   Ego und Ellbogen vs. Purpose und Augenhöhe 37
    Von Lisa Hoffmann, 27, Senior Consultant Public Sector, Deloitte
5.1 Was Macht mit uns macht 37
5.2 Eine Definition von Macht 37
5.3 Die Bedeutung von Macht 38
5.4 Formen von Macht 39
5.5 Machtstrukturen erkennen und durchbrechen 40
5.6 Veränderung vorantreiben 41
5.7 Wir brauchen mehr Macht 42
5.8 Persönliche Einschätzung 43
5.9 Handlungsempfehlungen 43

6   Macht und Führung **45**
Im Interview mit Dr. Michael Kerkloh, Aufsichtsrat Lufthansa,
Ex-Geschäftsführer Flughafen München

7   Wie sich Führung mit der und durch die Gen Z verändert **51**
Im Interview mit Max Klemmer, 27, Geschäftsführender Gesellschafter,
Miss Germany Studios, und Co-Founder, Virtual Hero

8   Emotionale Intelligenz als Führungsanker **55**
Von Patrizia Mangold, 28, Projektleiterin & Senior Communication
Manager Digital Channels, HypoVereinsbank
8.1   Einleitung 55
8.2   Einordnung Emotionale Intelligenz und Führung – worum geht es eigentlich? ... 56
8.3   Anforderungen der Generation U30 an Führungskräfte 59
8.4   Die Generation U30 als Führungskräfte 66
8.5   Leadership 2035: Wie gelangen wir zu Emotionaler Intelligenz
        als Führungsanker? 70
8.6   Fazit 76

9   Skills für die Arbeitswelt der Zukunft **83**
Von Julia Huber, 28, Recruiterin in der Automobilindustrie
9.1   Einflussfaktoren auf die Arbeitswelt der Zukunft 83
9.2   Skills für die Zukunft 85
9.3   Die persönliche Lernreise gestalten 89
9.4   Wie Politik und Unternehmen gute Reisebegleiter*innen sein können 92
9.5   Fazit 96

10   Skills der Zukunft **101**
Im Interview mit Isabell Fries, 29, Future of Work & Future Skills Expertin

11   Wissen hilft! **105**
Im Interview mit Angelika Werner, Vizepräsidentin Strategic Relations
an der Frankfurt School

12   Overachieving, Selbstoptimierung und Karriereentwürfe **109**
Von Lola Rogaczewski, 17, Schülerin

13   So tickt die Gen Z wirklich: Das ist dran an den Vorurteilen **113**
Im Interview mit Johanna Heise, 24, Head of Brand, heise, und
Lisa Hoffmann, 27, Senior Consultant Public, Deloitte

14 Warum man seinen Job (nicht) mögen muss 123
Von Antonia Bartl, 27, Cloud Solution Architect bei Microsoft

14.1 Einleitung 123

14.2 Die Generationen im Überblick 124

14.3 Die Liebe zum Job 130

14.4 Handlungsempfehlungen für die Praxis 135

15 Welchen Einfluss Geschlechterrollen in der Arbeitswelt haben 141
*Von Elena Benner, 24, Werkstudentin im Bereich Global People &
Organisation HR Business Partner bei Siemens*

15.1 Einleitung 141

15.2 Geschlecht, Geschlechterstereotype und Geschlechterrollen 142

15.3 Geschlechterrollen in der heutigen Arbeitswelt und ihre Folgen 144

15.4 Vorteile der Geschlechterrollenneugestaltung in der zukünftigen Arbeit 154

15.5 Fazit 161

**16 Welchen Einfluss Diversität und Toleranz auf den
Unternehmenserfolg haben** 171
Die Perspektive außerhalb des binären Spektrums: ein Impuls von Meryl Deep

16.1 Ein ganz normaler (Büro-)Alltag? 172

16.2 Status quo 173

16.3 Schaffung einer gleichstellungsorientierten Unternehmenskultur 174

16.4 Der Blick in die Zukunft 176

16.5 Nachwort von Sanam Moayedi-Stummer, Head of Talent Netflix DACH, Nordics,
Central & Eastern Europe 179

17 New Pay: das Vergütungssystem der Zukunft 181
Von Kaja Braun, 28, Managing Director, Pinetco GmbH

17.1 Warum wir über Geld sprechen müssen 181

17.2 Worüber reden wir? Gehalt und Vergütungssysteme 183

17.3 Ein neuer Ansatz: New Pay 185

17.4 Was wünscht sich die junge Generation? 191

17.5 Wie sieht Gehalt 2035 aus? 194

17.6 Was Organisationen jetzt tun müssen 194

18 Was verdienst du, zu verdienen? 199
Ein Impuls von Anissa Brinkhoff, Finanzjournalistin

1 Vorwort

Herzlich Willkommen in der Arbeitswelt der Zukunft – aus Sicht der Generation U30. Auf den folgenden Seiten finden Sie eine Sammlung an Beiträgen und Interviews von und mit Menschen unter 30, die versuchen, mit ihrer Perspektive alteingesessene Systeme in der Arbeitswelt neu zu bewerten, Ideen einzubringen und Ihnen dabei auch noch ihre eigene Generation, ihr Denken und Handeln näherzubringen. Sofern sinnvoll, werden Sie zudem vereinzelt sogenannte Gegendarstellungen von etablierten Manager*innen und Persönlichkeiten aus der Wirtschaft finden, die sich zum selben Thema wie ihre jungen Vorredner*innen äußern und so direkt die Gemeinsamkeiten und Unterschiede in den Perspektiven verdeutlichen. Ich für meinen Teil bin positiv überrascht aus den Gesprächen gegangen und hoffe, dass es Ihnen, liebe Leser*innen, ähnlich ergehen wird.

Dieses Werk ist nicht als Kritik an Bestehendem gedacht, nicht als mahnend erhobener Zeigefinger zu allem, was hier beleuchtet wird. Was bisher war, kann durchaus seine Berechtigung gehabt haben bzw. teils auch heute noch wertvoll sein, denn die Summe der bisher getroffenen Entscheidungen, die Leitsätze und Wertesysteme der Vergangenheit haben uns an den Punkt gebracht, an dem wir uns heute befinden. Zudem lässt sich die Vergangenheit auch nicht verändern, wir können sie nur verstehen, daraus lernen und dadurch die bestmögliche Gegenwart und Chancen für die Zukunft schaffen.

Doch genug mit Visionen – was wirklich zählt, sind Taten. Dieses Buch ist nicht nur eine Einladung zum Nachdenken, sondern auch ein Handbuch für die Praxis. Kuratiert, erlebt und betrachtet durch die kritischen Augen jener, die die Arbeitswelt der Zukunft maßgeblich mitgestalten werden.

Ich wünsche Ihnen beim Lesen viel Freude, Inspiration, und den wachsenden Willen, den Status quo herauszufordern. Die Zukunft der Arbeit ist bereits hier, lassen Sie sie uns gemeinsam gestalten.

Zoe Nogai

2   Gedanken zur Zukunft der Arbeit

Einleitung von Zoe Nogai, 27, Projektmanagerin Telekom Deutschland, Herausgeberin und Autorin

Wir stehen an der Schwelle zu einer neuen Arbeitsrealität. Getrieben durch Einflüsse auf gesellschaftlicher, politischer und wirtschaftlicher Ebene, stehen wir aktuell vor der Herausforderung und gleichzeitigen Chance, eine Veränderung der Zukunft der Arbeitswelt mitzugestalten – oder dies fernab unserer Handlungen geschehen zu lassen. Als Teil der Generation U30 habe ich noch einen Großteil meiner beruflichen Laufbahn vor mir und den Anspruch, an der Gestaltung dieser Veränderung maßgeblich mitzuwirken. Einen ersten Ansatz, wie dies aussehen kann, liefert dieses Kapitel, in dem ich sechs Denkanstöße skizziere und ihre Machbarkeit und Auswirkungen diskutiere. Die sechs Thesen verfolgen dabei auf keinen Fall den Anspruch einer Vollständigkeit, könnte man doch ewig weiterspinnen, welche Trends noch Einfluss auf unsere Zukunft nehmen und welche Paradigmenwechsel möglich sein können. Vielmehr soll dies ein erster und durchaus generalistischer Blick auf eine Vielzahl an relevanten Themenfeldern sein, der in das Thema des Gesamtwerks einführt und zum Nachdenken verleiteten soll.

1. **Zukunft der Arbeitslosen**: Die Angst vor Neuem lähmt. Sie lähmt Abläufe, Menschen, Gesellschaften. Wenn man sich den Ängsten und Sorgen jedoch konsequent stellt, können sie zum Wegweiser für Veränderung und Innovation werden. Technologien wie künstliche Intelligenz nehmen uns die Arbeitsplätze weg? Klasse – was können wir daraus über uns, unsere Tätigkeiten und unsere Werte als Gesellschaft lernen?
2. **Multimodal, multilokal, multidimensional – wie lange noch bis zur Multi-Überforderung?** Oder sind wir dort bereits angekommen? Die Zukunft der Arbeit wird unbestreitbar viel: viel Neues, dass es zu erkennen, verstehen und nutzen gilt. Viel Komplexität, die es zu sortieren und zu managen gilt. Aber: Die Zukunft der Arbeit kann auch ein Kaleidoskop an Möglichkeiten darstellen.
3. **Die fünf W-Fragen: Warum, warum, warum, warum und wer?** Auf dem Weg in die Zukunft geraten viele Glaubenssätze und traditionelle Werte ins Wanken. Genau dann befinden sich Menschen immer stärker auf der Suche nach Sinn. Und nach der richtigen Führung, die Orientierung gibt. Zwei Fragen, die wir uns nicht mehr stellen werden: wo und wie?
4. **Holt die Personaler*innen raus aus den Personalabteilungen!** Die wichtigste Ressource für Unternehmen? Die Mitarbeiter*innen. In Zeiten von Fachkräftemangel, steigendem Innovationsdruck, zunehmender Komplexität und intelligenten Technologien im Nacken, braucht es HR-Expertise in jedem Team. Und HR-ler*innen, die das Kerngeschäft verstehen. Beides lässt sich nur erreichen, indem man die Personaler*innen überall einsetzt – außer in den weit entfernten isolierten Personalabteilungen.

5. **Be a leader or be gone** – wir haben keine Zeit mehr für Kompromisse bei der Besetzung von Führungspositionen. Führung ist der Dreh- und Angelpunkt für den Unternehmenserfolg. Wenn wir weiterhin Menschen Führungspositionen bekleiden lassen, weil es unangenehm oder vertraglich schwierig ist, diese wegzubewegen, kommen wir nicht weiter. Führungspositionen müssen kompromisslos mit Menschen besetzt werden, die wissen, wie man Teams durch Komplexität begleitet, Orientierung geben und vor allem schnell sind: im Lernen, Situationen lesen, Entscheidungen treffen und umsetzen.

6. **Scheitern lernen! Oft, schnell und gerne!** Keine Scheu mehr vor dem Gefühl, in vollem Tempo gegen geschlossene Türen zu rennen – und wenn es mal eine Wand ist, auch gut. Zielen geübt wird wann anders. Ohne Scheitern kein Erfolg. Schnelles Scheitern, schneller Erfolg. Das heißt: das Gefühl aussitzen, es lieben lernen und dabei nie das Ziel aus den Augen verlieren.

2.1 Zukunft der Arbeit(-slosen): Wie die Angst vor Neuem unsere Arbeitswelt verbessern kann

Wer von der Zukunft der Arbeit spricht, hat das Wort »Arbeit« zu früh beendet. Denn in einer von künstlicher Intelligenz organisierten und dominierten Welt ist der eigene Arbeitsalltag vor allem eins: nicht mehr existent. Die Zukunft der Arbeit ist eine Zukunft der Arbeitslosen, denn die schlimmste Angst vieler ist eingetreten: Eine KI kam, sah und machte es besser.

Während nun also ein lernender Algorithmus unsere Jobs erledigt, sitzen wir in Jogginghose auf unseren abgewetzten Sofas und suchen verzweifelt nach einem Sinn im Leben, nach einer Struktur, um durch die Woche zu kommen, und einem Lebensinhalt, der uns ein bisschen Selbstwert verschafft. Ohne den aktiven Arbeitsvertrag gibt es keinen prestigeträchtigen Titel, über den man sich definieren kann, keine vertraglich festgelegte Leistung, an der man den eigenen Wert messen kann, keine Organisationsstruktur, die Halt in der endlos scheinenden Schleife zwischen Tag und Nacht und Tag und Nacht gibt. Getrieben durch die befürchtete Übernahme unserer Arbeitswelt durch eine KI, die unsere Jobs nicht nur schneller, sondern auch besser erledigt, sehen wir uns in wenigen Jahren damit konfrontiert, uns komplett neu aufzustellen, um die eben skizzierte Realität zu vermeiden.

Ohne dass wir uns jeden Morgen in überfüllte und schwüle Straßenbahnen oder mit dem SUV in den Stau der Stadtautobahnen quetschen, acht Stunden lang auf Bildschirmen diverser Endgeräte Tabellen anstarren, Kästchen auf Slides ausrichten und passiv aggressive E-Mails versenden, sieht das Leben plötzlich irgendwie kahl aus. Das wird auch daran liegen, dass es ohne Festanstellung schnell an den liquiden Mitteln fehlt, das teure Gravel Bike zu finanzieren, mit dem man jeden Abend 80 Kilometer vor den eigenen Gedanken flieht. Und auch das trilinguale Ballett-Mathe-Camp der Kinder, mit dem man sie auf die Überholspur für deren Lebensgestaltung setzt, scheint plötzlich nicht mehr so erschwinglich. An dieser Stelle lohnt es sich einmal zu hinterfragen, was für eine Arbeitswelt wir uns in Zukunft eigentlich schaffen wollen und auch, ob wir das aktiv tun oder aber nur getrieben durch Sorge vor Neuem reagieren und uns dadurch eine Zukunft entstehen lassen, ohne selbst mitzugestalten.

Vielleicht schaffen wir eine neue Ära, in der nicht die formelle Anstellung, sondern die persönliche Entwicklung und Erfüllung im Vordergrund stehen. In der wir einer künstlichen Intelligenz als partnerschaftliche Ergänzung der eigenen Fähigkeiten Platz schaffen, um repetitive Aufgaben auszulagern, Entscheidungsprozesse zu verbessern und Effizienzen zu heben. Und dabei ist das allseits beliebte Thema der Künstlichen Intelligenz nicht isoliert zu betrachten, denn dieses Buzzword, so viel auch dahintersteckt, ist in diesem Kontext mit einer Vielzahl an weiteren Trendthemen austauschbar. Der formulierte Appell verändert sich dadurch nicht.

Die Zukunft der Arbeit mag unsicher sein, aber darin liegt auch die Chance, uns von veralteten Vorstellungen zu befreien und eine Arbeitsrealität zu gestalten, die mehr ist als nur das, was auf einem Gehaltszettel steht. Die Angst vor dem Neuen, Unbekannten, die sich gerne auch dann äußert, wenn es einer Gesellschaft sehr gut geht, wenn sie von Wohlstand verwöhnt ist und diesen durch das Neue bedroht sieht, sorgt dabei ironischerweise mit dafür, dass dieser dem Ende entgegengeht. Denn Angst lähmt. Sie lähmt Abläufe, indem diese sich nicht verändern, dadurch veralten und im Umfeld der ständigen Veränderung nicht mehr zum gewünschten Ziel führen. Sie lähmt Menschen, die von Paranoia und Unsicherheit getrieben schlechte Entscheidungen treffen oder in gänzlicher Entscheidungsparalyse steckenbleiben. Sie lähmt ganze Gesellschaften, die vor lauter Sorge um Verlust verlieren. Wenn man sich den Ängsten und Sorgen jedoch konsequent stellt, können sie zum Wegweiser für Veränderung und Innovation werden. Angefangen bei der beliebten Sorge um die Sicherheit der Arbeitsplätze im Angesicht einer künstlichen Intelligenz und anderen technischen Neuerungen. Wir sollten jede Sorge und jede Angst willkommen heißen und uns ernsthaft damit auseinandersetzen, wo diese herkommt, was man aus diesen Reaktionen lernen und wie man mit diesen weiterkommen kann – anstatt sich von den Gefühlen getrieben fremdsteuern zu lassen.

2.2   Multimodal, multilokal, multidimensional: Die Zukunft der Arbeit ist ein Kaleidoskop der Möglichkeiten

Neben externen Markteinflüssen wie Trends und Technologien (und der Sorge vor ihnen) spielen auch die Rahmenbedingungen der Arbeitswelt eine wichtige Rolle. Sie werden sich sicher schon gefragt haben, auf der wievielten Seite eines Buchs der Generation Z zur Arbeitswelt es um Forderungen zu Geld, Einfluss und Freizeit geht. Die Antwort ist: direkt hier zu Beginn. Denn Fakt ist, die Zukunft wird immer komplexer. Und um diese Komplexität zu managen, gilt es geeignete Rahmenbedingungen zu finden, um dies bestmöglich zu unterstützen. Dazu gehören Arbeitszeitmodelle, Gehaltsmodelle und auch kulturelle Themen wie Fehler- oder Führungskultur. Wer sich etwas damit beschäftigt, wird feststellen, dass all diese Themen eng verstrickt sind und einander bedingen. So beeinflussen beispielsweise Arbeitszeitmodelle die Work-Life-Balance, Gehaltsmodelle haben Auswirkungen auf die Motivation und Produktivität, und die richtige Führungskultur sorgt maßgeblich für Zusammenhalt und Innovationsfähigkeit in Teams.

Die Zukunft der Arbeit ist von einer geradezu schwindelerregenden Komplexität geprägt. Das ganze System ist komplex – und wird zunehmend komplexer. Und so viele Möglichkeiten dies auch mit sich bringt, so darf man eins nicht außer Acht lassen: Komplexität zu managen ist eine Fähigkeit, die es zu lernen und konsequent zu üben gilt. Und die einen auch schnell mal überfordern kann. Die rasche Entwicklung von Technologien, die Globalisierung der Märkte und die steigende Vielfalt der Arbeitsmodelle tragen dazu bei, dass sich die Rahmenbedingungen ständig verändern müssen, denn die verschiedenen Treiber im System verändern sich ebenfalls kontinuierlich. Sinnvolle Rahmenbedingungen können nicht statisch sein, sondern entwickeln sich dynamisch mit. Die Kunst besteht darin, Komplexität nicht als Hindernis, sondern als Chance zu erkennen. So können geeignete individuelle Arbeitszeitmodelle die Flexibilität fördern, innovative Gehaltsmodelle die Motivation steigern und eine offene Fehler- und Führungskultur den Weg für kreatives Denken vorzeichnen.

Komplexität zu managen, erfordert jedoch nicht nur die Implementierung angepasster dynamischer Rahmenbedingungen, sondern auch ein Umdenken in der Art und Weise, wie wir Arbeit als Ganzes betrachten, und die Komplexität nicht nur zu bewältigen, sondern sie als Treibstoff für Innovation und Wachstum zu nutzen. Wer die Zukunft der Arbeitswelt gestalten will, muss die Kunst beherrschen, mit der Komplexität umzugehen und sie zum jeweiligen Vorteil zu nutzen: sei es zum Vorteil des Unternehmens, der Gesellschaft oder auch dem eigenen. Diejenigen, die die Komplexität entschlüsseln können, werden die Architekt*innen der neuen Arbeitswelt sein.

2.3 Die fünf W-Fragen: Warum, warum, warum, warum und wer?

Auf dem Weg in die Zukunft geraten viele Glaubenssätze und traditionelle Werte ins Wanken. Die einzige Konstante ist die Veränderung. Genau dann befinden sich Menschen immer stärker auf der Suche nach Sinn. Und nach der richtigen Führung, die Orientierung gibt. Was wir nach vorne brauchen, sind ein wenig mehr Unerschrockenheit und revolutionärer Geist, wir brauchen Realisten mit einem Hang zur Innovation. Der Umgang mit Themen wie Künstlicher Intelligenz, Automatisierung und virtueller

Realität wird dabei eine ebenso entscheidende Rolle spielen, denn was heute bereits Realität ist, wird morgen noch viel mehr bedeuten. Ob alles so eintritt, wie man es heute erwartet, kann niemand mit Sicherheit sagen. Aber gute Vorbereitung – und diese startet mit der richtigen Einstellung, der Offenheit und der Kompetenz im Umgang mit Neuem – ist dabei der entscheidende Differenzierer zwischen Gestalten und Gestaltetwerden. Das mächtigste Werkzeug im Dschungel der Veränderung ist das kritische Hinterfragen. Und so werden aus den klassischen 5-W-Fragen, die wohl jede*r aus irgendeiner Kommunikationsschulung, Wirtschaftsausbildung oder sonstigen Qualifizierungsmaßnahme kennt, die folgenden:

1. Warum?
2. Warum?
3. Warum?
4. Warum?
5. Wer?

Wenn man nur oft genug hinterfragt, kommt man zum wahren Kern eines jeden Problems. Aber um dieses dann auch zu lösen, darf die letzte, die entscheidende Frage nicht vergessen werden. In einer Welt des stetigen Wandels und der komplexen Arbeitsstrukturen ist die Frage nach dem »Wer« von entscheidender Bedeutung. Wer sind die Akteur*innen, die die Veränderung vorantreiben können? Wer sind die Innovator*innen, die neue Ideen einbringen? Wer sind die (Mit-)Gestalter*innen einer zukunftsfähigen Arbeitswelt? Diese Frage geht über individuelle Verantwortlichkeiten hinaus und bezieht sich auf das kollektive Engagement und die gemeinsame Verantwortung aller Beteiligten. Das »Wer« lenkt den Fokus auf die Wertschätzung der menschlichen Arbeitskraft, auf die Verantwortung von Unternehmen, eine Arbeitsumgebung zu schaffen, die die individuellen Stärken und Talente der Mitarbeiter*innen fördert, und erkennt die wichtigste Ressource der Arbeitswelt der Zukunft, den Menschen, als ebendiese an. Und nur an der richtigen Stelle eingesetzt kann diese Ressource ihre Kraft auch entfalten, weshalb es von zentraler Bedeutung ist, zu hinterfragen, ob die individuellen Stärken und Talente am Einsatzort optimal eingebracht sind.

Zwei Fragen, die wir uns im Kontext der Zukunft der Arbeitswelt übrigens nicht mehr stellen werden: Wie und wo? Die Frage nach dem »Wie« verliert ihre Eindeutigkeit, da neue Technologien und innovative Arbeitsmodelle immer vielfältigere Möglichkeiten bieten. Das »Wo« wird durch die Flexibilität ersetzt, an verschiedenen Orten zu arbeiten – sei es im Büro, im Homeoffice, in Coworking Spaces oder auf Workations. Wobei Flexibilität ja auch so ein Wort ist, welches in der modernen Arbeitswelt so oft verwendet wird, dass es fast seinen Sinn verloren hat. Dabei ist es so viel mehr als nur ein Buzzword. Es ist die Forderung nach einem Arbeitsumfeld, das sich an Bedürfnisse anpasst, das Raum für Kreativität schafft und uns erlaubt, das Beste aus unseren Fähigkeiten herauszuholen. Weg von starren Strukturen und festgefahrenen Hierarchien, kann Flexibilität die Stärken der Individualität und Kollaboration in Einklang bringen.

Die richtigen Fragetechniken können Katalysator für Veränderung sein. Insbesondere das »Warum« – so häufig wiederholt, dass Sie sich wie ein Kleinkind fühlen, welches die Welt zum ersten Mal in der Form wahrnimmt – ist ein Instrument der Transformation. Es hilft, die tieferen Ursachen von Herausforderungen zu erkennen und innovative Lösungsansätze zu entwickeln. Dass »Wo« und »Wie« in den Hintergrund zu rücken, zeigt, dass die Zukunft der Arbeit nicht länger durch den physischen Ort oder konkrete Arbeitsprozesse definiert wird, sondern vielmehr durch die Menschen und ihre Fähigkeit, sich ihre Neugierde beizubehalten und alles zu hinterfragen.

2.4 Holt die Personaler*innen raus aus den Personalabteilungen!

Die wichtigste Ressource für Unternehmen? Die Mitarbeiter*innen. In Zeiten von Fachkräftemangel, steigendem Innovationsdruck, zunehmender Komplexität und intelligenten Technologien im Nacken, braucht es HR-Expertise in jedem Team. Und HR-ler*innen, die das Kerngeschäft verstehen. Beides lässt sich nur erreichen, indem man die Personaler*innen überall einsetzt – außer in den weit entfernten isolierten Personalabteilungen. Diese These stellt nicht nur eine räumliche Neuorientierung, sondern eine Aufforderung zur Neugestaltung der Rolle der HR-Bereiche – und wir sprechen hier vielmehr von Relationen statt Ressourcen – im modernen Arbeitsumfeld dar.

Indem man Personaler*innen näher in die geschäftskritischen Bereiche der Unternehmen bewegt, ermöglicht man einen intensiveren Austausch über Themen wie Work-Life-Balance, Karriereentwicklung und persönliches Wohlbefinden. Also über all die Themen, die sich in der Arbeitswelt der Zukunft konstant und rapide verändern und entsprechend gemanagt werden müssen. Diese räumliche und inhaltliche Nähe sorgt für neue Perspektiven auf beiden Seiten: der der Personaler*innen und der der Fachseite. Indem beide ein tieferes Verständnis für die Inhalte der anderen Seite erhalten, können Themen wie Weiterbildungsmaßnahmen und Talentmanagement, die absolute Erfolgskriterien für Unternehmen darstellen, eine neue inhaltliche Tiefe und Abstimmung auf den Markt erhalten. Die Zukunft des HR-Managements liegt also möglicherweise darin, Personaler*innen als integrale Bestandteile des Unternehmens zu sehen, die direkt an der Schaffung einer modernen und mitarbeiterzentrierten Arbeitskultur beteiligt sind.

2.5 Be a leader or be gone: Wir haben keine Zeit mehr für Kompromisse

Egal, worum es im Kontext der Arbeitswelt der Zukunft geht, früher oder später laufen die Fäden bei der Führungsarbeit zusammen. Die Marktsituation, der Paradigmenwechsel in der Arbeitswelt, die steigende Komplexität unserer gesamten Lebensrealität – je mehr Veränderung stattfindet, desto wichtiger sind gewisse Sicherheiten und Orientierungspunkte. Kurzum: Führung. Führung scheint der Dreh- und Angelpunkt für den Unternehmenserfolg zu sein. Entsprechend müssen Führungspositionen kompromisslos mit Menschen besetzt werden, die wissen, wie man Teams durch Komplexität begleitet, Orientierung gibt, und vor allem schnell sind: im Lernen, Situationen lesen, Entscheidungen treffen und umsetzen.

Kompromisslosigkeit in diesem Kontext bedeutet nicht, dass wir bei autoritärer Durchsetzung landen. Im Gegenteil – das Vorgehen erfordert ein ganz besonderes Fingerspitzengefühl, denn es geht an vielen Stellen darum, Menschen mit Führungsverantwortung auf andere Karrierewege zu leiten, ohne sie dabei zu demotivieren und das Gefühl einer Degradierung zu vermitteln. Dies bedeutet im Umkehrschluss, dass eine Aufwertung von Expert*innenkarrieren mit der Transformation der Führungskultur Hand in Hand geht. Zudem bedarf es einer hohen Fehlertoleranz, Risikobereitschaft und der Fähigkeit, aus Fehlern zu lernen. Organisationen müssen einen Raum schaffen, in dem innovative Ideen entstehen können, ohne dass der Druck zu fehlerfreiem Handeln diese direkt unterdrückt.

Für effektive Führung sind partnerschaftliche Zusammenarbeit auf Augenhöhe, Authentizität, Transparenz und Empathie wichtige Eckpfeiler. Die Zeiten, in denen Macht einseitig von oben nach unten floss, sind vorbei. Das sagen wir uns bereits heute, in Zukunft wird es jedoch tatsächlich auch umgesetzt und gelebt. Es bedarf einer dezentralisierten Struktur, in der jede*r Einzelne seine Stimme nutzen und Einfluss nehmen kann. Machtdynamik wird neu definiert, weg von starren Hierarchien hin zu einem dynamischen Netzwerk von Ideen und Innovationskraft. Die Zukunft der Arbeit wird maßgeblich gestaltet durch die Zukunft der Führung und diese erfordert eine Transformation der Denkweise, die über das Konventionelle hinausgeht.

Die Komplexität der Zukunft fordert von uns nicht nur flexiblere Führung und innovative Machtstrukturen, sondern auch die Fähigkeit, im Chaos zu navigieren. Wenn sich Veränderungen schneller vollziehen als die Software-Updates auf unseren Smartphones, müssen wir in der Lage sein, mit Ambiguität und Unsicherheit umzugehen. Vielleicht ist die wirkliche Herausforderung der Zukunft, herauszufinden, wie man eine klare Strategie entwickelt, wenn die einzige Konstante die Veränderung ist. Und auch das ist eine Eigenschaft, die jede Führungskraft kompromisslos mitbringen muss.

2.6   Scheitern als zentrale Zukunftskompetenz

Gewöhnen Sie sich an das Gefühl, in vollem Tempo gegen geschlossene Türen zu rennen – und wenn es mal eine Wand ist, auch gut. Ohne Scheitern kein Erfolg. Dieses Paradoxon wird zur zentralen Zukunftskompetenz. Schnelles Scheitern, schneller

Erfolg. Es ist an der Zeit, dass Scheitern einen Imagewechsel durchläuft. Scheitern ist nicht das Ende, sondern der Beginn einer neuen Lektion. Niederlagen auszuhalten, zu lernen, das Potenzial in diesen zu sehen und etwas Neues daraus entstehen zu lassen, kurzum Resilienz, ist die Währung der Zukunft. Durch das Akzeptieren und Verarbeiten von Misserfolgen gewinnen Individuen und Organisationen an Stärke und Anpassungsfähigkeit. Scheitern ist ein notwendiger Schritt auf dem Weg zu bahnbrechenden Ideen und kreativer Disruption.

»Fail Fast, Fail Often« hat wohl jede*r schon mal im ein oder anderen Kontext der New-Work-Debatte gehört. Es geht darum, schnell zu erkennen, dass man scheitern wird, sich entsprechend darauf einzustellen, daraus zu lernen und sich zügig auf neue Wege zu begeben. Diese Haltung der Akzeptanz und der Motivationsquelle gegenüber dem Scheitern schafft eine offene Kultur, in der Menschen bereit sind, Risiken einzugehen und innovative Ideen zu verfolgen. Indem wir das Scheitern als einen natürlichen Bestandteil eines Wachstumsprozesses akzeptieren und es als Sprungbrett für Innovation nutzen, gestalten wir nicht nur unsere eigene Entwicklung, sondern tragen auch zur kreativen Dynamik einer sich stetig wandelnden Arbeitswelt bei.

Über Zoe Nogai

Zoe Nogai (27, sie/ihr) ist Projektmanagerin bei der Telekom Deutschland, Gründerin der Initiative U30for35 sowie Speakerin und Autorin für Themen rund um New Leadership, Transformation und Generation Z. Die studierte Betriebswirtin bringt acht Jahre Konzernerfahrung mit und kennt daher aus erster Hand beide Welten: die der nachrückenden Generation am Markt und die der traditionellen Konzern- und Arbeitswelt.

Dieser Hintergrund ermöglicht es ihr, über aktuelle gesellschaftliche Herausforderungen im Zusammenhang mit Veränderungen und Trends zu schreiben und praxisnahe Handlungsempfehlungen zu geben, die ein breites Spektrum an Perspektiven berücksichtigen. Sie verfolgt das Ziel, durch die Verbindung von klassischen Konzern-Insights und einem facettenreichen Blick auf die Zukunftsperspektiven junger Menschen einen konstruktiven Dialog zu fördern und Verständnis füreinander zu schaffen. Auch soll durch ihre Veröffentlichungen mit gezielt eingebrachten Moonshots zum Träumen angeregt werden, denn die Zukunftsfähigkeit unserer Gesellschaft, so ist sie sich sicher, hängt zu großen Teilen von der Fähigkeit ab, Neues zu wagen und Innovationen voranzutreiben.

3 Der Einfluss der Gen Z auf Innovations- und Transformationsthemen

Ein Impuls von Hagen Rickmann, zuletzt Geschäftsführer Geschäftskunden, Telekom Deutschland & Initiator der DIGITAL X

Wir kennen sie alle: die berühmte »Extra-Meile«. Besonders bei Innovation und Transformation spielt sie eine zentrale Rolle. Denn beides entsteht außerhalb der Komfortzone – man ist vernarrt ins Thema, arbeitet sich immer tiefer ein und, ja, hat fast schon eine Art Manie, hier endlich den Durchbruch zu erreichen. Wenn wir der aktuellen Medienlandschaft Glauben schenken, wäre Innovation künftig mit der Generation Z vorbei: zu faul, zu freizeitorientiert und nicht mehr belastbar. Stimmt das wirklich?

Mit dem Finger auf andere zeigen, statt sich an die eigene Nase fassen – das können wir in Deutschland gut. Denn schauen wir beispielsweise mal selbstkritisch auf internationale Digitalvergleiche, gehören wir bisher nicht zu den Vorreitern. Also scheinen ältere Generationen auch nicht alles richtig gemacht zu haben, oder?

Aus meiner Sicht haben wir aktuell – mehr denn je – ein Mindset-Problem:
- Wir diskutieren eher über Risiken von digitalen Technologien statt über deren Chancen.
- Wir beschäftigen uns mehr mit dem »Aber« als dem »Und«.
- Wir lieben Prozesse statt pragmatischer Lösungen.

Natürlich ist das bewusst überspitzt. Jedoch treten wir durch diese Diskussionen auf der Stelle. Was wir jetzt brauchen, ist ein Digital-Turbo. Und diesen schaffen wir mit neuem digitalen Mindset, Transparenz über gegenseitige Bedürfnisse und eben der gewissen »Extra-Meile«.

Wie kann das gemeinsam mit der Gen Z gelingen?

Das digitale Mindset wurde ihnen als Generation der »Digital Natives« zu großen Teilen immerhin bereits in die Wiege gelegt. Dazu gehört nicht nur die Affinität für Devices und Software, sondern auch tendenziell eine fortgeschrittenere Fehlerkultur, Pragmatismus sowie Offenheit gegenüber Neuem. Allem voran sind sie eher getrieben von Sinnhaftigkeit und persönlichen Werten.

Insbesondere durch letztere sind Unternehmen heutzutage auf dem Arbeitsmarkt gezwungen, aus ihrer Komfortzone herauszugehen. Klassische Arbeitsmodelle wie

»nine to five« werden hinterfragt, es wird mehr Wert auf persönliche Entwicklung und Work-Life-Balance gelegt sowie Vision und Sinn gefordert. Hier könnten wir in den altbekannten Modus verfallen, mit dem Finger darauf zu zeigen, und uns im »Faulheits-Argument« bestätigt fühlen.

Doch das bringt uns nicht weiter. Was zählt, sind die Ergebnisse, nicht geleistete Arbeitsstunden. Setzen wir die Chancen-Brille auf, so ist dies vielleicht unser Weckruf, gemeinsam neue Wege einzuschlagen? Gelingen kann uns das mit völliger Transparenz über die jeweiligen Bedürfnisse – sowohl seitens der Arbeitgeber als auch der Arbeitnehmenden. Erwarte ich als Arbeitergeber beispielsweise, dass über die Wochenarbeitszeit hinaus gearbeitet wird? Möchte ich als Arbeitnehmerin oder Arbeitnehmer meine Regelarbeit erledigen, dann aber den Fokus auf das Privatleben legen? Hier gilt es, jeweils den gemeinsamen Nenner zu finden und zusammenzubringen.

Denn wenn uns das endlich gelingt und wir gleichzeitig den Menschen und die Vision ins Zentrum der digitalen Welt rücken, generieren wir Sinnhaftigkeit. Dadurch entsteht Richtung, Energie und Leidenschaft, die wir brauchen, um uns für die wichtigen Dinge einzusetzen – ganz unabhängig von Gen Z, Y oder X. Denn Disziplin ist nicht abhängig von der Generation, sondern von Persönlichkeit und Werten.

Es gibt heutzutage also nicht mehr nur Schwarz oder Weiß. Egal mit welchem Thema wir uns beschäftigen, die Bandbreite zwischen den Polen ist endlos. Wir müssen gemeinsam und generationsübergreifend einen Weg finden, die Welt zu einem besseren Ort zu machen als zuvor – mit Innovation, Transformation und gezielten Nachhaltigkeitsbestrebungen.

Lassen Sie uns anderen, und in diesem Falle insbesondere den neuen, Generationen und deren Überzeugungen so offen gegenüber sein, wie wir es auch selbst von ihnen erwarten. Denn abgesehen vom Arbeitsmarkt dürfen wir auch nicht vergessen, dass kommende Generationen die Kunden von morgen sind. Sie fordern digitale Kundenerlebnisse und Produkte, die mit ihrem Wertekonstrukt vereinbar sind. Wer nicht mit diesem Zeitgeist mithält, verspielt früher oder später seine Zukunft.

Ich bin mir also sicher: Die Gen Z wird zukünftig einen positiven Einfluss auf Innovations- und Transformationsthemen nehmen – nur eben auf eine andere Art und Weise als bisher. Das bringt uns aus der Komfortzone und das ist gut so. Es liegt nun an uns als derzeitige Entscheiderinnen und Entscheider, sich auf diesen Wandel einzulassen und ihn aktiv mitzugestalten.

Über Hagen Rickmann

Digitalisierung, insbesondere des Mittelstands, ist das Herzensthema von Hagen Rickmann. Als Geschäftsführer leitete er von 2015 bis 2024 den Geschäftskundenbereich der Telekom Deutschland GmbH und war Schirmherr der DIGITAL X.

4 Intrapreneurship: Unternehmerische Freiheit als Innovationstreiber (im Konzern)

Im Interview mit Dustin Chabrowski, 29, Gründer und Co-Geschäftsführer von SIMPL Technologies GmbH

Vom Konzernleben in die Start-up-Welt: Dustin Chabrowski hat den Schritt gewagt und sich von der Softwaresparte der Automobilindustrie in die CTO-Rolle seines eigenen Unternehmens gewagt. Im Gespräch mit ihm habe ich herauszufinden versucht, was Entscheider*innen aus Konzernen von diesem Schritt lernen können, um Menschen mit Erfindergeist, wie Dustin, für sich zu gewinnen und zu halten, und was sonst an Informationsaustausch zwischen Start-up-Welt und Konzernalltag stattfinden sollte.

Dustin, wie wird sich die Arbeitswelt bis 2035 entwickeln?

Die Arbeitswelt wird deutlich stärker durch künstliche Intelligenz und Automatisierung geprägt sein. Wir sehen aktuell, was ChatGPT bereits für einen Einfluss genommen hat, und so wird es ab jetzt immer weitergehen. Das bedeutet, dass Jobs wegfallen werden, aber genauso entstehen völlig neue. Diese werden jedoch allesamt eine gewisse Digitalkompetenz erfordern.

Weitere Trends, die die Arbeitswelt aus meiner Sicht beeinflussen werden, sind die Themen Lebenslanges Lernen, Personal Branding und Intrapreneurship. Lernen ist bereits heute ein zentrales Thema. Mit der nie dagewesenen und immer schneller werdenden Geschwindigkeit, in der sich die Welt aktuell verändert, erhält das Thema nun einen noch viel höheren Stellenwert. Wer nicht up to date bleibt, ist raus. Mit Personal Branding ist es ähnlich. Bereits heute sehen wir, welche Macht soziale Medien und Reichweiten, die man sich dort aufbaut, haben und wie ganze Karrieren dort gestaltet werden. In Zukunft werden wir immersivere Plattformen sehen und deutlich mehr Zeit online verbringen. Insofern gewinnt eine gute Online-Präsenz deutlich an Bedeutung für die eigene Karrieregestaltung. Intrapreneurship, also Unternehmertum in Anstellung, wird aus meiner Sicht ein relevantes Instrument, um Mitarbeiter*innen an Unternehmen zu binden, aber auch, um als Unternehmen innovationsfähig zu bleiben und reaktionsschnell zu werden.

Unterm Strich wird die Arbeitswelt getrieben durch die zunehmende Geschwindigkeit, in der Veränderung geschieht.

Wie genau ist Intrapreneurship als Instrument zu verstehen und wie müssen Unternehmen sich dahingehend verändern?

Intrapreneurship wird aktuell oft extern eingekauft. Ähnlich wie man dies von Beratungsleistung kennt, werden Expert*innen über einen bestimmten Zeitraum von außen hinzugeholt, die sich in die Organisation eindenken, Handlungsoptionen, unternehmerisch und innovationsorientiert zu agieren, aufzeigen und teilweise auch umsetzen bzw. die Umsetzung begleiten.

Das Problem: Intrapreneurship hilft dabei, Innovationskraft aufzubauen und zu halten. Bei der eingangs erwähnten Veränderungsgeschwindigkeit eine unabdingbare Kompetenz für Unternehmungen, die zukunftsfähig sein wollen. Werden aber von extern analysierte und aufgebaute Maßnahmen wie ein Korsett um bestehende Strukturen gelegt, ist dies nicht besonders nachhaltig. Mitarbeiter*innen, die nach dem Ausstieg der Expert*innen mit den Empfehlungen umgehen sollen, haben sich nicht verändert und sollen nun nach neuen Ansätzen von irgendwem agieren. Niemand weiß so richtig, was daraus gemacht werden soll, und nachhalten kann es möglicherweise auch keine*r.

Durch die Beteiligung von Mitarbeiter*innen an Intrapreneurship-Programmen hingegen wird unternehmerisches Denken und Handeln bei diesen trainiert. Sie erhalten einen anderen Zugang zum Unternehmen und Einblicke in neue Arbeitswelten, ohne dabei unternehmerisches Risiko eingehen zu müssen. Durch Vorzüge wie der finanziellen Beteiligung am Erfolg des Programms werden Mitarbeiter*innen zudem ganz anders motiviert. Durch Intrapreneurship-Programme, die mit eigenen Mitarbeiter*innen besetzt sind, haben Unternehmen also den Vorteil, dass sie sich Innovationskraft aufbauen, die nachhaltig im Unternehmen verbleibt. Veränderungen werden nicht nur müde mitgetragen, sondern tatsächlich gelebt, da diese aus den eigenen Reihen entstanden sind. Mitarbeiter*innen werden nachhaltig anders denken, agieren und im Unternehmen verbleiben wollen. Insbesondere wenn der Wechsel ins Unternehmertum eine Option gewesen wäre.

Gibt es typische Stolperfallen beim Aufbau eines Intrapreneurship-Programms und warum macht das nicht einfach jedes Unternehmen?

Zwei gängige Fehler, die ich beim Aufbau von Intrapreneurship-Programmen in Unternehmen beobachte, sind, dass Unternehmen erst ein Thema bestimmen und dieses dann auf dem Weg personalisieren sowie das Thema um ein bestehendes Problem herum konstruieren. Aus meiner Sicht müssen für erfolgreiche Programme zuerst die Teams zusammengestellt werden, die dann gemeinsam und autonom loslaufen und agieren können. Zudem ist es ein zentraler Erfolgsfaktor, dass nicht das Problem in den Mittelpunkt gestellt wird, sondern anstelle dessen ein Ziel definiert wird, welches im Rahmen des Programms erreicht werden soll. Anhand dessen wird auch die Zusammenstellung des Teams deutlich einfacher und passender ausfallen.

Wenn diese Hürden genommen sind, gibt es natürlich noch ein auf der Hand liegendes Problem, welches dafür sorgt, dass Intrapreneurship-Programme scheitern oder gar nicht erst aufgebaut werden: Die Kultur und die Anforderungen von Intrapreneurship an Mitarbeiter*innen und die Organisation als Ganzes sind ziemlich konträr zur Konzernlogik.

Ein interessantes Beispiel, wie Intrapreneurship im Konzern-Format funktionieren kann, bietet der chinesische Konzern Haier. Der besonders für Haushaltsgroßgeräte bekannte Industriekonzern ist in hunderte kleine Mikrounternehmen unterteilt, welche alle eigenständig sind und unabhängig voneinander funktionieren. Trotz über 70.000 Mitarbeiter*innen ist das Unternehmen so in der Lage, extrem schnell und agil zu (re-)agieren.

Du warst selbst bei einem Konzern angestellt, bevor du gegründet hast. Was können Konzerne aus deiner Sicht von Start-ups lernen?

Angefangen mit dem Phrasendreschen. Konzerne springen erstmal gerne auf Trends auf, aber von den Marketing-Slides bis zu tatsächlich gelebter Praxis ist es ein weiter Weg. Ein Beispiel ist das agile Arbeiten. Ich bin mir ziemlich sicher, dass mittlerweile jede*r Mitarbeiter*in davon gehört hat, und viele würden sicher auch überzeugt behaupten, dass sie nach dem Konzept der agilen Arbeitsweise handeln. Dabei kommt es jedoch primär auf Flexibilität, schnelle Handlungsfähigkeit und Ergebnisorientierung an. Drei Eigenschaften, die ich den meisten Unternehmen nicht unbedingt unterstellen würde. Konzepte verstehen, vertesten und leben können Start-ups mit ihrer offenen Kultur, hohen Transparenz und kurzen Wegen definitiv besser. Insbesondere was Transparenz und den Anspruch, nicht nur Prozesse, sondern vor allem auch Verständnis zu schaffen, angeht, können Unternehmen von Start-ups lernen.

Ein weiteres Thema ist der Umgang mit den eigenen Mitarbeiter*innen und deren Arbeitsweise, beispielsweise im Kontext Kontrolle und Vertrauen. Wenn man wenig Ressourcen zur Verfügung hat, priorisiert man radikal und Dinge wie Micromanagement, unnötig lange Prozesse oder Aufgaben, die nicht (mehr) den Zweck erfüllen, fallen ohne lange Umschweife weg. Dies hilft dabei, sich regelmäßig neu zu erfinden, um das Ziel zu erreichen und nicht in Gewohnheiten zu verfallen, die möglicherweise nicht mehr dienlich sind. Es herrscht eine Kultur des Ausprobierens, der Freude an Neuem und eine entsprechend ausgeprägte Fehlerkultur. Davon können sich Unternehmen definitiv etwas abschauen. Wichtig an der Stelle ist jedoch zu sagen, dass diese Art des höchst eigenverantwortlichen Arbeitens nicht jedem Menschen liegt. Manche benötigen und wünschen sich eine engere Führung als andere. Insofern muss auch hier weiterhin auf gute Führungskräfte gesetzt werden.

Wieso hast du deinen Konzernjob für das eigene Start-up verlassen und wie können Unternehmen Menschen wie dich rekrutieren bzw. zurückgewinnen?

Ich habe meinen Job in einem sehr sicheren Umfeld verlassen, da ich im Start-up-Umfeld wirklich Einfluss nehmen und wegweisende Entscheidungen treffen kann. Gemeinsam mit einem Team, wo alle richtig und ehrlich Lust aufs Thema haben, und in einem Umfeld, in dem ich direkt Mehrwert für Kund*innen schaffen kann, fühlt sich Arbeit komplett anders an als in Anstellung. Die eigene Gründung und Geschäftsführung bietet mir zudem immense persönliche und unternehmerische Wachstumschancen. Die Entscheidung fiel daher nicht gegen den Konzernjob, der mir durchaus auch Spaß gemacht hat, sondern für das Start-up-Leben und die damit verbundenen Vorteile.

Den Weg zurück in die Anstellung würde ich per se nicht ausschließen. Der typische Motivator, die Bezahlung, wird jedoch allein nicht ziehen. Wenn Unternehmen Menschen aus dem Start-up-Umfeld für sich gewinnen wollen, müssen sie ihnen aus meiner Sicht genau das bieten und so ihre Talente für sich nutzen: ein unternehmerisches Umfeld, ein wichtiges Thema und ein Team, welches ähnlich tickt, womit wir wieder beim Thema Intrapreneurship wären.

Über Dustin Chabrowski

 Dustin Chabrowski, 29, ist Gründer und Co-Geschäftsführer von SIMPL Technologies GmbH und begeistert sich für Themen rund um IoT, AI und verteilte Systeme. In seiner akademischen Laufbahn konnte er sowohl die technischen als auch betriebswirtschaftlichen Aspekte der Softwareentwicklung kennenlernen und in verschiedenen Umgebungen, zuletzt bei der IT-Tochter eines deutschen Automobilkonzerns, anwenden. Hier hat er, parallel zu seiner Anstellung, als Sidepreneur das Unternehmen gegründet, welchem er heute als CTO vorsteht, und gemeinsam mit seinen Co-Gründern die Mission verfolgt, Instandhaltungs- und Serviceprozesse des Mittelstandes mit digitalen Lösungen auf das nächste Level zu heben.

Im Interview mit Lars Krauß, 29, Jungunternehmer, Gründer und geschäftsführender Gesellschafter von Greengineers GmbH

Lars Krauß hat keine Konzernerfahrung, leitet dafür bereits seit vielen Jahren erfolgreich Unternehmen und Mitarbeiter. Der 29-Jährige gibt Einblicke in die Denkweisen eines Jungunternehmers, seine Führungsphilosophie und wie er bei sich im Unternehmen Intrapreneurship-Ansätze bewertet.

Lars, wie stellst du dir die Arbeitswelt 2035 vor?

Beginnend mit dem Thema Work-Life-Balance werden wir keine 40-Stunden-Wochen mehr sehen und uns deutlich mehr von festen Arbeitsorten und -zeiten lösen, soweit es die Natur der jeweiligen Arbeit zulässt. Dies ist vor allem dadurch möglich, dass Mitarbeitende sich wie Intrapreneur*innen verhalten, also unternehmerisch handeln, ihre Verantwortung im Unternehmen sehen und annehmen und sich proaktiv einbringen.

Führungsarbeit wird perspektivisch durch eine KI unterstützt, die insbesondere dem allzu menschlichen Schubladendenken vorbeugt, dabei hilft, individuelle Stärken bestmöglich einzusetzen und Schwächen zu unterstützen, sowie eine maximale Individualisierung bei Arbeitsbedingungen und -inhalten im Sinne des Unternehmens ermöglicht.

Durch diese Rahmenbedingungen werden wir viel kreativer arbeiten und unser Innovationspotenzial ausschöpfen, was vor dem Hintergrund der kurzen Halbwertszeit von Informationen, Trends und Bedürfnissen des Marktes immer wichtiger geworden ist. Sinnlose Tätigkeiten, die in ihrer Natur repetitiv und wenig intellektuell fordernd sind, sind durch Automatisierung quasi vollständig aus unserem Arbeitsalltag verschwunden. Dadurch wird die Arbeitszeit deutlich effektiver gestaltet, was wiederum auch die gesunkene Gesamtarbeitszeit bedingt.

Im Vorgespräch hast du bereits gesagt, dass du aktuell daran arbeitest, deine Mitarbeiter*innen zu Intrapreneur*innen zu entwickeln. Wo siehst du als Unternehmer denn die Abgrenzung beziehungsweise auch die Verbindung zwischen Intrapreneurship und Entrepreneurship?

Der große Unterschied zwischen Entrepreneurship und Intrapreneurship liegt aus meiner Sicht vor allem im damit verbundenen Sicherheitsaspekt und der Motivation hinter den Beweggründen. Die Entscheidung, Unternehmer*in zu werden, wird oft getroffen, wenn eine Person den Wunsch verspürt, im Arbeitskontext eigenständig und eigenverantwortlich zu handeln und etwas zu erschaffen.

Unternehmertum bedeutet für mich, eine Vision zu haben, diese mit einem Team zu schärfen und in die Realität zu überführen. Eine der Kernaufgaben dabei ist es, die individuellen Stärken und Schwächen des Teams gezielt einzusetzen und jede*n Einzelne*n zu befähigen, eigenverantwortlich und selbstständig zu agieren, wodurch sich der Kreis zum Intrapreneurship, also dem unternehmerischen Handeln in Anstellung, schließt. Ein Unternehmen steht dann besonders gut da, wenn alle unternehmerisch handeln – die einen als Teil eines Unternehmens und die anderen als Unternehmer*innen.

Die einen wollen die Eigenverantwortlichkeit in ihrem Spielfeld, die anderen wollen das Spielfeld aufbauen.

Diese Einstellung, die du vertrittst, die du aber auch bei deinen Mitarbeiter*innen im Sinne des Intrapreneurships förderst, wünschen sich vermutlich viele Führungskräfte bei den eigenen Mitarbeiter*innen. Wie kommt man denn dazu, so zu denken und zu agieren, beziehungsweise wie kann man diese Einstellung im Team gezielt fördern?

Menschen befinden sich eigentlich dauerhaft im Wandel. Jeden Tag werden wir mit neuen Situationen konfrontiert und verändern uns dadurch stetig. Sobald man diesen Wandel als Konstante erkennt, kann man diesen bewusst steuern. Indem man reflektiert, welche Situationen gewünschte Veränderungen bewirkt haben, kann man sich bewusst in diese begeben oder diese explizit meiden. Wichtig dabei ist, zu akzeptieren, dass jede Veränderung aus vielen kleinen Impulsen entsteht und entsprechend auch viele kleine Schritte notwendig sind, um ein gewünschtes Ergebnis zu erreichen.

In der Führung ist es wichtig anzuerkennen, dass verschiedene Menschen auch verschieden ticken. Manche brauchen mehr Struktur, engere Führung oder einen kleineren Verantwortungsbereich als andere. Bereits bei der Personalauswahl ist es wichtig, sich im Klaren darüber zu sein, ob man das benötigte Umfeld bieten kann und ob die Person mit ihrer Art in die Arbeitsweise des Teams und zur Unternehmenskultur passt. Nicht jede*r will und kann im benötigten Grad als Intrapreneur*in agieren und das ist auch in Ordnung – nur eben nicht für ein Umfeld, in dem genau das notwendig ist. Manche haben aber vielleicht das Potenzial und nur noch keinen Zugang dazu gefunden. Als Führungskraft kann ich Mitarbeiter*innen helfen, ihr Potenzial zu erschließen, indem ich die Freiheit gebe, entsprechend eigenverantwortlich zu handeln, und als Coach zur Seite stehe, um die Person bei Bedarf aufzufangen und eine gewisse Sicherheit zu gewährleisten.

Als begleitende Lektüre kann ich das Buch »Emotionale Intelligenz« von Daniel Goleman empfehlen, der den treffenden Vergleich zieht, dass man keine Pflanze aus dem Boden ziehen kann, damit sie wächst. Man kann sie nur gießen und mit den richtigen Nährstoffen versorgen. Im Unternehmen ist es nicht anders. Wenn man immer genauestens vorschreiben muss, was zu tun ist, akribisch Ergebnisse überprüft und augenscheinliche Mängel tadelt, oder – um im Vergleich von Goleman zu bleiben – die Pflanze, beim Versuch sie zum Wachsen zu bewegen, zieht, bis man sie aus dem Boden reißt und diese stirbt, hat niemand gewonnen. Das Beste, was man als Führungskraft tun kann, ist es, das Team an langer Leine laufen zu lassen, die Ergebnisse im Blick zu behalten und eine Kultur zu schaffen, in der sich die Mitarbeitenden wohl genug fühlen, Fehler zu machen und offen dazu zu stehen, um daraus lernen zu können. Zu erkennen, wie lang die Leine bei jeder Person sein kann, wie viel Freiraum, Feedback oder Leitlinien jede*r braucht, ist die Kunst guter Führungsarbeit.

Freiheiten bauen darauf auf, dass man Kreatives zulässt, Fehler als Chance zur Verbesserung begreift und dann gemeinschaftlich behebt. Dazu benötigt es offene Kommunikation, eine gelebte Fehlerkultur und eine starke gemeinsame Vision. Diese Werte führt man am schnellsten ein, indem Führungskräfte bei sich selbst anfangen und nach diesen leben. Dadurch entsteht automatisch ein Umfeld des unternehmerischen Denkens und Handelns.

Gibt es Fähigkeiten, die Menschen dafür prädestinieren, zum Intrapreneur oder Entrepreneur zu werden?

Die Fähigkeit, andere Menschen für eine Idee zu begeistern, sie zu motivieren, bei der Umsetzung mitzuziehen, und ein Gespür dafür, wie man Menschen mit ihren jeweiligen Stärken einsetzen und in einem Team zusammenbringen kann, sind essenziell.

Was aus meiner Sicht nicht so wichtig ist, ist allzu detailliertes Know-how zur Umsetzung. Ein Verständnis zur generellen Machbarkeit ist sicher hilfreich, aber das Wissen darüber, wie genau ein Produkt programmiert, zusammengemischt oder gebaut wird, ist nicht erfolgsentscheidend, denn dafür holt man sich mit dem richtigen Gespür für Menschen schließlich die passenden Spezialist*innen ins Team.

Du scheinst dieses Gespür für Menschen zu haben. Kannst du Tipps teilen, wie du bei der Einstellung von neuen Mitarbeiter*innen sicherstellst, dass diese die richtigen Voraussetzungen mitbringen und gut ins Team und ins Unternehmen passen?

Mittlerweile habe ich natürlich einiges an Erfahrung gesammelt. Die Grundentscheidung fälle ich zu 50% basierend auf dem passenden Fachwissen und zu 50% basierend auf Zwischenmenschlichem. Bei uns in der Branche ist ein erster Indikator der richtige Studienabschluss – perspektivisch würde ich das in den entsprechenden Studiengängen vermittelte Know-how übrigens sehr gerne in eine Ausbildung verpacken und inhouse ausbilden.

Beim Menschlichen gibt es zwei Charakterzüge, die ein Neuzugang nicht haben sollte: Das ist zum einen eine zu abgekapselte Art, also der Wunsch, sehr autark zu agieren, was bei uns einfach nicht in die Teamdynamik passt, und zum anderen eine zu abgehobene, ich sage mal, zu coole Art. Menschen mit einem dieser beiden Charakterzüge neigen zu einem wenig respektvollen Umgang mit ihren Mitmenschen und tun sich tendenziell schwer dabei, sich in ein Team einzufinden und Teil dessen zu werden.

Herauszufinden, ob eine Person das passende Fachwissen mitbringt, ist nicht allzu schwer, denn dies lässt sich bei einem Probetag oder einer Case Study schnell austesten. Ob jemand auch menschlich passt, zeigt sich an diesem Probetag dann beispielsweise in der Mittagspause oder beim Vorstellungsgespräch im Smalltalk. Ich versuche potenziellen Neuzugängen einen Rahmen zu geben, in dem sie authentisch sie selbst sein können, und daran abzulesen, wie sie fernab von Titeln und Fachwissen so ticken. Man muss sich aber auch darüber bewusst sein, dass man eine Person bei einem Vorstellungsgespräch oder auch während der Probezeit nie vollkommen kennenlernen kann. Manchmal offenbaren sich bestimmte Stärken, Charakterzüge und Talente erst nach langer Zusammenarbeit oder unter unvorhergesehenen Umständen. Dies wissend, ist ein weiteres wichtiges Entscheidungsinstrument mein Bauchgefühl und das Vertrauen darauf, dass ich durch die gewonnene Erfahrung ein gutes Gespür für Potenziale habe.

Das Credo bei neuen Mitarbeiter*innen ist es also, möglichst schnell Stärken und Schwächen herauszufinden, diese gezielt zu fördern und zu coachen und mir auch einzugestehen, dass man bei Personalentscheidungen auch mal den Mut zum Ausprobieren und Chancengeben braucht. Sollte es doch mal nicht funktionieren, ist die erste Frage, die ich mir stelle, was ich an der Position ändern muss, dass die eingestellte Person ihre Stärken optimal für das Unternehmen einsetzen kann.

Wir sollten uns generell mehr darauf fokussieren, was man am Umfeld verändern kann, um eine Person zu befähigen, sich bestmöglich einzubringen, anstatt ihr Unfähigkeit zu unterstellen oder sie in eine Form pressen zu wollen. Im Kontext Führung kann man sich durchaus auch regelmäßig die Frage stellen, was man an sich selbst und dem eigenen Führungsstil verändern kann, damit Mitarbeiter*innen ihr volles Potenzial entfalten. Häufig ist die Antwort, dass man an der eigenen emotionalen Intelligenz und der Kommunikationskompetenz arbeiten sollte, denn dies sind nicht nur Kernkompetenzen im Umgang mit anderen Menschen, sondern auch Themen, die lebenslanges kontinuierliches Weiterlernen erfordern.

Wir haben jetzt primär über Menschen gesprochen, die gerne Verantwortung tragen und viel bewegen wollen. Nun sind ja nicht alle Menschen so veranlagt und nicht jeder möchte überhaupt Verantwortung tragen. Wird es in einer von Innova-

**tionsdruck geprägten Zukunft für diese Menschen noch einen Platz in der Arbeits-
welt geben?**

Ich glaube tatsächlich, dass jede*r von uns sich der Menge an Verantwortung, die man
bereits dadurch trägt, dass man auf dieser Welt überhaupt nur existiert, gar nicht bewusst ist. Das ganze Leben bedeutet Verantwortung.

Wenn man sich dessen nicht bewusst ist, schreckt man vor dem vermeintlich Unbekannten, also in diesem Fall dem Übernehmen von Verantwortung im Arbeitskontext
beziehungsweise der damit verbundenen Haftung, möglicherweise zurück. Sich darüber bewusst zu werden, dass man bereits in vielen Bereichen des eigenen Lebens
(erfolgreich) Verantwortung trägt, kann ein Verständnis dafür erzeugen, welche Hebel
zur Veränderung man in jedem Bereich des Lebens tatsächlich hat, welchen Sinn das
Ganze hat und dass Verantwortung zu tragen nichts ist, vor dem man sich wegdu-
cken muss, sondern etwas sehr Positives sein kann. Sich zu sagen, dass man Freude an einer Tätigkeit hat, weil man Verantwortung trägt und somit etwas bewirken
kann, weil man einen Sinn darin sieht und weil man das Beste daraus macht, kann
ein komplett neues Lebensgefühl entfachen. Diese Einstellung in Menschen wecken
zu können, sorgt aus meiner Sicht dafür, dass sie langfristig motiviert an einer Sache
dranbleiben. In Unternehmen gehört diese Fähigkeit daher zum Handwerkszeug guter Führungskräfte.

Jede*r von uns trägt bereits die Verantwortung dafür, die eigenen Aufgaben, sei es
nun im Leben oder eben im Unternehmen, so zu erledigen, dass ein Ergebnis heraus-
kommt, welches nicht nur für einen selbst, sondern je nach Aufgabenkontext für das
Unternehmen oder auch die Gesellschaft als Ganzes einen Mehrwert darstellt. Die
Meinung, dass man im Leben sehr wenig oder gar keine Verantwortung tragen kann,
ist entsprechend ein Trugschluss beziehungsweise nur sehr kurzfristig gedacht. Lang-
fristiges Denken bedingt automatisch Verantwortung.

Ich glaube zudem nicht, dass irgendjemand per se eine Vermeidungsstrategie fährt
oder sich vor Verantwortung drücken möchte. Jede*r von uns ist die Summe der Entscheidungen, die getroffen wurden, und die der Ereignisse, die einem widerfahren
sind. Und jede*r von uns befindet sich, wie eingangs gesagt, dauerhaft im Wandel. Insofern glaube ich daran, dass jeder Mensch das Verständnis darüber erlangen kann,
dass Eigenverantwortung zu tragen sinnvoll und wichtig ist und wir alle dies bereits
in irgendeiner Form tun. Und dass wir uns von der negativen Konnotation der Haftung
lösen können, indem wir Neuem mit Neugierde begegnen. Es könnte ja auch etwas
Gutes entstehen, wenn man etwas ausprobiert.

Das bedeutet nicht, dass perspektivisch jede*r das Maximum an Verantwortung tragen, Risiken eingehen und sich komplett entgegen aller persönlichen Neigungen ver-

halten soll. Es bedeutet auch nicht, dass jede*r Unternehmer*in werden soll. Wenn wir uns an die Abgrenzung zwischen Intrapreneurship und Entrepreneurship zurückerinnern, ist genau das die Antwort. Entrepreneur*innen wollen und werden weiterhin Visionen erschaffen, Risiken eingehen, auf den Bühnen der Arbeitswelt vorne stehen und Menschen mit ihren Ideen mitreißen. Intrapreneur*innen hingegen leisten ihren nicht weniger wertvollen Beitrag in einem geschützten und nach Belieben eng oder weit abgegrenzten Feld, für das sie dennoch die Verantwortung tragen.

Was treibt denn dich zum Unternehmertum an?

Ich habe das Lebensziel, persönlich eine gute Zeit zu haben und dabei mit den Möglichkeiten und Ideen, die ich habe, einen Mehrwert für möglichst viele Menschen zu schaffen. Ich habe dabei nicht das eine große klare Ziel vor Augen. Natürlich verfolge ich eine Vision und jedes meiner Unternehmen verfolgt ebenso eine Vision, aber diese kann sich unter Umständen auch ändern und entsprechend kann sich auch der Weg dahin ändern. Ich optimiere lieber und versuche dadurch Mehrwert zu schaffen, als dass ich ein starres Ziel verfolge.

Für mich gibt es keinen perfekten Weg, es gibt Wege hin zur Optimierung. Denn wenn man die Meinung vertritt, dass es einen perfekten Weg gibt, beschränkt man die Möglichkeiten, zu einem Ziel zu kommen, auf genau eine.

Glaubst du, dass man diese Einstellung reproduzieren und somit Visionär*innen erschaffen kann?

Ich glaube, dass Visionär*innen die Fähigkeit eint, langfristig denken zu können, denn meistens sind Visionen vage Ziele in ferner Zukunft. Visionär*innen können Zukunftsbilder malen und Ideen dafür entwickeln. Wenn ich also versuchen würde, diese Einstellung zu reproduzieren, würde ich damit beginnen, bei einer Person Freude zu einem Thema zu entfachen. Dadurch wird sie automatisch darüber nachdenken, nach und nach immer tiefer ins Thema einsteigen und Ideen dazu entwickeln. Ob sich dies dann jedoch automatisch auf andere Themen überträgt und die Person somit zu einer Visionär*in macht, ist fraglich. Vermutlich lässt sich das Handwerkszeug erlernen. Ob man danach handelt, ist, denke ich, eher abhängig von der persönlichen Neigung.

An dieser Stelle muss man jedoch auch sagen, dass Visionen allein nicht ausreichen, jemand muss diese auch umsetzen. Oftmals bedarf es dazu ein Team, also eine Person, die groß denkt, träumt und andere mit diesen Träumen ansteckt, eine Person, die diese Träume in Pläne und Maßnahmen übersetzt, eine Person, die diese anpackt und umsetzt. All diese Eigenschaften in ein und derselben Person wiederzufinden, ist sicherlich selten.

Lass uns mit einer eigenen Vision enden: Hast du einen Wunsch an die Arbeitswelt der Zukunft, welchen die Leser*innen dieses Beitrags umsetzen sollten?

Ein Wunsch, den ich an die Arbeitswelt der Zukunft habe, ist, dass wir eine Kultur des Feierns einführen, in der wir unterwegs zum und am Ziel Leistungen und Erreichtes transparent machen, gemeinsam feiern und erkennen, dass wir nur als Team erfolgreich sind.

Über Lars Krauß

Lars Krauß aus München hat nach seinem Realschulabschluss eine Ausbildung zum Kaufmann im Einzelhandel absolviert und direkt im Anschluss 2015 sein erstes eigenes Unternehmen gegründet. Die Lars & Nils Krauß GbR mit dem Produkt Zero-Friction ist bis heute aktiv. Parallel hat der heute 29-Jährige sein Fachabitur nachgeholt und ein Studium in Internationalem Marketing und Management aufgenommen. Noch in den letzten Zügen eben dieses Studiums hat er 2019 die Greengineers GmbH mitgegründet, bei der er bis heute als geschäftsführender Gesellschafter agiert. Seit 2021 ist Lars zudem Co-Host des Podcasts *38 % Städte neu denken*.

5 Ego und Ellbogen vs. Purpose und Augenhöhe

Wie organisieren sich zukünftig Macht und Hierarchie in Organisationen und was sind die Treiber?

Von Lisa Hoffmann, 27, Senior Consultant Public Sector, Deloitte

5.1 Was Macht mit uns macht

Gib Menschen Macht und du erkennst ihr wahres Ich – dieser Aussage sind Sie wahrscheinlich in irgendeiner Form bereits begegnet. Haben Sie sie schon mal hinterfragt, sich gefragt, was es genau bedeutet, Macht zu haben, wie diese eingesetzt werden kann und warum so viele Menschen nach ihr streben?

Dieses Kapitel wird sich um Macht drehen. Insbesondere darum, wie Macht positiv genutzt werden kann, um nachhaltig positive Veränderungen voranzutreiben. Die Autorin ist Senior Consultant für den Public Sector einer Big-4-Beratung und hat bereits in den verschiedensten Organisationen gearbeitet. Vom Verwaltungsstudium in einer öffentlichen Behörde bis hin zur Unternehmensberatung. Macht und die Ausübung dieser waren überall präsent. Heute hat sie sich der Mission verschrieben, mit einem klaren Blick für die Zukunft Prozesse innerhalb der Organisation zu verbessern und Missstände wie Machtmissbrauch aufzuarbeiten.

5.2 Eine Definition von Macht

Fragt man zehn Personen nach ihrer persönlichen Definition von Macht, erhält man zehn Antworten. Denn jede*r hat unterschiedliche Erfahrungen mit Machtstrukturen und dem Missbrauch oder positiven Nutzen dieser gemacht. Grundsätzlich bedeutet Macht die »Möglichkeit von Personen oder Organisationen, eigene Ziele durch Einsatz entsprechender Mittel verfolgen zu können«[1]. Wenn Macht vorhanden ist, können Dinge oder Menschen entwickelt werden. Dass diese Thematik nicht trivial ist, fand auch Max Weber, der das Ganze noch genauer beschrieb. So sagte er, Macht ist die Chance, »innerhalb einer sozialen Beziehung den eigenen Willen auch gegen Widerstreben durchzusetzen, gleichviel, worauf diese Chance beruht«[2]. Für mich schwingt in diesem Zitat deutlich mit, dass die Macht einer Person dazu verhilft, ihren Willen

---

1   Suchanek, 2021.
2   Weber, 1985, S. 28.

durchzusetzen. Es bedeutet auch, wenn ich Macht habe, kann ich Dinge bekommen oder erreichen, zu denen ich vorher nicht befähigt war.

Seinen eigenen Willen durchzusetzen, diese Eigenschaft ist schwer abzulegen, denn wenn ich für eine Idee brenne, dann möchte ich diese auch umgesetzt sehen. Wenn ich die Möglichkeit habe, meine Werte und Ansätze um- und mich gegen andere durchzusetzen, weil ich in einer Machtposition bin, dann bekomme ich immer genau das, was ich möchte, oder? Helmut Arndt entwickelte Webers Definition weiter und konkretisierte diese im Hinblick auf wirtschaftliche Faktoren: »Wer über wirtschaftliche Macht verfügt, ist in der Lage, die Handlungsfähigkeit anderer Wirtschafter auszunutzen und ggf. sogar die Willensentscheidungen anderer Wirtschafter im eigenen Interesse zu beeinflussen. Im Grenzfall entscheidet der Mächtige für den Schwachen.«[3] Alle diese Interpretationen deuten darauf hin, dass eine Person durch Macht andere beeinflussen kann und auch, dass das Gegenüber von Macht die Schwäche ist.

In einer Welt, in der sich Strukturen, Organisationen, Prozesse, die Politik und so vieles mehr rasant ändern und entwickeln, brauchen wir diese Form von Macht weniger oder umso mehr? Und vor allem, wie kann jede Person, die in einer Machtposition wirken darf, es besser machen und nicht in einen Machtrausch verfallen? Konkrete Beispiele und einige Handlungsempfehlungen sind auf den nachfolgenden Seiten zu finden.

5.3   Die Bedeutung von Macht

Wie aus der Definition von Macht hervorgeht, benötigen wir diese, um uns gegenüber einer anderen Person oder Organisation durchsetzen zu können. Doch wie kommt eine junge Person heutzutage denn überhaupt in diese privilegierte Situation und ist es vielleicht auch genau das, eine Eigenschaft, die nur den Privilegiertesten in unserer Gesellschaft obliegt?

Um diese Frage zu beantworten, bedarf es der Überlegung, ab wann ein Mensch im Leben das erste Mal Macht spürt. Zu Beginn des Lebens sind wir Menschen noch machtlos, es benötigt die volle Zuneigung und Pflege der Eltern. Ein Baby ist darauf angewiesen, dass es Hilfe bekommt und sich Personen dazu verpflichtet fühlen, es zu versorgen. Später werden Kinder immer selbstständiger, können eigenständig sprechen und laufen, irgendwann werden sie eigene Entscheidungen treffen und sich später auch eine eigene Meinung bilden. Hier finden sich schon erste Anzeichen von Macht , wenn in der Schule einer über andere bestimmt und entscheidet, wohin es zum Spielen geht oder wer auf den Kindergeburtstag eingeladen wird. Wer als Kind ein- oder mehrmals von

---

3   Arndt, 1973.

einer Gruppe systematisch ausgeschlossen wurde, weiß genau, welches Gefühl hier aufkommt. Das Gefühl von Schwäche und nicht dazuzugehören.

Während Kinder nicht immer schon wissen, was sie mit ihrem Verhalten anrichten, sollten es Erzieher*innen oder Lehrer*innen genauestens wissen. Spätestens wenn es darum geht, auf welche Schule das Kind später darf, spürt man die Macht der Ungerechtigkeit. Ob ein Kind es auf das Gymnasium schafft, hängt leider nicht immer mit der persönlichen Leistung zusammen, sondern damit, aus welcher Familie es stammt. Eine Studie ergab: »Haben beide Eltern kein Abitur, einen Migrationshintergrund und ein Haushaltsnettoeinkommen von unter 2600 Euro, schafft es nur etwa jedes fünfte Kind auf ein Gymnasium.«[4] Hier zeigt sich bereits, wie unfair verteilt Macht später im Job sein wird, denn ohne Abitur und akademischen Abschluss sinken leider nach wie vor die Chancen gegen eine*n Kandidat*in, der/die all diese Voraussetzungen mitbringt, auf dem Jobmarkt zu bestehen. Zu beachten ist auch, welche Vorteile junge Menschen haben, deren Eltern bereits in mächtigen Positionen innerhalb einer Firma arbeiten oder deren Freundeskreis aus Menschen mit ebensolchen Jobs besteht.

Ein Blick zurück auf das Kind aus einer sozial schwachen Familie ohne Akademikereltern macht betroffen. Praktika und Jobs müssen eigenständig gesucht werden, sollte es zu einem Studium kommen, dann muss in der Regel nebenbei gearbeitet werden. Teure Auslandssemester sind nicht möglich und doch heute immer noch Voraussetzung für eine Anstellung bei vielen Firmen. Wem der Zugang zu Macht bereits früh im Leben verwehrt bleibt, wird einen schwierigeren Zugang zum Arbeitsmarkt im späteren Leben haben. Die Strukturen deuten darauf hin, dass immer eine Stufe mehr erklommen werden muss, immer mehr Leistung erbracht und auch deutlich öfter mit Machtmissbrauch umgegangen werden muss als bei Menschen, bei denen Macht im persönlichen Umfeld vorhanden ist.

Macht bedeutet alles auf dem Weg eines jungen Menschen in das Berufsleben und genau hier ist der entscheidende Punkt: Wer am Hebel sitzt, kann entscheiden. Sowohl in negativer Form, in der Macht missbraucht wird, oder eben auch in positiver Form, in der Macht zum Guten genutzt wird.

5.4 Formen von Macht

Es gibt den Unterschied zwischen *Macht über etwas* zu haben und *Macht für etwas zu haben*. So unterschiedlich wie unsere Gesellschaft ist, so vielfältig kann die Ausübung von Macht sein. Wenn ich Macht über etwas habe, dann interpretiere ich für

---

4   Stiens, 2023.

mich, dass ich über etwas stehe und entscheiden darf. Ich bemächtige mich einer Situation und weise den Weg dann so, wie ich ihn für richtig halte. Grundsätzlich ist es aber auch so, dass die mächtigsten Personen in einem Unternehmen nicht diejenigen sind, die auch alles am besten wissen. Wenn ich also Macht mit Kompetenz gleichsetze, dann ist dies der erste Fehler. Es würde nämlich auch bedeuten, dass jede*r, der über keine Macht verfügt, weil er noch zu jung bzw. zu unerfahren ist oder in hierarchischen Strukturen einen zu niedrigen Titel hat, auch nicht mitgestalten und entscheiden kann.

Führt man sich das klassische Bild einer Hierarchie innerhalb einer Firma vor Augen, ist es aber leider auch so. Je höher der Rang, umso mehr Macht bekommt eine Person übertragen. Wenn eine Person Macht für etwas hat, dann interpretiere ich es allerdings so, dass es einen Purpose gibt, für den die Macht eingesetzt wird. Einen guten Zweck, ein höheres Ziel, einen Plan. *Ich übe meine Macht für ein höheres Ziel aus.* Wie bedeutend diese Unterscheidung ist und vor allem wie mächtig die eigene Macht sein kann, sollte klar reflektiert werden und bewusst sein.

5.5 Machtstrukturen erkennen und durchbrechen

Wer bereits in stark von Hierarchien geprägten Umfeldern gearbeitet hat, wird Machtstrukturen schnell erkennen. Es zeichnet sich genauestens ab, wer die Macht hat und wie diese Person diese ausübt. Es gibt bestimmte Personengruppen, die stark von diesen Machtstrukturen profitieren, und solche, die von Machtmissbrauch betroffen sind. Oftmals fällt es den Letztgenannten selbst nicht auf, wie stark benachteiligt sie in solchen Situationen sind. Angst vor Nachteilen auf dem Karriereweg oder einer Kündigung steht im Vordergrund.

Der erste Schritt ist es, solche Situationen zu erkennen und dann später auch solche Muster zu durchbrechen. Vor allem braucht es aber auch Verbündete, die betroffene Kolleg*innen unterstützen und auf Missstände hinweisen, wenn es die Personen selbst nicht können. Die eigenen Privilegien zu hinterfragen, wäre hier der erste Schritt, um nachhaltig zu unterstützen. Gehen wir davon aus, dass mein Kollege bzw. meine Kollegin stark vom Einfluss des Chefs profitiert, aber auch über den Tellerrand blickt und bemerkt, dass andere Kolleg*innen strategisch benachteiligt werden, dann ist es seine bzw. ihre Aufgabe, solche Fälle zu melden. Die meisten Menschen sind sich sehr klar bewusst, wann und wie Machtmissbrauch stattfindet, sagen aber meistens nichts, aus Angst, die Konsequenzen zu tragen:

- *Was, wenn ich als Nächstes benachteiligt werde?*
- *Was, wenn ich doch nicht befördert werde?*
- *Was werden die anderen von mir denken?*
- *Vielleicht ist die Situation gar nicht so?*

Durch systematisches Weggucken und Ducken wird Machtmissbrauch gefördert. Wo kein Kläger, da kein Richter. Wer nicht direkt den Chef »verpfeifen« will, kann aber auch auf einfachen Wegen unterstützen:

- Mit Betroffenen sprechen und die Situation, die beobachtet wurde, schildern.
- Hilfe anbieten und die Grenzen des Gegenübers akzeptieren.
- Aufmerksam machen und Möglichkeiten innerhalb des Unternehmens aufzeigen, zum Beispiel Betriebsrat, Personalabteilung o. ä.
- Die eigenen Privilegien hinterfragen und Türen öffnen, wenn möglich.

Wichtig ist hierbei, nicht übergriffig zu werden, indem man den Vorfall ohne vorherige Rücksprache mit der betroffenen Person meldet.

Mit dem Zusammentreffen verschiedenster Generationen auf dem aktuellen Arbeitsmarkt prallen auch unterschiedlichste Meinungen und Verhaltensweisen aufeinander. Führungsstile wurden weiterentwickelt, hierarchische Strukturen überdacht und Anforderungen an die Zusammenarbeit haben sich geändert. Ein gemeinsames Verständnis ist hier essenziell, um Erwartungen zu erfüllen und Ängste abzubauen. Wer mit Angst in die Arbeit geht, wird seine Aufgaben mit Angst erfüllen, mit Angst in Verhandlungen treten und mit Angst nach Hause gehen. Angst vor der mächtigen Person, die über einen entscheidet – dies darf in unserer Welt keinen Platz mehr haben.

5.6   Veränderung vorantreiben

Dass Macht auch etwas Schönes und Positives sein kann, wird dann sichtbar, wenn sie für einen höheren Zweck eingesetzt wird. Wenn sich die machtausübende Person selbst nicht als den wichtigsten Menschen innerhalb der Organisation sieht und nicht nur die eigene Meinung verfolgt, sondern offen für Ideen und Diskurse ist. Die Möglichkeiten, die eigene Macht positiv einzusetzen, sind grenzenlos. Betrachten wir den Ursprung unfairer Machtverteilung, der wie zu Beginn beschrieben relativ früh im Leben eintritt, können durch den Einfluss einer Person Barrieren überwunden und aus dem Weg geräumt werden. Entscheidungen über Einstellungskriterien können angepasst, Mitarbeitendenentwicklungen beeinflusst, Minderheiten gefördert, Talente gefordert und Quoten erfüllt werden. Eine Person an der richtigen Stelle am richtigen Ort mit dem richtigen Machtverständnis hat einen Einfluss, von dem sich die meisten Menschen keine Vorstellung machen können. Die richtige Person im Vorstand, die ihre Macht zum Guten ausübt und nicht nur auf den eigenen Vorteil und Jahresbonus bedacht ist, kann nachhaltig so viel verändern, wie alle Mitarbeiter*innen zusammen es wahrscheinlich nie können werden. Diese große Macht, die solche Positionen innehaben, sollte immer wieder kritisch betrachtet werden:

- *Sitzt hier gerade die richtige Person auf diesem Posten?*

- *Haben wir noch die richtigen Führungskräfte für die neuen Aufgaben dieser Zeit? Teilen alle diese Personen auch das Zielbild oder spielen sie nur mit, weil man das heutzutage machen muss?*

Wer behauptet, solche Kernveränderungen brauchen Zeit, denn der Mensch verändert sich nicht gerne, dem würde ich sagen: Dann habt ihr die falschen Personen im Board.

Wer setzt sich für die Menschen ein, die aufgrund ihrer sozialen Herkunft benachteiligt sind, wer übt seine Macht dafür aus, dass diese Personen die gleichen Chancen bekommen? Wenn die Person, die die Entscheidung zur Einstellung oder Beförderung trifft, nie von Chancenungleichheit, Diskriminierung und Benachteiligung betroffen war, wie wahrscheinlich ist es dann, dass sie weiß, wie schwierig und unfair es für Betroffene ist? Und wenn all jene, die nie davon betroffen waren, auch noch in Organisationen Macht ausüben und nicht reflektieren, mit welchen Privilegien sie aufgewachsen sind, dann wird Macht nur eines bleiben: unfair verteilt.

5.7 Wir brauchen mehr Macht

Nach Macht zu streben, ist grundsätzliches nichts Falsches, wenn keine falschen Gedanken damit verbunden sind. Ich bin aber der Meinung, dass in stark hierarchischen Strukturen die Macht besser verteilt werden sollte. Auch juniore Kolleg*innen sind in der Lage, Entscheidungen zu treffen und Verantwortung zu übernehmen. Wer von unten nach oben und von oben nach unten arbeitet, kann zumindest sicherstellen, ein Stimmungsbild über alle Etagen eingefangen zu haben. Wenn der Nachwuchs nicht in die Entscheidungen von Morgen mit einbezogen wird, dann wird es in den meisten Unternehmen keinen mehr geben.

Transparenz und Nachvollziehbarkeit sind dabei entscheidende Faktoren. Vermehrt findet beispielsweise erneut die Diskussion darüber statt, ob Mitarbeiter*innen aus dem Homeoffice geholt werden sollen, damit die Büros wieder voll sind. Feste Bürotage, Anwesenheitspflicht und vieles mehr sind damit verbunden, obwohl viele Unternehmen großzügige Homeoffice-Regelungen aufgestellt haben. Nun wird zurückgerudert, denn einige Mitarbeiter*innen wären nicht mehr sichtbar und die Zusammenarbeit würde leiden. Oder liegt es vielleicht auch daran, dass sich Macht über den PC nicht so gut ausüben lässt wie im realen Bürogebäude? Solche Entscheidungen werden von einigen wenigen Personen in höheren Funktionen innerhalb des Unternehmens getroffen und betreffen teilweise tausende von Menschen. Hier wird die eigene Macht genutzt, um etwas wegzunehmen, was eigentlich bereits zugelassen wurde. An diesem Punkt müssen wieder einmal die Privilegien der entscheidenden und machtausübenden Personen hinterfragt werden:

- *Habe ich vielleicht Unterstützung zuhause, die sich Vollzeit um die Kinder kümmert?*
- *Habe ich keine Kinder und sehe deswegen die Vorteile der Heimarbeit nicht?*
- *Schwanken die Zielvereinbarungen und Ergebnisse in letzter Zeit oder läuft alles nach wie vor positiv ab?*
- *Muss ich mich um Familienmitglieder kümmern, die erkrankt sind?*
- *Gibt es Personen, die einen langen Anfahrtsweg zum Büro haben und deswegen im Homeoffice arbeiten?*

Die Liste lässt sich entsprechend verlängern und soll nur als Beispiel dazu dienen, wie Entscheidungen aus verschiedenen Winkeln betrachtet werden können. Immer wichtig ist dabei, aus der eigenen Rolle herauszutreten und verschiedene Blickwinkel zu betrachten.

5.8 Persönliche Einschätzung

Die Arbeitswelt ändert sich gerade massiv und es ist nicht absehbar, wohin der Weg letztendlich führen wird. Reflektierte und nachhaltige Unternehmensentscheidungen sind gefragt und es darf nicht weggeschaut werden, wenn Führungskräfte ihre Macht missbrauchen, Mitarbeiter*innen schlecht behandeln, unnötigen Druck ausüben oder Ängste als Führungswerkzeug sehen. Die Bemühungen, Teams divers aufzustellen und aufgrund des Fachkräftemangels endlich die Bewerbungskriterien neu zu überdenken, stimmen mich zuversichtlich, dass sich in Organisationen in den nächsten Jahren noch einiges verändern wird. Wenn wir heute bei uns selbst beginnen und uns bewusst werden, was wir ändern können, dann wird sich die Arbeitswelt noch schneller zum Positiven verändern. Macht sollte man als das betrachten, was sie ist: als ein Tool, um Entscheidungen zu treffen, sich Gehör zu verschaffen und Veränderung auf den Weg zu bringen. Ein Tool, welches wie alle Tools auch falsch verwendet werden und Schaden anrichten kann. Betrachten wir beide Seiten, sowohl die positiven als auch die negativen, dann schaffen wir ein Bewusstsein für all die Möglichkeiten, die es für Macht gibt. Wer Macht besitzt, besitzt in erster Linie die Verantwortung, etwas zum Besseren zu bewegen.

5.9 Handlungsempfehlungen

Folgende Empfehlungen können den »Mächtigen« mit auf den Weg gegeben werden, um Macht positiv im Unternehmen einzusetzen und Hierarchien im bestmöglichen Sinne dadurch zu unterstützen:
- Alle Mitarbeitenden als gleichweg wichtigen Bestandteil des Unternehmenserfolgs betrachten. Von der Geschäftsführung bis zum/zur Praktikant*in. Innova-

tion benötigt neue und frische Ideen und diese können im ganzen Unternehmen auf jeder Hierarchieebene gefunden werden.

- Entscheidungen transparent machen – wieso wurde eine Entscheidung getroffen und was bringt diese der Organisation?
- Machtmissbrauch und auch die Anschuldigungen dessen ernst nehmen. Dazu müssen Ansprechpersonen oder Stellen definiert werden, um solche Fälle vertraulich melden zu können, falls dies nicht über die direkte Führungskraft möglich ist.
- Angst vor Konsequenzen abbauen und Betroffene unterstützen sowie Victim Shaming unterbinden.
- Sogenannte »Boys Clubs«, also Machtnester, die von gegenseitiger Bevorzugung und Inhouse-Vetternwirtschaft leben, auflösen.
- Die eigenen Privilegien immer und immer wieder reflektieren.
- Entscheidungen hinterfragen und Betroffene mit einbeziehen.
- Macht durch offene Kommunikation fairer verteilen.

Über Lisa Hoffmann

Lisa Hoffmann (27, sie/ihr) ist Senior Consultant im Bereich Public Sector bei einer Big-4-Beratung und hat bereits in verschiedenen Organisationen gearbeitet. Vom Verwaltungsstudium in einer öffentlichen Behörde bis hin zur Unternehmensberatung. Ihre Arbeit war immer davon geprägt, welche Machtstrukturen in den diversen Abteilungen und Stationen ihres Lebenslaufes vorherrschten. Unfaire Behandlung und vor allem Machtverteilung bewegen sie seit jeher dazu, junge Frauen auf ihrem Weg in die Berufswelt und darüber hinaus zu unterstützen. Mit einem klaren Blick für die Zukunft, um Prozesse innerhalb der Organisation zu verbessern und Missstände aufzuarbeiten, wirkt Lisa heute in einem innovativen Umfeld und begeistert Kollegen und Kolleginnen mit neuen Ideen.

Literatur

Gabler Wirtschaftslexikon, A./Suchanek (2021): Definition: Was ist Macht? https://wirtschaftslexikon.gabler.de/definition/macht-40211/version-384753. Abrufdatum: 01.06.2023

Handelsblatt, T./Stiens (2023): Reiche Eltern, gute Chancen – das deutsche Bildungsdilemma in Zahlen. Reiche Eltern, gute Bildung: So ungleich sind die Bildungschancen wirklich (handelsblatt.com). Abrufdatum: 15.06.2023.

Weber, Max (1985): Max Weber und seine Definition von Macht und Herrschaft: Über aktuelle Spuren in der Wirtschaftssoziologie, S. 28.

6   Macht und Führung

Im Interview mit Dr. Michael Kerkloh, Aufsichtsrat Lufthansa, Ex-Geschäftsführer Flughafen München

Dr. Michael Kerkloh ist, was man sich unter gestandenem erfolgreichem Manager vorstellt. Nach langjähriger Karriere beim Flughafen München, unter anderem über 18 Jahre als Vorsitzender der Geschäftsführung und Arbeitsdirektor der Flughafen München GmbH und aktuell im Lufthansa-Aufsichtsrat vertreten, kann er auf eine Vielzahl an Erfahrungen und Entscheidungen zurückblicken, die ihn zwar weit nach oben gebracht, aber nie haben abheben lassen. So zumindest meine Meinung, als ich ihn für dieses Gespräch treffen konnte. Dieses dreht sich um seine Sicht auf (seine) Karriereerfolge, den Einfluss von Macht und der Zukunft von Führung, und rundet somit das Thema als »Gegenperspektive« zum Essay von Lisa Hoffmann ab.

Zurückblickend auf deine Karriere: Gibt es ein Highlight, ein Thema, auf welches du besonders stolz bist?

Das eine Thema gibt es da nicht, aber ich glaube, besonders gut finde ich meine Tätigkeiten rund um Markenbildung und die zugrundeliegenden Werte, beispielsweise beim Münchner Flughafen. Wir haben den Claim »Verbindung leben« etabliert, welcher sowohl in der Außenwahrnehmung als auch nach innen viel ausdrückt. Allem voran steht dieser Claim für einen mir persönlich sehr wichtigen Wert: In unserem Handeln sollten wir immer erst darauf schauen, welchen Mehrwert wir für andere schaffen können, bevor es um uns selbst geht, also die Verbindungen auf zwischenmenschlicher Ebene leben.

Um das tun zu können, ist es wichtig, die Zusammenhänge und Verbindungen im Big Picture, also auf strategischer und struktureller oder auch gesellschaftlicher und wirtschaftlicher Ebene, zu verstehen. Jeder Erfolg oder Misserfolg hängt immer von den verschiedenen Komponenten des gesellschaftlichen und wirtschaftlichen Gesamtsystems ab, in dem man sich befindet. Möglicherweise war der eigene Beitrag richtig, nur eben an falscher Stelle oder zu falscher Zeit platziert. Die Neugierde zu haben, die Gesamtzusammenhänge, die Verbindungen auf größerer Ebene verstehen zu wollen und dann entsprechend zu agieren, ist für den Erfolg, welcher dies auch immer sein mag, essenziell.

Inwieweit ist dieses Verständnis zu erlangen und die Neugierde zu fördern Führungsaufgabe und wie können Führungskräfte das, beispielsweise durch Intrapreneurship-Ansätze, erreichen?

Unternehmerische Freiheit in Unternehmen zu stärken ist eine wichtige, aber anspruchsvolle Aufgabe, da insbesondere große Unternehmen bis ins letzte Detail durchstrukturiert sind. Diese Freiheit würde das System, also in diesem Fall das Unternehmen, ausbremsen, was somit eigentlich ein Widerspruch in sich ist. Durch Ansätze unternehmerischen Handelns wird ja eigentlich das Ziel verfolgt, schneller agieren zu können. Größere Freiheitsgrade bedingen unkontrollierte Prozesse, was wiederum eine stärkere Flexibilität und Agilität im Handeln aller Beteiligten erfordert und in einem durchstrukturierten System nicht immer gegeben ist. Diese Struktur ist ab einer gewissen Größe einer Unternehmung essenziell, um handlungsfähig zu sein und auch um der nicht unerheblichen Relevanz der Sorgfaltspflicht gegenüber Kapitalgebern, Anteilseignern, aber auch der Gesellschaft nachzukommen.

Ein Lösungsweg, den viele Unternehmen gehen, um von Intrapreneurship-Programmen profitieren zu können, ohne sich dadurch selbst zu demontieren, ist die Gründung einer eigenen Gesellschaft dafür. Diese Gesellschaften sind meist möglichst weit weg von der Zentrale, um nicht über die jeweiligen Strukturen zu stolpern oder einander in irgendeiner Weise zu stören. Dies bedingt jedoch auch, dass der Transfer sinnvoller Ergebnisse aus solchen Innovationszentren in den Regelbetrieb eine Herausforderung darstellt und Offenheit sowie möglichst sogar Partizipation der zentralen Führungsstrukturen erfordert.

Eine weitere Herausforderung ist die mit der unternehmerischen Freiheit einhergehende Veränderung in der Führungsarbeit. Damit Mitarbeiter*innen Freiheit leben können, müssen Führungskräfte diese Freiheit zulassen. Sie dürfen sich durch diese und durch daraus entstehende Ergebnisse nicht bedroht fühlen. In diesem Kontext gehört es zur Führungsarbeit dazu, die Ergebnisse und Ideen aus dem Team zu kanalisieren und in das Big Picture der Unternehmung einordnen zu können.

Ich glaube, dass man all das lernen kann – aber auch muss. Führung ist ein Thema, an welchem man konstant dranbleiben, reflektieren, sich weiterentwickeln und üben muss. Wichtig dabei ist es, keine Angst zu haben und darauf zu vertrauen, dass Offenheit und Freiheit nicht zur Destabilisierung der eigenen Position führen werden.

Wie wird sich der Einfluss von Ego und Macht in Unternehmen aus deiner Sicht perspektivisch entwickeln?

Macht ist per se nichts Schlechtes. Wer Macht hat, kann sie beispielsweise dafür einsetzen, Themen voranzubringen – und sei es die eigene Karriere. Es ist nicht verwerflich, auch auf den eigenen Vorteil zu blicken, sich mit Themen durchzusetzen, an die man glaubt, und die vorhandene Macht einzusetzen. Jene, die ihre Macht wirklich zu nutzen wissen, verstehen das große Ganze, das Macht- und soziale Gefüge im Unternehmen, und machen sich dieses für ihre Anliegen zunutze. Allein eine gute Idee und die richtigen Werte zu haben, reicht nicht aus, man muss diese auch im Kontext des Big Pictures unter allen vorhandenen Zusammenhängen durchzubringen wissen.

Was denkst du brauchen wir als Gesellschaft, um perspektivisch wettbewerbsfähig zu bleiben?

Eine Gesellschaft muss offen sein für Neues. Hat sie einen gewissen Wohlstand erreicht, tendiert sie dazu, Neues zu verhindern, um diesen Wohlstand zu sichern. Denn Neues bedeutet auch immer ein gewisses Risiko. Veränderungswille ist per se gut, aber durch Veränderung besteht auch immer der Konflikt, sich mit Bewährtem zu messen. Eine Routine zu haben und Bewährtes beizubehalten, ist jedoch auch gut und wichtig. Wenn Menschen damit konfrontiert werden, dass andauernd alles infrage gestellt wird, schürt das schnell Unsicherheit. Dennoch ist die Neugierde an Neuem und der generelle Wille zum Ausprobieren essenziell für den langfristigen Fortbestand einer Gesellschaft und ein Trend, den ich aktuell bei uns beobachte und für sehr gut halte.

Jede Innovation hat mit einer Idee begonnen, die potenziell auch nach hinten hätte losgehen können. Ein aktuelles Beispiel aus unserem Wirtschaftsraum ist der Umschwung vom Verbrenner hin zu Elektro-Antrieben. Wenn nun einige Automobilhersteller aus Wettbewerbsgründen voll auf Elektro setzen, die eigene Belegschaft aber seit Jahrzehnten Verbrenner baut und natürlich auch hinter dem Produkt steht, zeigen sich bei diesem Strategiewechsel natürlich verschiedenste Reaktionen. So werden etwa 10% der Belegschaft hinter dieser Veränderung stehen und direkt mitziehen. 40% sind skeptisch, denn es läuft doch gut so wie es ist. 50% der Belegschaft äußern sich nicht, sie warten ab, wie sich die Umsetzung entwickelt. Sobald sich abzeichnet, dass der Strategiewechsel ein Erfolg oder Misserfolg wird, beziehen sie Partei für die Seite, die sich durchsetzen wird.

Diese Reaktionen sind nicht nur für dieses Beispiel, sondern für jede Art von Veränderung oder Innovation zutreffend, sei es die Verkehrswende oder der Bau der dritten Landebahn am Münchner Flughafen. Bis eine kritische Masse erreicht ist, die sich für die Veränderung einsetzt und somit auch den Erfolg dieser mitentscheidet, zieht es sich mitunter ewig. Um als Gesellschaft und Wirtschaftsmacht wirklich wettbewerbsfähig zu bleiben, braucht es aus meiner Sicht daher Offenheit, Gestaltungswillen und die Neugierde, die Komplexität, also die Zusammenhänge im gesellschaftlichen und wirtschaftlichen Gesamtsystem, zu verstehen. Auch eine klare Kommunikation dessen, was man will, und eine daran anschließende Dialogbereitschaft sind Schlüsselvoraussetzungen dafür, dass eine Umsetzung gelingen kann.

Dies gilt für eine Gesellschaft wie für ein Unternehmen gleichermaßen. Im Kontext Unternehmen denke ich zudem, dass wir um das Thema, mehr Freiheit zu ermöglichen, nicht herumkommen werden. Und dies setzt hochwertige Führung voraus.

Um beim Beispiel von eben zu bleiben: Die 50% der Belegschaft, die bei Veränderung erstmal keine Position beziehen, für eben diese Veränderung zu begeistern, sie abzuholen, etwaige Ängste zu verstehen und zu nehmen, ist Führungsaufgabe. Und je mehr und je schneller sich die Dinge verändern, desto präsenter wird diese Aufgabe im Führungsalltag.

Welches werden denn mit Blick aufs Jahr 2035 die größten und prägendsten Veränderungen sein?

Die technischen Veränderungen in Richtung KI gehen sehr schnell. Du könntest dieses Interview beispielsweise bereits heute statt mit mir auch mit einer KI führen. Und die Geschwindigkeit wird nur noch weiter zunehmen. Das Problem dabei ist, dass es zu schnell für einen Großteil der Menschen geht, sie kommen mit all dem nicht mehr mit. Das führt zu einer gesellschaftlichen Spaltung.

Vor 15 Jahren kam das erste Smartphone auf den Markt und hat die Art, wie wir kommunizieren, in einem solchen Ausmaß verändert, wie wir es uns vorher nicht hätten vorstellen können. Innovationen mit Auswirkungen wie dieser finden heutzutage und auch in Zukunft nicht mehr je Dekade, sondern deutlich öfter statt. Die Frage ist nicht, was sich wie schnell verändert, sondern wie wir lernen, damit umzugehen.

Eine Antwort darauf ist es, das Leben maximal zu vereinfachen. Heutzutage werden viele eigentlich normale Dinge an eine Vielzahl an Bedingungen geknüpft. Ziehen wir als Beispiel das Kinderkriegen heran. Wir sind uns einig, dass dies relevant ist, um den Fortbestand der Menschheit zu sichern. Dennoch stellen wir uns aktuell so viele Fragen, verkomplizieren den Prozess ungemein. Außer Frage steht, dass die aktuelle Versorgung desaströs ist, dass Themen wie die Knappheit von Kitaplätzen und dergleichen dringend geklärt werden müssen. Dies ausklammernd ist die Frage, ob man den Fortbestand sichert, immer noch an eine Vielzahl von Bedingungen geknüpft, mit welchen wir uns die Antwort verkomplizieren. Sicher ein emotionales Beispiel, aber auch ein gut visualisierbares.

Vor dem Hintergrund der zu erwartenden gewaltigen wirtschaftlichen Umbrüche und der Entstehung komplett neuer Industriezweige, ist es einfach wichtig, Dinge soweit es geht einfach zu halten, neugierig zu bleiben und sich in Resilienz zu üben, ohne sich dabei verrückt zu machen.

Welche Veränderungen erwartest du in der Arbeitswelt?

Unternehmen sind ein Abbild der Gesellschaft. Ein Thema, welchem wir aktuell bereits gegenüberstehen und dessen Auswirkungen maßgeblichen Einfluss auf die Zukunft haben werden, ist das Thema Remote Work. Menschen müssen sich analog begegnen, Beziehungsaufbau funktioniert analog. Die aktuelle »digital first«-Arbeitsweise, die viele Arbeitnehmer*innen leben, fördert gesellschaftliche Auflösungserscheinungen. Jeder Mensch gehört ganz analog in irgendeine Gemeinschaft. Arbeitgeber sind ein wichtiger Teil dessen. Das bedeutet nicht, dass wir zu einer kompletten Anwesenheit zurückgehen sollten, und ich weiß durchaus auch selbst die Vorzüge des mobilen Arbeitens zu schätzen. Aus meiner Sicht funktioniert die Arbeitswelt von heute und in Zukunft jedoch nur hybrid. Die Aufgabe von Unternehmen ist es also, aus Büroflächen Orte der Begegnung zu schaffen, in denen insbesondere der Beziehungsaufbau, der informelle Austausch und das Zwischenmenschliche gefördert werden.

Über Dr. Michael Kerkloh

Dr. Michael Kerkloh ist ein deutscher Luftfahrtmanager, der bis zum 31. Dezember 2019 18 Jahre lang Vorsitzender der Geschäftsführung und Arbeitsdirektor der Flughafen München GmbH und zuvor Flughafen-Chef in Hamburg und Leiter der Flugzeugabfertigung am Frankfurter Airport gewesen ist. Seit 2020 ist er zudem Mitglied des Lufthansa-Aufsichtsrats.

Während seiner Zeit in München wurde 2003 Terminal 2 eingeweiht und der Flughafen in der Folge immer stärker zum zweiten Hub-Standbein der Lufthansa. 2016 kam der neue T2-Satellit hinzu. Kerkloh setzte sich lange Zeit auch für den Bau einer dritten Startbahn in München ein, nach dem Nein im Volksentscheid 2012 kam es jedoch in seiner Amtszeit nicht mehr zum Baustart.

7 Wie sich Führung mit der und durch die Gen Z verändert

Im Interview mit Max Klemmer, 27, Geschäftsführender Gesellschafter, Miss Germany Studios, und Co-Founder, Virtual Hero

Max ist 27 und führt in dritter Generation ein Familienunternehmen. Der Gründer des Unternehmens, Max‹ Großvater, ist der für ihn prägendste Einfluss in seinem beruflichen Handeln und Denken. Er hat Max unter anderem sein Wertesystem und sein Führungsverständnis vermittelt. Die Beziehung zum Großvater hat dazu geführt, dass Max bereits in jungen Jahren und mit abgebrochenem Studium in der Geschäftsführung des Familienunternehmens gelandet ist und gemeinsam mit ihm und seinem Vater dessen Weg in die Zukunft beschreiten konnte.

Eine Geschichte, wie sie in mittelständischen Unternehmen in Familienhand nicht unüblich ist. Spannend wird es jedoch, wenn man sich das Kerngeschäft des Unternehmens ansieht, und durch welch radikalen Imagewandel Max dieses aktuell führt. Das Familienunternehmen, die Miss Germany Studios, dreht sich nämlich traditionell um Schönheitswettbewerbe. Unter Max' Leitung geht es nun um die Auszeichnung von Frauen, die Verantwortung übernehmen.

Die Führung durch ungewisse Zeiten, seien sie durch Veränderungen am Markt, internen Wandel oder auch beides bedingt, ist ein Thema, welches die meisten Unternehmen und Führungskräfte heutzutage antreibt und perspektivisch noch viel stärker zur Führungskompetenz dazugehören wird. Ebenso durchläuft das Führungsverständnis im Allgemeinen einen Wandel weg vom traditionellen Manager hin zum emotionalen und achtsamen Leader. Diese Entwicklung ist nicht zuletzt durch Forderungen der Generation Z, zu der auch Max selbst noch so gerade gehört, bedingt.

In diesem Interview gibt Max Einblicke, wie es gelingt, ein Unternehmen radikal auf Zukunftskurs zu bringen, durch große Veränderungen zu steuern und dabei dennoch emotional und befähigend zu führen, und zeigt damit, wie sich Führungsverständnis durch und mit der aktuell jüngsten Generation am Arbeitsmarkt verändert.

Max, wie kam es zum Rebranding von dem traditionellen Schönheitswettbewerb hin zur Personality Show?

Mit meinem Einstieg in die Geschäftsführung, damals noch gemeinsam mit meinem Vater und Großvater, war relativ schnell klar, dass ich nicht hinter dem Geschäftsmodell der klassischen Misswahl stehe. Die Entscheidung fiel also zwischen einer Veränderung des Geschäfts oder meinem Ausstieg aus diesem. Letztendlich habe ich mit meiner Vision überzeugen und das Unternehmen als alleiniger geschäftsführender Gesellschafter komplett neu ausrichten können.

Woher hast du das Selbstbewusstsein genommen, ein Unternehmen und Menschen führen zu können? Hast du Unternehmens- oder Mitarbeiter*innenführung gelernt?

Führung ist für mich weniger Machtgefüge, sondern eher Kommunikationsarbeit und etwas sehr Menschliches und Individuelles. Mit Menschen, die sachlich reduziert sind, muss man beispielsweise ganz anders umgehen als mit jenen, die stark auf emotionaler Ebene agieren. Das Gespür dafür, wem man wie begegnet, wie man auf eine Person eingeht, das ist Führung. Am Ende streben wir alle immer nach Harmonie, was nicht bedeutet, dass man immer einer Meinung sein muss, aber man muss zusammen funktionieren und dafür bedarf es des individuellen Umgangs mit Menschen.

Mit Führung, sei es von Unternehmen oder Menschen, geht auch eine immense Verantwortung einher. Wenn es gut läuft, freue ich mich natürlich, aber wenn es schiefgeht, scheue ich mich auch nicht davor, die Verantwortung dafür zu tragen. Diese Einstellung ist für den Schritt in eine Rolle wie die meine sicher sehr hilfreich. Verantwortung zu tragen, heißt aber nicht, dass man alles allein machen oder selbst wissen muss. Eine gute Führungspersönlichkeit kann zuhören, Ideen aufnehmen und ist nicht durch das eigene Ego geleitet. Sie muss und will nicht der klügste Kopf im Raum sein. Egal ob eine Idee von der Werkstudentin oder der Teamleitung kommt, am Ende gewinnt der beste Inhalt. Ich weiß Erfahrung und Expertise zu schätzen und kann diese annehmen, ohne mich dabei in meiner Rolle bedroht zu fühlen.

Ich bringe zudem nicht nur Selbstbewusstsein und Vertrauen in mich mit, sondern auch eine Menge Respekt und Demut vor der Aufgabe.

Mit der Neuausrichtung des Unternehmens hast du in der Geschäftsführungsfunktion eine zusätzliche Herausforderung zu managen. Was hilft dir, das Unternehmen und die Mitarbeiter*innen durch diese Zeiten zu navigieren, und wie gehst du vor?

Wir haben im Unternehmen eine »Always beta«-Mentalität. Das bedeutet, dass man immer etwas optimieren, verbessern oder verändern kann. Vor dem Hintergrund der rapiden Marktveränderungen bin ich der Meinung, dass wir gar keine andere Wahl haben, als unser Vorgehen, unsere Prozesse und auch uns selbst kontinuierlich mit dem Ziel zu hinterfragen, etwas verbessern zu können. Es gibt also einen gewissen Rahmen, einen Nordstern, dem wir folgen, und innerhalb dieses Rahmens versuchen wir komplett offen und agil zu bleiben, um uns nicht von Trägheit leiten zu lassen, sondern jede Entscheidung neu so zu bewerten, als würden wir sie zum ersten Mal treffen.

Dafür ist eine starke Fehlerkultur wichtig, denn innerhalb einer solchen Arbeitsweise werden Fehler passieren und anhand dieser findet sich dann der beste Weg. Wir akzeptieren es, dass Fehler gemacht werden, wir akzeptieren nur nicht, wenn wir aus diesen nicht lernen. Neues auszuprobieren, offenzubleiben, um alle Möglichkeiten überhaupt sehen zu können, und immer erst an die Chancen zu denken, bevor die Risiken bewertet werden, sind aus meiner Sicht relevante Verhaltensweisen für den Umgang mit Unsicherheit und diese müssen stetig trainiert werden. Mir hilft zudem die Diversität meines Teams, beispielsweise in puncto Alter, Herkunft oder beruflichen Hintergrunds. Durch diverse Meinungen und Diskussionen lösen wir die großen und kleinen Probleme unserer (Arbeits-)Welt.

Ich glaube, in Zukunft werden wir viel stärker kollaborativ arbeiten, nicht nur innerhalb des Unternehmens, sondern vor allem auch übergreifend. Alles wird sich viel stärker auf sozialen Plattformen abspielen, Vernetzung spielt also nicht nur auf die Plattform bezogen eine Rolle, sondern auch auf die Inhalte auf dieser Plattform. Hier visionär vorzugehen, sich zu trauen, zum »first mover« zu werden und Neues zu testen, ist essenziell für Unternehmen, um sich zukunftssicher aufzustellen. Wir testen hier auch regelmäßig neue Formate, von denen übrigens sehr vieles an Impulsen aus meinem Team kommt und nicht von mir.

Um sich an ein Rebranding eines bewährten Unternehmens zu wagen, eine Geschäftsführungsposition anzunehmen und generell andauernd Fehler zu machen, also hinzufallen und wieder aufzustehen, braucht es ja vor allem eines: Mut. Woher nimmst du deinen?

Ich sehe meine Entscheidungen weniger als mutig, sondern viel mehr als logisch an. Insofern ist es auch selbstverständlich, diese zu treffen. Ich denke, dass der Mut von Überzeugung herrührt. Nur wenn man von etwas überzeugt ist, kann man auch mutig genug sein, viel dafür zu riskieren. Dann fühlt sich selbst das Scheitern richtig an, denn man ist der Überzeugung gefolgt. Um überzeugt von etwas zu sein, muss man zuerst verstehen, worum es geht und was man tut. Bei mir steht immer die Sache im Vordergrund. Je mehr ich weiß, desto selbstsicherer trete ich auf, bilde mir und vertrete meine Meinung und brauche dann auch weniger Mut, denn das Risiko ist kalkuliert.

Zudem glaube ich, dass man sich regelmäßig aus seiner Komfortzone herausbegeben muss. Dies zu tun, ist aus meiner Sicht auch etwas, was man trainieren kann. Beziehungsweise, wenn man dies nicht tut und wenn man nicht versucht, Dinge zu bewegen und zu verbessern, kann man sich hinterher auch nicht beschweren.

Über Max Klemmer

Max Klemmer hat seit dem 1. Juli 2022 die alleinige Führung des Familienunternehmens Miss Germany übernommen und firmierte in diesem Zuge das Unternehmen in »Miss Germany Studios« um. Miss Germany Studios bietet eine Plattform für Frauen, die Verantwortung übernehmen. Dabei entwickelte sich das Unternehmen von einem klassischem Event-Veranstalter in einen modernen Publisher mit Inhalten, die aus einer vor allem weiblichen Sicht und für ein weibliches Publikum erzählt werden. Zudem ist Max Klemmer Gründer eines Web3-Projektes, das sich für weibliche Diversität in digitalen Welten einsetzt.

8 Emotionale Intelligenz als Führungsanker

Wie Führungskräfte und Unternehmen den Bedürfnissen der Generation U30 gerecht werden können

Von Patrizia Mangold, 28, Projektleiterin & Senior Communication Manager Digital Channels, HypoVereinsbank

Wie muss sich Führung in unserer immer schneller werdenden digitalen Welt verändern? Patrizia Mangold beschreibt, was der Generation U30 beim Thema Führen wichtig ist und warum Emotionale Intelligenz ein zukunftsfähiger Anker für Führungskräfte sein kann. Sie betrachtet, was dies für Leadership (der Zukunft) bedeutet und wie Führungskräfte und Organisationen sich schon heute bestmöglich darauf einstellen können.

8.1 Einleitung

Was unterscheidet Menschen in dieser immer digitaler werdenden Welt noch von Maschinen oder Technologien wie künstlicher Intelligenz? Den Einschätzungen von Expert*innen zufolge: Emotionen, Menschlichkeit und Emotionale Intelligenz.[1] Insbesondere die Sozial- und Methodenkompetenzen, wie beispielsweise Empathie, durch die sich Menschen nachhaltig von Technologien wie Robotern oder künstlicher Intelligenz unterscheiden, werden zunehmend wichtiger.[2] Auch der Experte Goleman[3] unterstreicht diese Aussage:

> *»As we get further into the age of the smart machine, it is likely that sensing and managing emotions, particularly in relationships, will remain one of the types of intelligence that stymies Artificial Intelligence. This means people and jobs involving Emotional Intelligence are safe from being taken over by machines.«*
>
> Daniel Goleman

2035 wird die Welt noch digitaler sein, als wir sie heute schon erleben. Meilensteine vergleichbar mit Chat GPT oder dem Metaverse werden sich in den kommenden Jahren noch schneller entwickeln und unsere Gesellschaft maßgeblich prägen und verändern. Oft ist die Rede davon, dass technologischer Fortschritt exponentiell voranschreitet.[4] Dabei ist entscheidend, dass Menschen emotionalen Mehrwert stiften, und viele Expert*innen sind der Meinung, dass auch keine Maschine oder technologi-

---

1 Vgl. Weiß et al. 2017; Göpfert 2017; Deloitte 2022.
2 Vgl. Rogl 2022.
3 Goleman 2020, S. ix.
4 Vgl. Kurzweil 2001; Süddeutsche Zeitung 2023; Mutschler 2018.

sche Weiterentwicklung dies in Zukunft ersetzen kann.[5] Im Gegensatz zur Technologie können Menschen auf empathische Weise miteinander interagieren – eine Grundlage dafür ist die Emotionale Intelligenz. Dieses Unterscheidungsmerkmal gilt nicht nur in der gemeinsamen Zusammenarbeit an fachlichen Aufgaben, sondern insbesondere für Aufgaben in der Führung. Da Leadership immer die Interaktion zwischen Menschen bedeutet, spielen Emotionen besonders in diesem Bereich eine entscheidende Rolle, denn Menschen sind höchst emotionale Wesen.[6] So können beispielsweise negative Gefühle einer Führungskraft das Wohlbefinden von Mitarbeitenden negativ beeinflussen.[7] Umso wichtiger ist die Emotionale Intelligenz bei Führungskräften und ein gesunder Umgang mit den eigenen Emotionen.

Die Ausprägung der Emotionalen Intelligenz von Führungskräften wird insbesondere für die Führung jüngerer Generationen bis zu einem Alter von 30 Jahren (Generation U30) immer wichtiger.[8] Während diese Altersgruppe bis 2035 stark auf dem Arbeitsmarkt vertreten sein wird, verlassen ältere Generationen wie beispielsweise die Baby Boomer diesen. Emotionale Intelligenz kann als *der* entscheidende Führungsanker des digitalen Zeitalters und in der Führung junger Generationen gesehen werden. Führungskräfte müssen somit ihrer Verantwortung nachkommen, ihre emotionale Intelligenz weiterzuentwickeln. Gleichzeitig dürfen auch Unternehmen ihre Pflicht nicht unterschätzen, geeignete Personen für die entscheidende Aufgabe der Führungskraft auszuwählen und diese bestmöglich auf die veränderten Bedürfnisse vorzubereiten.

Doch was wünschen sich jüngere Generationen konkret in Bezug auf Führung? Was ist der Generation U30 wichtig und was genau macht Emotionale Intelligenz zum Führungsanker? Und: Wie können sich Führungskräfte und Organisationen schon heute bestmöglich darauf vorbereiten?

8.2 Einordnung Emotionale Intelligenz und Führung – worum geht es eigentlich?

Als Emotionale Intelligenz wird die Fähigkeit beschrieben, Emotionen ganzheitlich wahrzunehmen, zu verstehen, auszudrücken und angemessen damit umzugehen beziehungsweise darauf zu reagieren. Dabei beinhaltet die Fähigkeit der Emotionalen Intelligenz sowohl den Umgang mit den eigenen Gefühlen als auch mit den Emotionen anderer Personen.[9]

---

5   Vgl. ZDF 2022; Weiß et al. 2017.
6   Vgl. George 2000.
7   Vgl. Zineldin und Hytter 2012.
8   Vgl. Schroth 2019; Bresman und Rao 2018; Kraus 2017.
9   Vgl. Mayer und Salovey 1997, S. 10.

Traditionell wird Emotionale Intelligenz in vier Teile untergliedert, von denen sich jeweils zwei Bereiche auf den Umgang mit den eigenen Gefühlen (1 und 2) sowie auf den Umgang mit den Gefühlen anderer Menschen (3 und 4) beziehen:

1. Emotionales Bewusstsein (Emotional Self-Awareness)
2. Selbststeuerung (Self-Management)
3. Soziales Bewusstsein/Empathie (Social Awareness)
4. Beziehungsmanagement (Relationship Management)[10]

Das emotionale Bewusstsein beschreibt die Fähigkeit, Zugang zu den eigenen Emotionen zu haben und sich deren bewusst zu sein. Expert*innen sprechen in diesem Zusammenhang von einer kontinuierlichen Aufmerksamkeit für den eigenen inneren Zustand.[11] Sind wir selbst nicht in der Lage, die eigenen Gefühle richtig zu erkennen, entgeht uns eine wichtige Datenbasis, um uns durch unseren Alltag zu navigieren.[12] Denn Emotionen sind nicht per se gut oder schlecht, aber hinter jeder einzelnen steckt eine wertvolle Information, die es mithilfe des emotionalen Bewusstseins zu erkennen gilt.[13]

Die Selbststeuerung beschäftigt sich damit, wie die eigenen Emotionen gesteuert werden können, nachdem sie mithilfe des emotionalen Bewusstseins erkannt wurden. Insbesondere geht es darum, die eigene Reaktion auf die Emotion zu regulieren und sich beispielsweise von Emotionen nicht ablenken zu lassen. Darüber hinaus geht es auch um die innere emotionale Balance und die Fähigkeit sich selbst zu motivieren, positiv zu denken und sich erfolgreich an neue Situationen anzupassen.[14]

Während die ersten beiden Bereiche den Fokus auf das eigene Innere und die eigenen Gefühle legen, geht es im dritten Bereich um die Kompetenzen im Zusammenhang mit den Gefühlen anderer Menschen, also das »soziale Bewusstsein«. Hier steht vor allem die Empathie im Vordergrund. Empathie bezeichnet die Fähigkeit, die Gefühle, und Sorgen anderer Menschen nachzufühlen und sich in sie hineinversetzen zu können.[15]

Der vierte Bereich, das Beziehungsmanagement, rundet das Modell ab. Neben der Fähigkeit, andere zu inspirieren und eine Beziehung oder die Arbeit in einem Team positiv zu beeinflussen, zählt auch Konfliktmanagement[16] zu den Kompetenzen dieses Bereichs. Darüber hinaus ist die Fähigkeit, Emotionen adäquat ausdrücken zu können, sodass andere sie richtig auffassen und wahrnehmen können, wichtig.[17]

---

10   Vgl. Goleman 2020, S. 39-40.
11   Ebda, S. 40.
12   Vgl. Fosslien und Duffy 2019, S. 9.
13   Vgl. Goleman 2020, S. 42.
14   Ebda, S. 71.
15   Vgl. Cuff et al. 2016.
16   Vgl. Goleman 2020, S. xii.
17   Ebda, S. 101.

In der Forschung der letzten 40 Jahre berichtet die Wissenschaft vor allem einen Punkt übereinstimmend: Im Gegensatz zu unserer intellektuellen Intelligenz, die wir traditionell mit dem Intelligenzquotienten (IQ) messen, lässt sich der Emotionale-Intelligenz-Quotient (EQ) zwar schwieriger bestimmen, dafür umso besser trainieren.[18] Beide haben einen Einfluss darauf, wie erfolgreich wir im Leben sind, allerdings sollte der EQ aufgrund der Möglichkeit, ihn zu trainieren, in den Vordergrund gestellt werden. Emotionen sind nicht bei allen Menschen gleich, sondern im Kontext der eigenen sozialen Prägung angelernt und der Umgang damit kann entsprechend verändert werden.[19] Das Konzept der »Emotional Fluency« beschreibt, dass Menschen die Art und Weise, wie sie ihre Gefühle mitteilen, an die jeweilige Situation anpassen können. Gerade dieser Bestandteil der Emotionalen Intelligenz lässt sich mithilfe gezielter Reflexion und durch dezidiertes Training verbessern.

Aber was hat Emotionale Intelligenz mit Führung zu tun? Googelt man »Emotionale Intelligenz Führung« erscheinen mehr als 500.000 Ergebnisse, was unterstreicht, dass ein gewisser Zusammenhang zwischen beiden Begrifflichkeiten vermutet werden kann. Zahlreiche Forschungsergebnisse unterstreichen dies: Emotionale Intelligenz hat einen statistisch bewiesenen Einfluss auf die erfolgreiche Durchführung von Führungsaufgaben und die sogenannte »Leadership effectiveness«.[20] Personen mit einem hohen EQ können tendenziell sowohl ihre eigenen Emotionen als auch die Emotionen anderer Menschen besser erkennen, verstehen und angemessen darauf reagieren. Dies kann ein Indikator für Führungspotenzial sein und dabei unterstützen, geeignete Kandidat*innen für Führungsaufgaben auszuwählen.[21]

Weitere wissenschaftliche Ergebnisse zeigen, dass die leistungsstärksten Manager*innen über deutlich stärker ausgeprägte emotionale Kompetenz verfügen als weniger leistungsstarke Manager*innen[22], dass Führungskräfte, die einen höheren EQ aufweisen, mit größerer Wahrscheinlichkeit bessere Geschäftsergebnisse erzielen[23] und dass sie häufiger von ihren Teammitgliedern und direkten Vorgesetzten als effektive Führungskraft wahrgenommen werden[24]. Auch eine höhere Produktivität[25] sowie ein besserer Umgang mit Veränderungen[26] finden sich bei Führungskräften, die eine höhere emotionale Intelligenz besitzen. Diese sind sich zudem bewusster, wie die Emotionen der Mitarbeitenden und ihre eigenen Emotionen Entscheidungen und Handeln beein-

---

18 Vgl. Schutte et al. 2013.
19 Vgl. Fosslien und Duffy 2019, S. 10.
20 Vgl. Mills 2009; Barbuto et al. 2014; Higgs und Aitken 2003; Garza Carranza et al. 2008; Groves et al. 2008.
21 Vgl. Gardner und Stough 2002.
22 Vgl. Cavallo und Brienza 2002.
23 Vgl. Rosete 2005.
24 Vgl. Cavallo und Brienza 2002.
25 Vgl. Melita Prati et al. 2003.
26 Vgl. Mayer und Caruso 2002.

flussen können.[27] Unter anderem deshalb können sie laut wissenschaftlichen Ergebnissen besser Entscheidungen treffen.[28]

Alle diese Forschungsergebnisse unterstreichen: Nutzen Führungskräfte ihre emotionale Intelligenz als Führungsanker im digitalen Zeitalter und wenden sie diese bei der Führung junger Generationen an, können sie zu effektiveren Leader*innen werden.

8.3   Anforderungen der Generation U30 an Führungskräfte

Eine Herausforderung für Führungskräfte unserer Zeit ist es, dass aktuell vier Generationen auf dem Arbeitsmarkt vertreten sind: Baby Boomer, Generation X, Generation Y (Millennials) und Generation Z. Dabei bilden die U30er einen Mix aus der späten Gen Y und der frühen Gen Z. Alle Generationen haben zum Teil andere Werte, unterschiedliche Wünsche sowie Interessen und benötigen teilweise variierende Führungsstile.[29] Eine wichtige Kompetenz von Führungskräften ist es also, sich an unterschiedliche Bedürfnisse, Situationen und Mitarbeiter*innen anpassen zu können.[30]

Gleichzeitig müssen Führungskräfte heute nicht nur wissen, wie man junge Mitarbeitende am besten führt, sondern auch die verschiedenen Merkmale und Vorurteile der Generationen untereinander kennen und diesen begegnen können.[31] Auch wenn man niemanden ausschließlich anhand der Merkmale einer ganzen Generation beurteilen sollte, spielen unterschiedliche Werte, Einstellungen und Arbeitsweisen doch eine Rolle und können zu Konflikten und Missverständnissen führen.[32] Beispielsweise bemängeln laut einer Umfrage des Meinungsforschungsinstituts Civey etwa 57% der Erwerbstätigen und fast zwei Drittel der Entscheider*innen, dass Personen unter 25 zu viel Wert auf eine gute Work-Life-Balance legen. In der Befragung zeigt sich zudem, dass ungefähr 63% der Erwerbstätigen und knapp 65% der Entscheider*innen die Generation Z für nicht kritikfähig halten.[33] Diese Vorurteile in den eigenen Teams zu erkennen, diesen zu begegnen und sie auszuräumen sowie auf die individuellen Bedürfnisse der einzelnen Personen einzugehen, gehört zum Führungsspektrum.

Dazu gilt es zu wissen: Was wünschen sich die jüngeren Generationen und was bedeuten die Ansprüche für Führungskräfte konkret?

---

27   Ingram und Cangemi, 2012.
28   Vgl. George 2000.
29   Vgl. Bălan und Vreja 2018; Iorgulescu 2016.
30   Vgl. Băeşu und Bejinaru 2015.
31   Vgl. Schroth 2019.
32   Vgl. Zemke und Filipczak 2013.
33   Vgl. Gelowicz 2022.

8.3.1 Die Generation U30 wünscht sich eine moderne Führungskraft

Insbesondere die Generation Z – je nach Definition ungefähr mit dem Jahrgang 1997 beginnend –, aber auch andere Generationen haben generell hohe Erwartungen an ihre Führungskräfte.[34] Der Generationenforscher Prof. Dr. Christian Scholz beschreibt in seinem Buch »Generation Z«, dass die Gen Z einen modernen Führungsstil präferiert.[35] Diesen jungen Menschen ist es wichtig, dass die Führungskraft Wert auf offene, ehrliche Kommunikation, Flexibilität, Work-Life Balance, Teamarbeit, aber gleichzeitig auch individuelle Wertschätzung und Anerkennung sowie Mentoring und Unterstützung legt.[36]

Ein Bedürfnis, das der Generation U30 nicht nur von Prof. Scholz zugeschrieben wird, ist der stark ausgeprägte Wunsch nach eine*r Coach oder einem*r Mentor*in statt einem*r »klassischen« Chef*in. Personen aus der Generation U30 erwarten von Führungskräften, dass sie die Rolle des*r Coach für ihre Teammitglieder einnehmen und so die individuelle Weiterentwicklung fördern. Sie erwarten regelmäßiges Feedback und möchten für ihre Leistungen gelobt werden.[37]

Die Generation U30 möchte gefördert und in ihrer Karriereentwicklung aktiv begleitet werden. Wer U30-Personen erfolgreich führen möchte, muss nicht mehr nur die klassischen Managementaufgaben wie Delegieren, Aufgaben kommunizieren oder Entscheidungen treffen beherrschen. Die jungen Generationen wünschen sich vor allem ein Gegenüber, das ihnen regelmäßig Feedback gibt und sie individuell beim persönlichen Wachstum begleitet. Ein hierarchisch geprägter Führungsstil ist für diese Bedürfnisse ungeeignet,[38] stattdessen ist das sogenannte »Arbeitsplatz-Coaching«, ein individueller, maßgeschneiderter Lern- und Entwicklungsprozess zwischen Coach und Coachee, ein geeignetes Instrument.[39]

Neben dem beschriebenen starken Wunsch nach Mentoring und Unterstützung lassen sich folgende weiteren Kernpunkte in Bezug auf Bedürfnisse dieser Generation clustern:

- Offene Kommunikation: 33 % der Gen Z betont, dass ihnen gute Kommunikation wichtig ist.[40] Eine transparente und offene Kommunikation sieht diese Generation als Basis für gute Führung. Für sie ist es wesentlich, dass eine Führungskraft über alle wichtigen Entscheidungen, aber auch die strategischen Ausrichtungen offen

---

34 Vgl. Gehm 2019.
35 Vgl. Scholz 2014.
36 Vgl. Schallenberg-Kappius 2022; Scholz 2014; Spiro 2006.
37 Vgl. Schroth 2019; Spiro 2006.
38 Vgl. Krell 2022.
39 Vgl. Smither, 2011; Spiro 2006; Scholz 2014.
40 Vgl. Bresman und Rao 2018.

informiert. Auch wird erwartet, dass der Sinn oder »Purpose« einer Aufgabe vorab klar kommuniziert wurde.[41]

- Flexibilität und Work-Life-Balance: Im Gegensatz zur Gen Y, die Privatleben und Berufsleben in Einklang bringen möchte, trennt die Gen Z die beiden Bereiche klar ab. Sie erwartet von Arbeitgebern und insbesondere von ihren Führungskräften Flexibilität bei Arbeitszeiten und Orten, von denen sie arbeiten dürfen.[42]
- Teamorientierung und Zusammenarbeit: Die Generation Z bevorzugt eine kooperative und teamorientierte Arbeitskultur. Sie schätzt die Zusammenarbeit mit anderen und erwartet von Führungskräften, dass sie ein positives Arbeitsumfeld fördern[43] und motivieren. 35 % der Generation Z sagen, dass sie von ihrem Vorgesetzten ein »motivierendes Verhalten« erwarten.[44]

Laut einer Studie von Markus Kraus aus dem Jahr 2017 bevorzugt die Generation Z den sogenannten »Visionary Leadership Style« (vgl. Abbildung 1), welcher insbesondere dadurch charakterisiert ist, dass die Führungskraft das Team mit einer gemeinsamen Vision motiviert und antreibt.[45] Die Emotionale Intelligenz von Führungskräften beeinflusst ihre Möglichkeiten innerhalb dieses Führungsstils positiv,[46] weil durch einen hohen EQ sowohl Empathie als auch die Einstellung, Personen mit einer gemeinsamen Vision zu motivieren, gefördert werden. Gleichzeitig hilft ein hohes Level an Emotionaler Intelligenz den Führungskräften, eine positive Arbeitseinstellung vorzuleben, was wiederum für ein positives Klima im Team sorgt[47]. Dies entspricht den Bedürfnissen der Generation Z und ihrem Wunsch nach einem funktionierenden und harmonischen Team.

Ebenfalls positiv beeinflusst von der Emotionalen Intelligenz werden der demokratische und der »Coaching«-Leadership-Stil (vgl. Abbildung 1). Beide zählen wie der »Visionary leadership Style« zu den modernen Führungsstilen, die wie eingangs beschrieben von der Generation U30 präferiert werden. Setzen sich Führungskräfte Emotionale Intelligenz als Führungsanker, arbeiten sie täglich daran, sich besser in andere Menschen hineinversetzen zu können, und kommen somit einem der drei erwähnten Führungsstilrichtungen einen Schritt näher.

---

41   Vgl. Esmailzadeh 2022.
42   Ebda.
43   Ebda.
44   Vgl. Bresman und Rao 2018.
45   Vgl. Goleman 2000, S. 82-83.
46   Vgl. Băeșu und Bejinaru 2015.
47   Vgl. Anand und Suriyan 2010.

	Commanding	Visionary	Affiliative	Democratic	Pacesetting	Coaching
Modus Operandi der Führungskraft	Fordert sofortiges Befolgen von Befehlen	Mobilisiert Menschen mit einer Vision	Schafft Harmonie und baut emotionale Bindungen auf	Konsensbildung durch Beteiligung	Setzt hohe Maßstäbe durch Beteiligung	Entwickelt Menschen für die Zukunft
Leadership-Stil in einem Satz	»Tu, was ich dir sage«	»Komm mit mir«	»Menschen kommen zuerst«	»Was denkst du?«	»Mach es, wie ich es gerade zeige«	»Probiere es so«
Zugrunde liegende Kompetenzen der emotionalen Intelligenz	Leistungswille, Initiative, Eigenbeherrschung	Selbstwahrnehmung, Empathie, Katalysator für Veränderung	Empathie, Beziehungsmanagement, Kommunikation	Kollaboration, Teamfähigkeit, Kommunikation	Bewusstsein, Leistungswille, Initiative	Andere entwickeln, Empathie, Selbstwahrnehmung
Wann der Stil am besten funktioniert	In einer Krise, um eine Änderung anzustoßen, oder mit problematischen Mitarbeitern	Wenn Veränderungen eine neue Vision erfordern oder eine klare Richtung benötigt wird	Um Brüche in einem Team zu reparieren und Menschen in stressigen Zeiten zu motivieren	Um Akzeptanz/ Konsens zu fördern oder um Beiträge von wertvollen Mitarbeitern zu erhalten	Um schnell Ergebnisse eines hochmotivierten und kompetenten Teams herbeizuführen	Um Mitarbeitenden zu helfen, ihre Leistung zu verbessern und langfristig Stärken auszubauen
Gesamtauswirkung	Negativ	Meist positiv	Positiv	Positiv	Negativ	Positiv

Tab. 1: Leadership-Stile und der Einfluss von Emotionaler Intelligenz (Eigene Darstellung angelehnt an Goleman 2000, S. 82-83)

Ein weiterer spannender Ansatz ist die Idee des »situativen Führens«, welche Paul Hersey und Kenneth und Blanchard 1969 entwickelt haben. Sie veröffentlichten die Idee erstmals in ihrem Buch »Management of Organizational Behavior: Utilizing Human Resources«. Der Gedanke dahinter: Die Führungskraft geht individuell auf die Bedürfnisse aller Mitarbeitenden ein und nutzt je nach deren Situation unterschiedliche Leadership-Ansätze. Dies erfordert ein hohes Maß an Flexibilität der Führungskraft, denn dies stellt die Bedürfnisse der Mitarbeitenden in den Vordergrund.[48] Damit situatives Führen funktionieren kann, müssen Führungskräfte die Fähigkeit erwerben, den richtigen Führungsstil zu erkennen und auszuwählen, der zur jeweiligen Situation passt.[49] Es darf kein bestimmter Führungsstil bevorzugt oder aufgrund der eigenen Präferenz häufiger angewendet werden.

In diesem Zusammenhang beschreibt auch die Studie von Kraus, dass Führungskräfte flexibel den Stil wählen sollten, der für ihre eigene Persönlichkeit, für ihre Mitarbeiter und für den jeweiligen Kontext am besten geeignet ist. Als Manager sollte man beispielsweise in Konfliktsituationen, in Feedbackgesprächen oder in Gesprächen, die Mitarbeitende motivieren sollen, erkennen, dass man etwas am eigenen Führungsstil ändern muss, um bessere Ergebnisse in der Zusammenarbeit mit den Mitarbeiter*innen zu erzielen und damit die Leistung der Organisation zu steigern.[50] Für die Bedürfnisse und Wünsche der Generation U30 scheint dies ein passender Ansatz zu sein, er erfordert jedoch von den Führungskräften viel und nicht jede*r ist dazu in der Lage. Unternehmen sollten also reflektieren, ob dezidierte Führungskräfteentwicklung und -Trainings in diesem Bereich eine passende Option sein können.

8.3.2   Führungskräfte überzeugen mit Empathie & Wertschätzung statt Autorität

Menschen sind höchst soziale Wesen und wünschen sich Interaktion auf Augenhöhe.[51] Im Vergleich zu früher wird heutzutage ein autokratischer Führungsstil von Mitarbeitenden zum Großteil nicht mehr akzeptiert. Darum muss Führung sich weiterentwickeln, um den wachsenden Anforderungen in der Arbeitswelt der Zukunft gerecht zu werden – schließlich haben Mitarbeiter*innen heute viel mehr Wahlmöglichkeiten hinsichtlich des Arbeitsplatzes als früher.[52]

Wo früher »härtere« Kompetenzen wie Durchsetzungsstärke oder Autorität von Führungskräften erwartet und von Teammitgliedern geschätzt wurden, bezieht sich das

---

48   Vgl. Harvard Business Review 2020.
49   Vgl. Watkins 1989.
50   Vgl. Kraus 2017.
51   Vgl. Fosslien und Duffy 2019, S. 9.
52   Vgl. Batool 2013; Băeşu und Bejinaru 2015.

heutige Bedürfnis mehr auf »Soft-Skills« wie Empathie, Interesse an der individuellen Person und Authentizität. *»Sympathie wird wichtiger als Autorität«,* schreibt Focus Business 2021 basierend auf Erkenntnissen der Hager Unternehmensberatung und des Zukunftsinstituts 2b AHEAD ThinkTank. Eine Studie von meinestadt.de aus dem Jahr 2019 unterstreicht dies: Knapp 86 % der befragten Fachkräfte ist »Wertschätzung gegenüber dem Mitarbeiter und seiner Arbeit« und knapp 84 % »Vertrauen und Rückhalt« besonders wichtig bei der eigenen Führungskraft.[53]

Emotionale Intelligenz ist für diese Entwicklung eine entscheidende Kompetenz und kann darum für Führungskräfte ein zukunftsfähiger Führungsanker sein. Denn: Durch Emotionale Intelligenz ergeben sich neue Möglichkeiten, Teams Wertschätzung zu zeigen und Vertrauen entgegenzubringen. Gekennzeichnet durch gegenseitigen Respekt und Verständnis anstelle von Hierarchie, werden veraltete Führungsverständnisse immer mehr von modernen Ansichten abgelöst und der früher häufig praktizierte, hierarchische Führungsstil hat ausgedient.[54] Bereits eine Studie aus dem Jahr 2009 empfiehlt empathisches Führungsverhalten als Führungsansatz, da es zum individuellen Erfolg einer Führungskraft und zur Erreichung der Unternehmensziele beitragen kann.[55] Die Studie unterstreicht, dass sich dieses empathische Führungsverhalten, unter anderem durch Coachings oder Seminare zu Gewaltfreier Kommunikation, erlernen lässt.

Die Generation U30 respektiert und bevorzugt im Rahmen des empathischen Führungsansatzes vor allem Authentizität, Offenheit und Wertschätzung[56] sowie das Führen ohne Leistungsdruck, aber mit der Vermittlung eines Gefühls von Sicherheit durch den oder die Vorgesetzte*n.[57] Studienergebnisse zeigen, dass Führungskräfte, die die Bedürfnisse der Mitarbeitenden sowie ihre potenziellen Ängste oder Befürchtungen verstehen, besser in der Lage sind, diese individuell zu begleiten.[58]

Die individuelle Begleitung von Mitarbeitenden ist ein wichtiger Aspekt, der das Gefühl vermitteln kann, wertgeschätzt zu werden. Darüber hinaus kann eine Führungskraft Wertschätzung zeigen, indem sie dem Mitarbeitenden Respekt für die Eigenständigkeit im Arbeitsbereich entgegenbringt und auf die Expertise der Teammitglieder vertraut.[59] Eine Studie unter dem Titel »Wertschätzungsindex« hat im Jahr 2016 untersucht, wie wertgeschätzt sich Beschäftigte in ihrer Tätigkeit in Deutschland fühlen.

---

53   Vgl. meinestadt.de 2019.
54   Vgl. Nadler und Welsyng 2011.
55   Vgl. Aulinger und Schmid 2009.
56   Vgl. Kern 2022.
57   Vgl. Meyer 2021.
58   Vgl. Aulinger und Schmid 2009.
59   Vgl. Haufe 2015.

Das Kernergebnis der Studie lautet: »*Unabhängig von Branche, Unternehmensgröße, Geschlecht oder Bildung wird unisono mehr Wertschätzung gefordert.*«[60]

Für Unternehmen stellt fehlende Wertschätzung eine verpasste Chance dar: Zum einen verringert es das Engagement der Mitarbeitenden und als Folge senkt es die Effizienz der Belegschaft. Wertschätzung und Empathie sind also nicht nur Bedürfnisse von Mitarbeitenden und insbesondere der Generation U30. Diese Eigenschaften sind auch für Unternehmen und ihre Zukunftsfähigkeit von essenzieller Bedeutung und sollten in der Führungskräfteentwicklung unbedingt bedacht werden. Empathie und Wertschätzung von Führungskräften können für Firmen zum Wettbewerbsvorteil werden und Mitarbeitende langfristig motiviert und leistungsfähig halten.

8.3.3   Der »rising star« Servant Leadership als Zukunftskonzept?

»Servant Leadership« oder »dienende Führung« ist ein Konzept, das 1970 erstmalig von Robert K. Greenleaf erwähnt und stetig weiterentwickelt und erforscht wurde. Der Führungsansatz basiert auf der Annahme, dass eine Führungskraft den Mitarbeitenden »dient«. Da Leadership immer mehr auf die Menschen und deren Bedürfnisse ausgerichtet wird, setzen Organisationen zunehmend auf diesen Ansatz, bei dem Führungskräfte für die Teammitglieder arbeiten.[61] Eine empirische Studie stützt die Annahme, dass Servant Leadership die Stabilität einer Organisation verbessern kann[62], unter anderem weil es die Zufriedenheit am Arbeitsplatz[63] sowie das Mitarbeitenden-Engagement steigern[64] und die Arbeitsergebnisse verbessern kann[65].

Personen mit einer hoch ausgeprägten Emotionalen Intelligenz können den Führungsansatz des Servant Leadership häufig erfolgreicher ausführen als andere,[66] da zwischen den beiden Konzepten zahlreiche Gemeinsamkeiten bestehen, unter anderem Selbstreflexion, Authentizität[67] und Empathie[68]. Laut Winston und Hartsfield unterstreichen diese Gemeinsamkeiten, dass sich Emotionale Intelligenz und Servant Leadership gegenseitig ergänzen und beides eine erfolgreiche Führungskultur in Organisationen fördern kann.

---

60   Katerkamp und Rohrmeier 2016, S. 1.
61   Vgl. Barbuto et al. 2014.
62   Vgl. Johnson 2008.
63   Vgl. Johnson 2008; McDonnell 2012.
64   Vgl. Canavesi und Minelli 2021.
65   Vgl. Liden et al 2014.
66   Vgl. Barbuto et al 2014.
67   Vgl. Winston und Hartsfield 2004.
68   Vgl. Van Dierendonck und Heeren 2006.

Neben der Ausprägung des EQ einer Führungskraft beeinflusst auch vorhandenes Vertrauen die Effektivität von Servant Leadership.[69] Eine Grundvoraussetzung für Servant Leadership ist laut der Studie von Du Plessis und Nel starkes Vertrauen zwischen Führungskraft und Mitarbeitenden. Um Vertrauen zu schaffen, empfiehlt sich das Konzept von Brene Brown zur Verletzlichkeit, denn indem wir uns verletzlich machen, entfesseln wir eine starke Kraft für Vertrauen.[70] In einem Interview mit der *Zeit* sagte Brené Brown[71]:

> »Verletzlichkeit ist der Schlüssel zu allem, von dem wir Menschen mehr wollen: Freude, Intimität, Liebe, das Gefühl von Zugehörigkeit und Vertrauen. Gleichzeitig sind wir nicht bereit, die Rüstung abzulegen und zu zeigen, wer wir wirklich sind, was unsere Ängste und Träume sind, weil wir fürchten, man könne all das als Munition gegen uns verwenden.«

Befinden sich Studierende in einem Arbeitsverhältnis, beispielsweise als Werkstudent:in, Praktikant:in oder dual Studierende:r, sind sie eher bereit, Herausforderungen anzunehmen oder ihre Führungskraft um Hilfe zu bitten, wenn diese eine persönliche Geschichte teilt, wie sie einen Misserfolg überwunden hat und wie dies ihr geholfen hat, beruflich zu wachsen und erfolgreich zu sein.[72] Führungskräfte sollten entsprechend also mit gutem Beispiel vorausgehen und sich verletzlich machen. Verletzlichkeit bedeutet im beruflichen Kontext nicht, dass Manager mit ihren Teams alle persönlichen Details teilen sollen. Es heißt vielmehr, dass man die eigene Emotionale Intelligenz nutzt – also eigene Gefühle erkennt, darauf hört, sie benennt und thematisiert. Ganz generell: Es geht darum, auch im beruflichen Kontext Gefühle zuzulassen, Scheitern als Chance zu sehen und die eigenen Erfahrungen an der richtigen Stelle mit den richtigen Menschen zu teilen.

8.4 Die Generation U30 als Führungskräfte

Die jüngeren Generationen wollen nicht mehr führen, wollen keine Verantwortung mehr übernehmen, keine Überstunden machen oder erst gar nicht mehr Vollzeit arbeiten, liest man teilweise in der Presse.[73] Doch ist das wirklich so? Oder muss unsere Gesellschaft die Rahmenbedingungen verändern, damit diese Generation bereit ist, Führungsaufgaben zu übernehmen? Welche Voraussetzungen braucht es dafür und welche Alternativen gibt es?

---

69   Vgl. Du Plessis und Nel 2015.
70   Vgl. Brown 2010.
71   Rödder 2017.
72   Vgl. Schroth 2021.
73   Vgl. Briellmann und Wirth 2022; Gehm 2019; Die Presse 2016.

8.4.1 Die Generation U30 möchte Verantwortung übernehmen – unter anderen Bedingungen

Führung als Prestige ist out – zumindest bei dem Großteil der Menschen im Alter unter 30 Jahren. Die Haltung hat sich dazu gewandelt, so dass man nicht »um jeden Preis« führen muss und dass sich Führung und eine gesunde Work-Life-Balance bzw. ein gesunder Lebensstil nicht ausschließen dürfen. Aufgrund dieser Einstellung haben Personen aus der Generation U30 in der aktuellen Welt teilweise mit starken Vorurteilen zu kämpfen, wie zum Beispiel mit der Überzeugung, dass zu hohe Ansprüche gestellt bzw. arbeitsscheues Verhalten oder unrealistische Berufswünsche an den Tag gelegt werden.[74] Insbesondere über die Gen Z liest man häufig negative Schlagzeilen bezüglich der Arbeitsmoral und des Willens, Verantwortung zu übernehmen.[75] Zukunftsforscher Hartwin Maas beschreibt das Dilemma: *»Mittlerweile haben sich Stereotype über die junge Generation so verfestigt, dass sie von jungen Menschen zum Teil selbst geglaubt werden.«*[76]

Bereits eine Umfrage im Jahr 2017 unter 18.000 jungen Berufstätigen und Studierenden in 19 Ländern hat gezeigt, dass die jungen Generationen nicht mehr bereit sind, zu Lasten ihrer Gesundheit Verantwortung zu übernehmen: 67 % der Generation Z in den Vereinigten Staaten und 85 % weltweit gaben an, dass Stress sie davon abhält, Führungsverantwortung zu übernehmen. Zudem nennt die Gen Z die Angst, in einer Führungsrolle zu versagen (34 %), und einen Mangel an Selbstvertrauen, das für eine Führungsrolle erforderlich ist (33 %), als Hauptgründe dafür, dass sie in ihrer Rolle keine größere Führungsverantwortung übernehmen würden.[77]

Hier sollten Unternehmen ansetzen. Zum einen muss nachhaltig sichergestellt werden, dass sich das Stresslevel für Führungskräfte reduziert, um auch langfristig motivierte Talente für diese Aufgabe zu finden. Zudem sollte das Selbstvertrauen von jungen Mitarbeitenden durch das Herausstellen von positivem Feedback gefördert werden. Dazu sollten junge Talente bei einem passendem Skills-Set frühzeitig auf Führungsaufgaben vorbereitet und langsam hingeführt werden.

Interessant an der Studie ist auch das Ergebnis, dass die Gen Y und Gen Z vor allem zwei Aspekte an Führungsaufgaben spannend finden: das Coaching und Mentoring von Mitarbeitenden sowie anspruchsvolle und herausfordernde Aufgaben.[78] Gleichzeitig wird hervorgehoben, wie wichtig Flexibilität für die Generation U30 ist. Mehr als 70 % der Befragten gaben an, dass sie flexible Arbeitsregelungen für eine wichti-

---

74   Vgl. Institut für Generationenforschung 2023.
75   Vgl. Rehbock 2019.
76   Institut für Generationenforschung 2023.
77   Vgl. Bresman und Rao 2018.
78   Ebda.

ge Voraussetzung in den nächsten 10 Jahren halten.[79] Organisationen, die diesen Aspekt unterschätzen, werden langfristig keine Talente der Generation U30 als künftige Führungskräfte gewinnen können. Denn wer mit den heutigen Möglichkeiten auf dem Arbeitsmarkt das Gefühl hat, sich im eigenen Unternehmen beispielsweise zwischen Familie und Beruf entscheiden oder auf ein Sabbatical oder eine Workation warten zu müssen, wechselt häufig die Firma.[80]

Ermöglichen Unternehmen also die richtigen Rahmenbedingungen mit entsprechender Flexibilität sowie Wertschätzung und sorgen Organisationen dafür, dass eine Führungsaufgabe nicht stressbedingt die Gesundheit der Führungskräfte gefährdet, steht der Generation U30 als Leader der Zukunft nichts im Weg.

8.4.2   Joint Leadership als zukunftsfähige Alternative

Joint Leadership wird seit geraumer Zeit in Theorie und Praxis diskutiert. Bereits 1965 argumentierte Etzioni, dass es in großen, komplexen Unternehmen ein vielversprechender Ansatz sein kann, Führungsverantwortung aufzuteilen.[81] In den meisten Fällen wird die Führungsverantwortung bei Joint Leadership (auch Doppelspitze oder Leadership Tandem genannt) unter zwei Personen aufgeteilt, grundsätzlich ist ein Aufteilen der Führungsverantwortung aber auch zwischen mehr als zwei Personen denkbar. Joint Leadership kann als innovative Managementmethode betrachtet werden, die Führen beispielsweise in einem Tandem möglich und erfolgreich machen kann.[82] Eine Definition dieses Führungsstils lautet:

> »Joint Leadership ist ein Ansatz, bei dem die Führungsaufgaben und Verantwortlichkeiten auf mehrere Personen verteilt werden, um die Stärken und Perspektiven verschiedener Teammitglieder zu nutzen und bessere Entscheidungen zu treffen.«[83]

Diese Vorteile einer dezentralen Verteilung der Führung, bei der die Macht bei mehreren Führungskräften liegt, werden in der Literatur mit einer besseren Unternehmensleistung[84] sowie Effizienzgewinn[85] in Verbindung gebracht. Da Joint Leadership die Entscheidungsprozesse auf mehrere Führungskräfte verteilt, kann dieses Einbeziehen von weiteren Perspektiven zu besseren Ergebnissen führen.[86]

---

79   Ebda.
80   Vgl. Batool 2013; Băeșu und Bejinaru 2015.
81   Vgl. Etzioni 1965.
82   Vgl. Münderlein, 2021.
83   Pearce & Conger, 2002, S. 5.
84   Vgl. Fosberg und Nelson 1999.
85   Vgl. Münderlein, 2021.
86   Vgl. Fosberg und Nelson 1999.

Wichtig zu betonen ist dabei der Einfluss der Beziehung der Führungskräfte zueinander sowie die Beziehung der Führungskräfte mit ihren Teammitgliedern.[87] Erfolgsfaktoren sind unter anderem gemeinsame Werte, eine verlässliche und positive Beziehung, klar definierte Arbeitsabläufe sowie kritische Reflexion und konstantes Feedback.[88] Auch hier zeigt sich die Bedeutung von Emotionaler Intelligenz. In der Zusammenarbeit als Führungskraft in einer Doppelspitze ist es wichtig, sich in die andere Führungskraft und die Mitarbeitenden hineinversetzen zu können, um erfolgreich zu sein. Gleichzeitig muss eine Führungskraft auch hier in der Lage sein, die eigenen Gefühle sowie die Gefühle anderer zu erkennen, zu benennen und damit umzugehen.

Um in diesem System der Wechselwirkungen bestmögliche Ergebnisse erzielen zu können, wird für erfolgreiches Joint Leadership regelmäßiges Coaching empfohlen, sodass die Führungskräfte ihre Kommunikationsfähigkeit stärken sowie ihre Zusammenarbeit verbessern[89] und gleichzeitig individuelle Fähigkeiten weiterentwickeln und damit ihre persönliche Entwicklung vorantreiben können.[90]

Gerade in Bezug auf die angesprochene Flexibilität, die sich die Generation U30 wünscht, kann Joint Leadership für Organisationen ein geeignetes Instrument sein. Wenn gewollt, wäre für die Mitarbeitenden eine Reduktion der Arbeitszeit und damit mehr Flexibilität denkbar. Gleichzeitig bietet ein Leadership Tandem die Möglichkeit, zum Beispiel eine*n junge*n Kolleg*in mit einer erfahrenen Führungskraft zusammenzubringen, sodass die Gen Y und Gen Z langsam an verantwortungsvolle Führungspositionen herangeführt werden können. Dies könnte helfen, die vorher dargestellten Unsicherheiten bei der jungen Zielgruppe abzubauen, und gibt die Möglichkeit, voneinander zu lernen. Außerdem können die Arbeitsbelastung reduziert und somit mehr junge Menschen für das Thema Führung begeistert werden. Eine zukunftsfähige Alternative, die Führung für die Generation U30 wieder attraktiver machen könnte.

Unternehmen können mit solchen Konzepten die Vorteile von Joint Leadership nutzen und gleichzeitig attraktiver bei jungen Talenten werden. Hiermit können Organisationen sich schon heute für die Arbeitswelt der Zukunft vorbereiten. Die Führungsstruktur eines Unternehmens hat erheblichen Einfluss auf die Leistungsfähigkeit von Unternehmen[91] und deshalb sollte keine Zeit verloren werden.

---

87   Vgl. Vidyarthi et al. 2014; Sahlmueller et al. 2022.
88   Vgl. Wilhelmson 2006.
89   Vgl. Münderlein, 2021.
90   Vgl. Wilhelmson 2006.
91   Vgl. Fosberg und Nelson 1999.

8.5 Leadership 2035: Wie gelangen wir zu Emotionaler Intelligenz als Führungsanker?

In der repräsentativen Studie »Arbeitsplatz im Fokus 2020« befragte die Unternehmensberatung Staufen 1.500 Arbeitnehmer*innen in Deutschland nach den Gründen für ihre Unzufriedenheit im Job. Jede zweite Person, die angab, nicht zufrieden zu sein, nannte als Grund dafür die direkte Führungskraft. Damit liegen schlechte Führungskräfte noch vor zu niedrig empfundener Bezahlung und Aufgaben, die unterfordern.[92]

Weiter unterstrichen wird dies durch eine Aussage des Buchautors Dr. Travis Bradberry: »*Menschen verlassen nicht ihren Arbeitsplatz, sie verlassen ihre Manager.*«[93] Als konkrete Gründe nennt Bradberry:
- Führungskräfte überfordern die Mitarbeiter und erwarten Überarbeitung.
- Wertschätzung und Anerkennung fehlt, was zu Motivationsverlust der Mitarbeitenden führt.
- Eine schlechte menschliche Beziehung zum Chef und das Gefühl, die Führungskraft kümmert sich zu wenig.
- Manager*in fördert die Kreativität der eigenen Mitarbeiter*innen nicht.
- Falsche Impulse im Team und Bevorzugung oder Beförderung nach persönlichen Befindlichkeiten.

Eine weitere Studie vom Marktforschungsinstitut respondi unterstreicht diese Hypothesen: Mehr als 50 % der Befragten schildern, dass sie bereits belastende Verhaltensweisen von Vorgesetzten erleben mussten. Dazu zählen unter anderem schlechter Charakter der Vorgesetzten, unfaire Behandlung oder psychische und physische Übergriffe.[94] Folgende Verhaltensweisen schilderten Befragte auf die Frage nach dem schlimmsten Erlebnis mit ihrer Führungskraft:
- »*Cholerisch gebrüllt, geschrien und mit Ordnern geworfen.*«
- »*Dass meine Vorgesetzte mich gezwungen hat, 21 Tage ohne Pause durchzuarbeiten.*«
- »*Meine Frau hatte einen Schlaganfall bekommen und mein Chef wollte mich nicht gehen lassen.*«

Alle Studien und Beispiele zeigen: Viele der Gründe, warum eine Führungskraft von den Mitarbeitenden als »schlecht« empfunden wird, haben einen direkten Bezug zu Emotionen und der Emotionalen Intelligenz. Emotionale Intelligenz muss daher nachhaltig als Führungsanker in der Führungskultur in Deutschland etabliert werden. Um diese Veränderung anzustoßen, möchte ich den Entscheider*innen in Unternehmen und Führungskräften folgende drei Umsetzungsimpulse an die Hand geben.

---

92   Vgl. Staufen AG 2020.
93   Vgl. Gutmann 2022.
94   Vgl. Spiegel 2019; Haufe 2019.

8.5.1   Modernisierung der Auswahlprozesse für Führungskräfte und Ausbau von Fachkarriere-Chancen

In zahlreichen Firmen findet man heute noch das Problem von veralteten Auswahlprozessen für Führungskräfte. Häufig ist Führung nach längerer Zeit automatisch »der nächste Schritt« zu mehr Gehalt, mehr Verantwortung oder höherem Prestige. Aber nicht immer ist die Person mit der längsten Firmenzugehörigkeit geeignet für die frei werdende Führungsposition. Manchmal möchten diese Personen keine Führungsposition einnehmen, sind aber fachlich an einer »gläsernen Decke« angelangt. Dies kann für diese Fachkräfte ein falscher Anreiz sein, zu einer Führungskarriere zu wechseln, ohne dafür die notwendige Qualifikation oder Motivation zu haben.

Unternehmen müssen aus dieser Spirale dringend ausbrechen, denn dies ist ein entscheidender Grund, warum heute zum Teil ungeeignete Persönlichkeiten auf Führungspositionen zu finden sind, was zu hoher Unzufriedenheit bei der Belegschaft führen kann.[95] Darum gilt es, diese Prozesse dringend zu modernisieren. Die ersten Unternehmen haben dies auch bereits verstanden und neue, modern gedachte Konzepte der Fachkarriere umgesetzt. Wichtig bei der Umsetzung und dem »Neu-Denken« der Fachkarriere ist die Kombination von Anreizen in den Bereichen bedeutsamer Aufgaben, steigender Verantwortung und finanzieller Entwicklung.[96]

Neben dem Ausbau von Fachkarriere-Chancen im Unternehmen ist eine zweite konkrete Umsetzungsmöglichkeit die Modernisierung der Auswahlprozesse für Führungskräfte. Bei der Auswahl sollten Unternehmen die Ausprägung der Emotionalen Intelligenz als entscheidenden Faktor stärker einbeziehen.[97] Wie bereits in Kapitel 7.2 geschildert, belegen zahlreiche Studien eine Korrelation zwischen einem höher ausgeprägten Emotionalen-Intelligenz-Quotienten und der wirksamen Ausführung von Führungsaufgaben (leadership effectiveness). Der Einbezug des EQ in die Auswahl von Führungskräften kann somit verschiedene Bereiche im Unternehmen positiv beeinflussen, u. a. die Zufriedenheit der Belegschaft, die Entscheidungsfindung und die Wirtschaftlichkeit des Unternehmens.

Dennoch sollte Emotionale Intelligenz nicht als einziges Kriterium für die Auswahl von Führungskräften verwendet werden. Andere Faktoren wie Berufserfahrung und persönliche Werte müssen ebenfalls weiterhin einbezogen werden.[98]

Diese beiden Maßnahmen hätten zur Folge, dass voraussichtlich die Qualität der Führungskräfte steigen würde und damit Mitarbeitende zufriedener in ihrem Job wären.

---

95   Vgl. Shafique et al 2018; Gutmann 2022.
96   Vgl. Groß 2008.
97   Vgl. Gardner und Stough 2002.
98   Ebda.

Auch könnte eine Verbesserung der Zufriedenheit von Fachspezialisten erwartet werden, die keine Führungsposition einnehmen möchten, dies aber in den alten Strukturen gegebenenfalls aus dem Wunsch nach persönlicher Verbesserung getan hätten. Ihr wichtiges Fachwissen würde weiterhin in der Organisation verbleiben, wenn man diesen Expert*innen auch dann eine gehaltliche Weiterentwicklung bietet, falls sie keine Führungsverantwortung übernehmen. Aus gesamtheitlicher Unternehmenssicht also ein wichtiger Schritt für eine nachhaltig erfolgreiche und zukunftsfähige Personalpolitik und schließlich Zukunftsfähigkeit des ganzen Unternehmens.

8.5.2 Implementierung von nachhaltigem Feedback – bottom up und top down

Tasha Eurich fand in ihrer Forschung heraus, dass es sich für Führungskräfte lohnt, das Selbstbild mit dem Fremdbild der Mitarbeitenden abzugleichen. Denn: Je deckungsgleicher beides ist, desto besser ist das Verhältnis zwischen Führungskraft und Teammitgliedern, desto zufriedener sind Mitarbeitende mit der Leistung der oder des Vorgesetzten und desto effektivere Arbeitsergebnisse liefern die Teams.[99] Fast alle der befragten Führungskräfte nahmen an, sie seien sich ihrer Wirkung bewusst. Demgegenüber zeigten die Studienergebnisse von Eurich, dass sich nur in 10-15% der Fälle Selbst- und Fremdbilder wirklich ähnlich waren. Spannend ist dabei vor allem: Je mehr Macht eine Führungskraft hat, desto wahrscheinlicher ist es, dass sie die eigenen Fähigkeiten und Fertigkeiten überschätzt. Umso höher ein*e Manager*in also in der Hierarchie ist, desto weniger stimmen Selbst- und Fremdbild in der Regel überein.

Dass in Unternehmen häufig der Einblick fehlt, wie Teams die Leistung der Führungskraft bewerten, ist dementsprechend ein gravierendes Problem. Insbesondere Führungskräfte mit der falschen Motivation hinsichtlich ihrer Rolle haben oft kein Eigeninteresse, beim Team nach Feedback zu fragen. Das führt dazu, dass die Einschätzung der Mitarbeitenden erst auffällt, wenn es zu spät ist und beispielsweise Teammitglieder kündigen. Doch selbst dann wird häufig in Unternehmen nicht gegengesteuert oder etwas an der Situation geändert. Häufig fehlt dafür bei den beteiligten Managern die Einsicht und für die Fluktuation werden andere Gründe gesucht.[100]

Die Ergebnisse von Eurich zeigen, dass es sich für Unternehmen lohnt, zentral für die Implementierung von nachhaltigem Bottom-up-Feedback zu sorgen. Ein geeignetes Instrument kann sein, nachhaltige Feedbackprozesse zu etablieren, bei der Teammitglieder regelmäßig (anonym) die eigene Führungskraft bewerten können. Regelmäßig heißt dabei nicht nur einmal jährlich, sondern deutlich häufiger. Diese Maßnahme

---

99   Vgl. Eurich 2018.
100   Vgl. Gutmann 2022.

kann unternehmensweit von der Personalabteilung oder auch proaktiv von Führungs-kräften selbst angestoßen und implementiert werden. Sollte in ihrem Unternehmen noch kein solches Feedback existieren, können Führungskräfte ihr Team auch pro-aktiv nach Feedback fragen und so einen Raum für eine authentische Ermittlung der Stimmung bieten. Mögliche Formate könnten ein sogenanntes Blitzlicht, ein Stim-mungsbarometer oder die agile »Start, Stop, Continue«-Methode sein. Damit können Mitarbeiter*innen in einem geschützten Raum jederzeit ihre Zufriedenheit, aber auch mögliche Unzufriedenheiten äußern, sodass Führungskraft und Unternehmen ge-meinsam Transparenz über die Situation erhalten. Die wichtigste Voraussetzung ist, dass Führungskräfte bereit sind, etwas an sich selbst zu ändern und das Feedback ernst zu nehmen. Emotionale Intelligenz und Selbstreflexion sind die Grundlage dafür, als Gegenüber offenes und ehrliches Feedback in angemessener Weise äußern zu kön-nen – ein Grund mehr für Führungskräfte, diese Kompetenz als Anker in den eigenen Führungsstil aufzunehmen.

Doch nicht nur die Etablierung von Bottom-up-Feedback ist ein wichtiges Instru-ment. Besonders die Generation U30 wünscht sich von den Vorgesetzten regelmäßig ein Top-down-Feedback zur eigenen Leistung, sodass sie individuell beim persönli-chen Wachstum begleitet wird.[101] In einer Befragung betonten 42 % der Millennials, dass Feedback von ihrer Führungskraft ihnen besonders wichtig ist.[102] Organisatio-nen und Manager müssen sich dies bewusst machen und ihre Prozesse entsprechend anpassen. Dabei sollten sie die sogenannte »Losada-Ratio-Studie« berücksichtigen, welche besagt, dass auf ein negatives Feedback zuvor fünf positive Feedbacks ge-geben werden sollten, um Mitarbeitende oder Kolleg*innen nicht zu demotivieren.[103] Diese Zahl unterstreicht, dass Feedback zu einer Kernaufgabe von Führungskräften werden muss. Erhalten Erwerbstätige auf diese Art regelmäßig Feedback, kann dies laut der Studie zu besserer Zusammenarbeit, höherer Kreativität und einer positiven Stimmung im Team verhelfen. Eine weitere Empfehlung ist, Feedback nicht nur in de-zidierten Feedbackgesprächen, sondern informell in alltäglichen Situationen im Be-rufsalltag zu geben. Eine Faustregel für Führungskräfte lautet, dass das Verhältnis von positivem zu negativem Feedback 5:1 lauten sollte, um ein vertrauensvolles Miteinan-der zu erreichen.[104] Gleichzeitig sind dezidierte Feedback-Termine eine gute Möglich-keit, um die Bedürfnisse der Generationen Y und Z hinsichtlich Feedback zu erfüllen. Um den Bedürfnissen der Generation U30 gerecht zu werden, sollten Führungskräfte das Geben von Feedback ernst nehmen.

101 Vgl. Krell 2022; Schroth 2019.
102 Vgl. Bresman und Rao 2018.
103 Vgl. Fredrickson und Losada 2005.
104 Vgl. Pawlik 2022.

8.5.3 Investition in die Emotionale Intelligenz von Führungskräften und Mitarbeiter*innen

Die Studien von Tasha Eurich zeigen, dass es sich für Unternehmen lohnt, in die Emotionale Intelligenz ihrer Führungskräfte und Mitarbeitenden zu investieren. Im Vergleich zum klassischen Intelligenz-Quotienten, der sich schwer beeinflussen oder verändern lässt, kann der EQ gezielt trainiert werden.[105]

Als Unternehmen sollte dies forciert werden, beispielsweise mit gezielten Trainings, Workshops oder persönlichen Angeboten für Führungskräfte in Form von Coaching. Führungskräfte sollten in der Lage sein, ihre Gefühle zu erkennen, adäquat zu benennen und angemessen damit umzugehen, insbesondere auch bei unangenehmen Gefühlen wie Angst oder Frustration[106]. Dies ist essenziell, um in der heutigen Welt als Organisation leistungsfähig zu bleiben. Egal wie schnell sich Technologie entwickelt, der Umgang zwischen Menschen ist und bleibt ein wichtiger Bestandteil unserer Arbeitswelt und dieser wird maßgeblich durch die Führungskultur geprägt.

Für Führungskräfte könnte deshalb im Rahmen der Führungskräfteentwicklung ein Konzept erstellt werden, sodass sie sich intensiv mit ihren Gefühlen, insbesondere Ängsten und der eigenen Schwäche, auseinandersetzen. Neben Angeboten für die Führungskräfte sollten Unternehmen auch unbedingt Angebote an ihre Mitarbeitenden machen. Denn die bisherigen Ausführungen haben gezeigt: Auch sie können effizienter arbeiten und bessere Leistungen erbringen, wenn sie die eigenen Gefühle besser verstehen und mit ihnen umgehen können.

Unternehmen sind gefordert, die Wichtigkeit des Themas in der Unternehmenskultur zu verankern, und sollten daher sowohl Führungskräfte als auch Mitarbeitende bei den folgenden Punkten unterstützen:

1. **Selbstreflexion der eigenen Gefühlswelt im täglichen Arbeitsalltag**
   Eine konkrete Übung, um diese Fähigkeit zu trainieren, wäre, sich mehrmals am Tag in unterschiedlichen Situationen die Frage zu stellen, wie man sich aktuell fühlt. Dafür kann zum Beispiel das »Wheel of emotions«[107] oder »Mood Meter«[108] hinzugezogen werden. Spannend ist auch, über den Tag hinweg zu beobachten, wie sich die Gefühlswelt situationsbedingt ändert. Hilfreich hierfür kann sein, sich folgende Fragen zu stellen und die Antworten zu notieren: »Wie fühle ich mich gerade?«, »Wie angenehm ist die Emotion, die ich gerade fühle?« und »Wie viel Energie spüre ich gerade in mir?«[109]

---

105 Vgl. Schutte et al. 2013.
106 Vgl. Howe et al. 2021.
107 Vgl. Donaldson 2017.
108 Vgl. Brackets 2019.
109 Ebda, S. 71-87.

2. **Verstärkung des Verständnisses für die eigenen Gefühle**

Nachdem man weiß, *wie* man sich fühlt, ist es in einem zweiten Schritt wichtig, die eigene Emotion zu verstehen. Konkretes Ziel ist es, zu verstehen, *warum* man sich so fühlt, also die versteckten Gründe für die eigenen Gefühle aufzudecken. Wichtige Fragen hierfür sind: »Warum fühle ich mich gerade so?«, »Was steckt dahinter?«, »Was hat das ausgelöst?« Emotionen können nur kontrolliert und für etwas Gutes genutzt werden, wenn wir verstehen, warum wir sie fühlen. Diese Fähigkeit zu trainieren, kann besonders herausfordernd sein, weil oft etwas zum Vorschein kommt, was man zum Teil nicht sehen möchte, beispielsweise eine verdrängte Verletzung. eine unterbewusste Angst oder ein verdecktes Bedürfnis. Die Fähigkeit, die eigene Gefühlswelt zu verstehen, ist essenziell wichtig und bedarf eines hohen Maßes an Selbstreflexion, Aufrichtigkeit und Ehrlichkeit.[110]

3. **Förderung der Fähigkeit, die eigene Gefühlswelt adäquat auszudrücken**

Hierfür können sich Mitarbeitende und Führungskräfte ein Blatt Papier nehmen und alle Wörter aufschreiben, die ihnen auf die folgende Frage einfallen: »Wie hast du dich in den letzten Tagen gefühlt?« Der Sprachwortschatz für Gefühle beschränkt sich häufig auf wenige Wörter, obwohl Emotionen so vielfältig sind. Deshalb ist es wichtig, aktiv in den Austausch zu gehen und das Vokabular zu erweitern.[111] Dafür könnten Führungskräfte diese Übung zum Beispiel in Teammeetings einfließen lassen oder aber Organisationen dies in ihren verschiedenen internen Veranstaltungen implementieren.

4. **Verbesserung der Kompetenzen im Umgang mit Emotionen**

Hier gilt es für Mitarbeitende und Führungskräfte, eigenständig Strategien zu entwickeln, wie am besten mit Emotionen umgegangen werden kann. Dies ist ein wichtiger Bestandteil der Emotionalen Intelligenz und kann helfen, herausfordernde Situationen besser zu meistern. Hilfreich kann sein, vor einer Reaktion kurz innezuhalten und sich zu überlegen, ob der erste Impuls, auf die Situation zu reagieren, zielführend oder kontraproduktiv ist. Emotionen zu regulieren, erfordert eine hohe Leistung des Gehirns, denn es beinhaltet eine Veränderung von einer automatisch vom Gehirn ausgelösten Reaktion hin zu einer lösungsorientierten Reaktion – die Königsdisziplin der Emotionalen Intelligenz.[112]

Doch nicht nur für Unternehmen, sondern insbesondere auch für Individuen selbst zahlt sich eine solche Investition in die eigene Emotionale Intelligenz aus. Vorteile einer höheren Emotionalen Intelligenz sind beispielsweise die Fähigkeit, stärkere persönliche Beziehungen aufbauen und somit besser und kooperativer in Teams zusammenarbeiten zu können als jene mit niedrigem EQ[113]. Auch sind Menschen mit höher ausgeprägter Emotionaler Intelligenz in der Regel belastbarer, leistungsfähiger und kreativer. Denn der gesunde Umgang mit Emotionen

---

110   Ebda, S. 87-103.
111   Ebda, S. 104-120.
112   Ebda., S. 139-146.
113   Vgl. Schutte 2001.

führt dazu, dass sich Menschen weniger häufig unbewusst von ihren Gefühlen beeinflussen lassen.[114] Darüber hinaus ist bekannt, dass ein höherer EQ generell mit einer besseren Gesundheit in Verbindung steht,[115] konkret bedeutet dies: ein stärkeres Immunsystem, ein niedrigerer Blutdruck, weniger Stressempfinden und weniger Stimmungsschwankungen[116]. Gerade für die Generation U30, die aufgrund von hohen Stressleveln zum Teil auf Führungspositionen verzichten würde, ist dies ein entscheidender Faktor.

8.6 Fazit

Die Art, wie wir miteinander kommunizieren und interagieren, verändert sich durch den digitalen Wandel grundlegend. Was jedoch gleich bleibt, ist, dass Menschen Gefühle haben. Wir entscheiden selbst, ob wir einen Zugang zu diesen haben oder nicht. Es liegt also nahe, dass Emotionale Intelligenz *der* entscheidende Führungsanker des digitalen Zeitalters und insbesondere in der Führung junger Generationen ist. Zum einen bietet es Unternehmen einen Wettbewerbsvorteil, Führungskräfte mit hohem EQ auf wichtigen Positionen zu haben, da sich Gefühle nicht automatisieren lassen. Es ist wissenschaftlich bewiesen, dass jene von uns, die besonders gut mit dieser Kernkompetenz, nämlich der komplexen menschlichen Gefühlswelt, umgehen können, bessere Führungskräfte mit besseren Leistungen und besser performenden Teams sind.

Es stellt sich daher die Frage, warum Unternehmen diese Kernkompetenz nicht heute schon als Faktor in der Führungskräftevorbereitung, -auswahl und -entwicklung beachten. Damit sich Emotionale Intelligenz nachhaltig in der Gesellschaft, in Unternehmen und vor allem bei Führungskräften als Führungsanker etablieren kann, muss aktiv gehandelt werden. Unternehmen müssen den Mehrwert von Emotionaler Intelligenz anerkennen und ihre Mitarbeitenden und Führungskräfte diesbezüglich fördern. Besonders die Generation U30 legt darauf großen Wert und erwartet in dieser Hinsicht viel von ihren Vorgesetzten.

Zusammenfassend lässt sich sagen: Die Generation U30 wird den Umgang unserer Gesellschaft mit Führung maßgeblich prägen. Sowohl die Erwartungen an Führungskräfte als auch der Anspruch hinsichtlich der eigenen Bedingungen für die Übernahme von Verantwortung unterscheiden sich erheblich von bisherigen Generationen. Unternehmen müssen jetzt in die Zukunft blicken und die Weichen stellen für eine nachhaltige Sicherung der Führungskultur.

---

114 Vgl. Côté und Miners 2006.
115 Vgl. Martins et al. 2010.
116 Vgl. Brackett 2019; Grossman et al. 2004.

Über Patrizia Mangold

Patrizia Mangold möchte Menschen in Transformationsprozessen mithilfe von empathischer und authentischer Kommunikation begleiten und bestmöglich unterstützen. Sie ist überzeugt: Emotionale Intelligenz ist die unterschätzte Superkraft der heutigen Zeit und kann ein echter Treiber für Veränderung sein. Besonders im digitalen Zeitalter mit Künstlicher Intelligenz als aufsteigende Trend-Technologie sind Emotionen der entscheidende Faktor, der uns Menschen von Maschinen unterscheidet. Patrizia hat einen Doppelabschluss MBA und M. Sc. in International Management und führt aktuell als Projektleiterin bei der HypoVereinsbank ein fünfköpfiges, interdisziplinäres Projektteam in einem internen IT-Projekt im Kommunikationsumfeld. Sie ist aktive Alumna im Talentprogramm Bayerns Frauen in Digitalberufen (BayFiD) sowie aktives Mitglied der Global Shapers München, einer Initiative des World Economic Forum.

Literaturverzeichnis

Anand, R., & UdayaSuriyan, G. (2010). Emotional intelligence and its relationship with leadership practices. International Journal of Business and Management, 5(2), 65.

Aulinger, A., & Schmid, T. (2009). Empathisches Führungsverhalten. ZFO-Zeitschrift für Führung und Organisation, 296-303.

Băeşu, C., & Bejinaru, R. (2015). Innovative leadership styles and the influence of emotional intelligence. The USV Annals of Economics and Public Administration, 15(3), 136-145.

Bălan, S., & Vreja, L. O. (2018). Generation Z: Challenges for management and leadership. In Proceedings of the 12th International Management Conference »Management Perspectives in the Digital Era«, Bucharest, Romania (pp. 1-2).

Barbuto Jr, J. E., Gottfredson, R. K., & Searle, T. P. (2014). An examination of emotional intelligence as an antecedent of servant leadership. Journal of Leadership & Organizational Studies, 21(3), 315-323.

Batool, B. F. (2013). Emotional intelligence and effective leadership. Journal of business studies quarterly, 4(3), 84.

Brackett, M. (2019): Permission to feel. Unlocking the power of emotions to help our kids, ourselves, and our society thrive. New York: Celadon Books.

Bresman, H., & Rao, V. (2018). Building leaders for the next decade: How to support the workplace goals of Generation X, Y and Z. Universum eBook, joint collaboration between Universum, INSEAD Emerging Markets Institute, MIT Leadership Center, and The HEAD Foundation, 28.

Briellmann, S. & Wirth B. (2022): Das Wort ‹Work-Life-Balance› macht mir Sorgen. Und Homeoffice ist ein riesiges Problem. https://www.bazonline.ch/das-wort-work-life-balance-macht-mir-sorgen-und-homeoffice-ist-ein-riesiges-problem-963694617481, Abrufdatum 29.05.2023.

Brown, B. (2010): The power of vulnerability. https://www.ted.com/talks/brene_brown_ the_power_of_vulnerability, Abrufdatum 13.07.2023.

Canavesi, A., & Minelli, E. (2021). Servant leadership: A systematic literature review and network analysis. Employee responsibilities and rights journal, 1-23.

Cavallo, K., & Brienza, D. (2002). Emotional competence and leadership excellence at Johnson & Johnson: The emotional intelligence and leadership study. Consortium for Research on Emotional Intelligence in Organizations, 1, 12.

Côté, S.; Miners, C. TH.(2006). Emotional intelligence, cognitive intelligence, and job performance. Administrative science quarterly 1-28.

Cuff, B. M., Brown, S. J., Taylor, L., & Howat, D. J. (2016). Empathy: A review of the concept. Emotion review, 8(2), 144-153.

Deloitte (2022): Die Jobs der Zukunft – Berufswelt bis 2035. https://www2.deloitte.com/de/ de/pages/trends/jobs-der-zukunft-berufswelt-2035.html, Abrufdatum 07.07.2023.

Die Presse (2016): Generation Z will keine Verantwortung übernehmen. https://www. diepresse.com/5078263/generation-z-will-keine-verantwortung-uebernehmen, Abrufdatum 27.06.2023.

Donaldson, M. (2017). Plutchik's wheel of emotions—2017. Update. SixSeconds. Retrieved fromhttps://www. 6seconds. org/2017/04/27/plutchiks-model-of-emotions.

Du Plessis, M., & Nel, P. (2015). The influence of emotional intelligence and trust on servant leadership. SA Journal of Industrial Psychology, 41(1), 1-9.

Eurich, T. (2018). What self-awareness really is (and how to cultivate it). Harvard Business Review, 4.

Esmailzadeh, A. (2022): Generation Z: Wer führt hier eigentlich wen? https://www. humanresourcesmanager.de/leadership/generation-z-wer-fuehrt-hier-eigentlich-wen/, Abrufdatum 17.06.2023.

Etzioni, A. (1965). Dual leadership in complex organizations. American sociological review, 688-698.

Focus Business (2021): Executives 2030: Diese Skills brauchen die Führungskräfte der Zukunft. https://focusbusiness.de/magazin/executives-2030-anforderungen-fuehrungskraefte, Abrufdatum 01.07.2023.

Fosberg, R. H., & Nelson, M. R. (1999). Leadership structure and firm performance. International Review of Financial Analysis, 8(1), 83-96.

Fosslien, L., & Duffy, M. W. (2019). No hard feelings: Emotions at work and how they help us succeed. Penguin UK.

Fredrickson, B. L., & Losada, M. F. (2005). Positive affect and the complex dynamics of human flourishing. American psychologist, 60(7), 678.

Gardner, L., & Stough, C. (2002). Examining the relationship between leadership and emotional intelligence in senior level managers. Leadership & organization development journal, 23(2), 68-78.

Garza Carranza, M. T. D. L., Guzmán Soria, E., & Gallardo Aguilar, M. D. C. (2018). El autoliderazgo y la inteligencia emocional. Ciencia y sociedad.

Gehm, F. (2019): Die Generation Z wird keine Überstunden machen, nicht mal in der Probe-
zeit. https://www.welt.de/wirtschaft/karriere/plus201014936/Jobs-und-Bewerbungen-
Die-Generation-Z-wird-keine-Ueberstunden-machen-nicht-mal-in-der-Probezeit.html,
Abrufdatum 09.06.2023.

Gelowicz, S. (2022): Zwei Drittel der Entscheider hält die Gen Z für nicht kritikfähig. https://
www.wiwo.de/erfolg/management/exklusive-umfrage-zwei-drittel-der-entscheider-
haelt-die-gen-z-fuer-nicht-kritikfaehig/28683746.html, Abrufdatum 12.06.2023.

George, J. M. (2000). Emotions and leadership: The role of emotional intelligence. Human
relations, 53(8), 1027-1055.

Göpfert, Yvonne (2017): Kernqualifikationen der Zukunft: Selbstmanagement und lebenslanges Lernen. https://www.wuv.de/Archiv/Kernqualifikationen-der-Zukunft-
Selbstmanagement-und-lebenslanges-Lernen, Abrufdatum 29. Dezember 2022.

Goleman, D. (2020). Emotional intelligence. Bloomsbury Publishing.

Grossman, P., Niemann, L., Schmidt, S., & Walach, H. (2004). Mindfulness-based stress re-
duction and health benefits: A meta-analysis. Journal of psychosomatic research, 57(1),
35-43.

Groß, S. (2008). Die Fachkarriere-Alternative Entwicklungschance oder Abstellgleis? Eine
qualitative Untersuchung der Implementierungsmodalitäten ausgewählter Unternehmen. BBP-Arbeitsberichte, 59.

Groves, K. S., Pat McEnrue, M., & Shen, W. (2008). Developing and measuring the emotional
intelligence of leaders. Journal of Management Development, 27(2), 225-250.

Gutmann, J. (2022): Wenn fähige Mitarbeiter kündigen: Meist ist die Führungskraft schuld,
so ein Experte. https://www.merkur.de/leben/karriere/warum-gute-mitarbeiter-
kuendigen-meist-wegen-fuehrungskraft-fehler-chef-or-zr-91355629.html, Abrufdatum
30.05.2023.

Harvard Business Review (2020): Adapt Your Leadership Style to Your Situation. https://hbr.
org/tip/2020/03/adapt-your-leadership-style-to-your-situation, Abrufdatum 12.05.2023.

Haufe (2015): Wie groß ist die Wertschätzung wirklich? https://www.haufe.de/personal/
hr-management/studie-wie-gross-ist-die-wertschaetzung-wirklich_80_298224.html,
Abrufdatum 18.07.2023.

Haufe (2019): Fachkräfte erleben Führung häufig negativ. https://www.haufe.de/personal/
hr-management/fachkraefte-und-fuehrung_80_502704.html, Abrufdatum 10.06.2023.

Higgs, M., & Aitken, P. (2003). An exploration of the relationship between emotional intelligence and leadership potential. Journal of Managerial psychology, 18(8), 814-823.

Howe, L. C., Menges J. I., Monks, J. (2021): Leaders, Don't Be Afraid to Talk About Your Fears
and Anxieties. https://hbr.org/2021/08/leaders-dont-be-afraid-to-talk-about-your-fears-
and-anxieties, Abrufdatum 16.05.2023.

Ingram, J., & Cangemi, J. (2012). Emotions, emotional intelligence and leadership: A brief,
pragmatic perspective. Education, 132(4).

Institut für Generationenforschung (2023): Die Generation Z ist arbeitsscheu, stellt hohe
Ansprüche und hat unrealistische Berufswünsche. https://www.generation-thinking.

de/post/die-generation-z-ist-arbeitsscheu-stellt-hohe-anspr%C3%BCche-und-hat-unrealistische-berufsw%C3%BCnsche, Abrufdatum 12.07.2023.

Iorgulescu, M. C. (2016). Generation Z and its perception of work. Cross-Cultural Management Journal, 18(01), 47-54.

Johnson, L. R. (2008). An exploratory study of servant leadership, emotional intelligence, and job satisfaction among high-tech employees. University of Phoenix.

Kern, S. 2022): Alles oder Nichts: Die hohen Erwartungen der Generation Z. https://media. zweikern.com/de/index/alles-oder-nichts-die-hohen-erwartungen-der-generation-z, Abrufdatum 11.05.2023.

Kraus, M. (2017). Comparing Generation X and Generation Y on their preferred emotional leadership style. Journal of applied leadership and management, 5, 62-75.

Krell, D. (2022): Wer die Generation Z versteht, gewinnt die Arbeitskräfte der Zukunft. https://leaders-academy.com/magazin/generation-z-verstehen-gewinnen#:~:text=Die%20Generation%20der%2016-%20bis,mit%20diesen%20 W%C3%BCnschen%20kaum%20vereinbar, Abrufdatum 25.06.2023.

Kurzweil, R. (2001). The law of accelerating returns. In Alan Turing: Life and legacy of a great thinker (pp. 381-416). Berlin, Heidelberg: Springer Berlin Heidelberg.

Liden, R. C., Panaccio, A., Meuser, J. D., Hu, J., & Wayne, S. (2014). 17 Servant leadership: antecedents, processes, and outcomes. The Oxford handbook of leadership and organizations, 357-379.

Martins, A., Ramalho, N., & Morin, E. (2010). A comprehensive meta-analysis of the relationship between emotional intelligence and health. Personality and individual differences, 49(6), 554-564.

Mayer, J. D., & Salovey, P. (1997). What is Emotional Intelligence? In: P. Salovey & D. Sluyter (Eds.). Emotional development and emotional intelligence: Educational implications. New York: Basic Books.

Mayer, J. D., & Caruso, D. (2002). The effective leader: Understanding and applying emotional intelligence. Ivey business journal, 67(2), 1-5.

McDonnell, H. N. (2012). Examining job satisfaction, emotional intelligence, and servant leadership: A correlational research design (Doctoral dissertation, University of Phoenix).

Meinestadt.de (2019): Studie Führung: Wunsch und Wirklichkeit – Führungserwartungen von Fachkräften und Führungsrealität. https://jobs.meinestadt.de/deutschland/ stellenanzeigen-aufgeben/presse/2019/studie-fuehrung-wunsch-und-wirklichkeit, Abrufdatum 22.05.2023.

Melita Prati, L., Douglas, C., Ferris, G. R., Ammeter, A. P., & Buckley, M. R. (2003). Emotional intelligence, leadership effectiveness, and team outcomes. The international journal of organizational analysis, 11(1), 21-40.

Meyer, K. (2021): Generation Z erfolgreich führen. https://unternehmer.de/management-people-skills/270139-generation-z-erfolgreich-fuehren-tipps, Abrufdatum 26.05.2023.

Mills, L. B. (2009). A meta-analysis of the relationship between emotional intelligence and effective leadership. Journal of Curriculum and Instruction, 3(2), 22.

Münderlein, C. (2021). Dual Leadership: Emergency solution, savior or innovative management model? Coaching for successful leadership tandem. Organisationsberatung, Supervision, Coaching, 28, 255-272.

Mutschler, B. (2018): Technologischer Fortschritt ist exponentiell. https://ereignishorizont-digitalisierung.de/future-shit/fortschritt/, Abrufdatum 03.07.2023.

Nadler, R. S., & Welsyng, C. (2011). Inteligencja emocjonalna w biznesie: praktyczne strategie współpracy z ludźmi. Helion.

Pawlik, J. (2022): Die Formel für vertrauensvolles Feedback. https://management-campus.handelsblatt.com/2022/06/21/vertrauensvolles-feedback/, Abrufdatum 17.10.2023.

Pearce, C. L., & Conger, J. A. (2002). Shared leadership: Reframing the hows and whys of leadership. Sage Publications.

Rehbock, L. (2019): Faul und verwöhnt? Was Arbeitgeber an der Generation Z nicht verstehen. https://www.spiegel.de/start/generation-z-faul-und-verwoehnt-stimmen-die-vorurteile-a-e312bb0e-07f6-46db-a34c-ac7a2a2cb174, Abrufdatum, 09.07.2023.

Rogl, Magdalena. MitGefühl. Igling: EMF, 2022.

Rosete, D., & Ciarrochi, J. (2005). Emotional intelligence and its relationship to workplace performance outcomes of leadership effectiveness. Leadership & Organization Development Journal, 26(5), 388-399.

Rödder, T. (2017): Deine Verletzlichkeit ist der Schlüssel zum Glück. https://www.zeit.de/zett/2017-03/deine-verletzlichkeit-ist-der-schluessel-zu-allem-von-dem-du-mehr-willst?utm_referrer=https%3A%2F%2Fwww.google.com%2F, Abrufdatum 29. 12. 2022.

Sahlmueller, B., Van Quaquebeke, N., Giessner, S. R., & van Knippenberg, D. (2022). Dual leadership in the matrix: effects of leader-member exchange (LMX) and dual-leader exchange (DLX) on role conflict and dual leadership effectiveness. Journal of Leadership & Organizational Studies, 29(3), 270-288.

Schallenberg-Kappius, J. (2021): Führung: Chefs wissen nicht, was die Generationen Y und Z brauchen — was beiden Seiten jetzt hilft. https://www.businessinsider.de/karriere/fuehrung-chefs-wissen-nicht-was-generation-y-und-z-braucht-a/, Abrufdatum 06.06.2023.

Scholz, C. (2014). Generation Z: Wie sie tickt, was sie verändert und warum sie uns alle ansteckt. John Wiley & Sons.

Schutte, N. S., Malouff, J. M., Bobik, C., Coston, T. D., Greeson, C., Jedlicka, C., ... & Wendorf, G. (2001). Emotional intelligence and interpersonal relations. The Journal of social psychology, 141(4), 523-536.

Shafique, I., N Kalyar, M., & Ahmad, B. (2018). The nexus of ethical leadership, job performance, and turnover intention: The mediating role of job satisfaction. Interdisciplinary Description of Complex Systems: INDECS, 16(1), 71-87.

Smither, J. W. (2011). Can psychotherapy research serve as a guide for research about executive coaching? An agenda for the next decade. Journal of Business and Psychology, 26(2), 135-145.

Spiegel (2019): Studie zu Führungskräften – »Cholerisch gebrüllt, geschrien und mit Ordnern geworfen«. https://www.spiegel.de/karriere/fachkraefte-studie-knapp-jeder-dritte-hat-wegen-des-chefs-gekuendigt-a-1292975.html, Abrufdatum 09.06.2023.

Spiro, C. (2006). Generation Y in the Workplace. Defense AT&l, 35(6), 16-19.

Schroth, H. (2019). Are you ready for Gen Z in the workplace?. California Management Review, 61(3), 5-18.

Staufen AG (2020): Arbeitsplatz im Fokus – Eine Befragung der Staufen AG unter mehr als 1.500 Arbeitnehmern und Arbeitnehmerinnen. https://www.staufen.ag/wp-content/uploads/study_staufen_Arbeitsplatz_im_Fokus_de_2020.pdf, Abrufdatum 04.05.2023.

Süddeutsche Zeitung (2023): Willkommen im Exponentialzeitalter. https://www.sueddeutsche.de/wirtschaft/expontielles-wachstum-beschleunigung-technologie-1.5744549?reduced=true, Abrufdatum 08.06.2023.

Van Dierendonck, D. I. R. K., & Heeren, I. M. K. E. (2006). Toward a research model of servant-leadership. The International Journal of Servant-Leadership, 2(1), 147-164.

Vidyarthi, P. R., Erdogan, B., Anand, S., Liden, R. C., & Chaudhry, A. (2014). One member, two leaders: Extending leader–member exchange theory to a dual leadership context. Journal of applied psychology, 99(3), 468.

Watkins, P. (1989). Leadership, power and symbols in educational administration. Critical perspectives on educational leadership, 9-37.

Weiß, Y. M. Y., Brunner, T., Kaiser, J., & Wagner, D. J. (2017). Erfolgskritische Kompetenzen im digitalen Zeitalter: Was sind die »Future hot skills?« Technische Hochschule Nürnberg Georg Simon Ohm.

Wilhelmson, L. (2006). Transformative learning in joint leadership. Journal of Workplace Learning,18(7/8), 495-507.

Winston, B. E., & Hartsfield, M. (2004, August). Similarities between emotional intelligence and servant leadership. In Proceedings of the servant leadership research roundtable (Vol. 12).

ZDF (2022): Die Macht der Emotionen: Mensch und Maschine. https://www.zdf.de/dokumentation/zdfinfo-doku/die-macht-der-emotionen-mensch-und-maschine-100.html, Abrufdatum 01.06.2023.

Zemke, R., Raines, C., & Filipczak, B. (2013). Generations at work: Managing the clash of Boomers, Gen Xers, and Gen Yers in the workplace. Amacom.

Zineldin, M., & Hytter, A. (2012). Leaders' negative emotions and leadership styles influencing subordinates' well-being. The International Journal of Human Resource Management, 23(4), 748-758.

9 Skills für die Arbeitswelt der Zukunft

Von Julia Huber, 28, Recruiterin in der Automobilindustrie

9.1 Einflussfaktoren auf die Arbeitswelt der Zukunft

Von Atlanten zu Google Maps, von Brockhaus und Duden zu Chat GPT und DeepL, von »Wetten, dass …?« zu YouTube, Instagram und TikTok, vom Freundebuch zu Facebook und von der Euro-Umstellung zu Crypto.

Vieles von dem, was für die Kinder aus den 90ern und 2000ern, die späten Millennials und die viel beschworene Gen Z, in Kindheit und Schulzeit »state of the art« war, ist vom technologischen Fortschritt und gesellschaftlichen Umbrüchen überholt worden. Ebenso sind Inhalte, die wir in Schule, Ausbildung und Studium gelernt haben, bereits nach wenigen Jahren überholt. Wir sind mit dieser digitalen Transformation aufgewachsen, Digital Natives. Während meiner Berufsausbildung durfte ich noch eine Schreibmaschine nutzen, heute steht Chat GPT frei zur Verfügung. Doch neben der Digitalisierung begleiten uns auch die sich manifestierende Klimakrise oder der demografische Wandel (in der Theorie) mindestens genauso lange. Mittlerweile schlagen sich diese auch deutlich in unserem Alltag nieder und beeinflussen, wie wir leben und arbeiten.

9.1.1 Doppelte Transformation und Demografie

Auch auf gesellschaftlicher Ebene werden die Auswirkungen dieser Trends immer präsenter. So nennt der 2020 von Hubertus Heil ins Leben gerufene und interdisziplinär besetzte »Rat der Arbeitswelt« die gebündelten Herausforderungen durch die Digitalisierung und die Bewältigung der Klimakrise in seinem Arbeitsweltbericht 2023 die *»doppelte Transformation des Arbeitsmarktes«*[1]. Die Expert*innen verdeutlichen in ihrem Bericht die enge Verbundenheit der digitalen und ökologischen Transformation. Aus dem Zusammenspiel dieser Prozesse entsteht laut der Expert*innen eine besonders hohe Dynamik, wodurch eine Prognose bezüglich der mittel- bis langfristigen Entwicklung der Personal- und Qualifikationsbedarfe sehr schwierig ist.[2]

Neben den digitalen und ökologischen Einflussfaktoren sorgt auch die demografische Entwicklung der deutschen Bevölkerung im Erwerbsalter, also der Menschen im Alter zwischen 20 und 66 Jahren, in den nächsten Jahren für Einschnitte auf dem deut-

---

1   Arbeitswelt-Bericht 2023, S. 77.
2   Ebda.

schen Arbeitsmarkt. Aktuell sind aus dieser Gruppe mehr als die Hälfte der Menschen über 45 Jahre alt.[3] Spätestens mit dem anstehenden Renteneintritt der Babyboomer-Generation wird der sich jetzt bereits in aller Munde befindende Fachkräftemangel von einem qualitativen Problem in bestimmten Bereichen zu einem quantitativen Problem für alle Arbeitgeber entwickeln. Wir befinden uns auf dem besten Weg vom Fachkräfte-mangel zu einem allgemeinen Mangel an zur Verfügung stehenden Arbeitskräften.

9.1.2 Flexibilisierung und neue Zusammenarbeitsmodelle

Nicht zuletzt durch die Einflüsse der Pandemie hat sich die Arbeitsweise in den letz-ten Jahren verändert. Aus verordneter Homeoffice-Pflicht zum Infektionsschutz wurde vielerorts eine neue Form der Zusammenarbeit.[4] Doch nicht nur die Lage des Arbeitsortes verändert sich, auch die Gestaltung der Arbeitsplätze und die Erwartung daran haben sich in den letzten Jahren verändert. Vergleicht man Serien wie »The Of-fice«, die einst den Arbeitsalltag im Büro darstellen wollten, mit aktuellen »A Day in the life of«[5]-Formaten, die heute auf TikTok und Instagram Einblicke in den jeweiligen Arbeitsalltag geben, gibt es deutliche Unterschiede. Diese finden wir nicht nur bei der Gestaltung und Wahl der Arbeitsorte, vom Wohnzimmer bis zum Strand, oder bei fle-xiblerer Arbeitszeitgestaltung, sondern auch bei den angebotenen Benefits. Wo in der Bildsprache von »The Office« noch das Großraumbüro dominiert und die Automaten im Pausenraum das Höchste der Gefühle waren, erleben und erwarten Mitarbeiter*in-nen nicht nur ergonomische Arbeitsplätze, sondern Orte, die zum gemeinsamen Ler-nen, zur Kommunikation und zum Austausch einladen. Manche Unternehmen gehen hier sogar noch einen Schritt weiter und bieten neben der Kantine auch Massage, Fit-nessstudio und andere Annehmlichkeiten.

Doch nicht nur bei den Wissensarbeiter*innen gibt es Trends zu einer neuen Form der Zusammenarbeit. Auch im Handwerk und gewerblich-technischen Berufen stehen die Firmen vor der Herausforderung, die Bedürfnisse der Mitarbeitenden mit den betrieb-lichen Erfordernissen unter einen Hut zu bringen. Nicht nur, aber auch aufgrund des Fachkräftemangels gibt es die verschiedensten Formate, um beispielsweise Belastung durch Schichtarbeit zu reduzieren oder für eine bessere Vereinbarkeit zu sorgen. Die Beispiele reichen hier von Bäckereien, die ihr Sortiment so anpassen, dass die Bä-cker*innen nicht mehr mitten in der Nacht aufstehen müssen, über eine möglichst lang-fristige und verlässliche Einsatzplanung bis hin zur Einführung der Vier-Tage-Woche für ältere Mitarbeitende und ganze Betriebe, die als Genossenschaft organisiert sind.[67]

---

3   Statistisches Bundesamt, 2019, S. 22.
4   Vgl., z. B. Erdsiek, 2023.
5   Vgl. Sato, 2022.
6   Vgl. Oberst, 2021.
7   Vgl. Quecke, 2021.

Wir befinden uns also aktuell auf dem Arbeitsmarkt parallel in verschiedenen Transformationen, die sich gegenseitig beeinflussen. Auf der einen Seite die demografische Entwicklung, die dafür sorgt, dass wir einen Wissenstransfer und Verantwortungsübergang von älteren Expert*innen und Führungskräften an die jüngeren Generationen gestalten müssen. Auf der anderen Seite technologischer Fortschritt und Bekämpfung der Klimakrise, die die Veränderung von Jobprofilen mit sich bringen. Klar ist, dass wir dieser Herausforderung nicht mit »altem Wein in neuen Schläuchen« begegnen können.

9.2   Skills für die Zukunft

Inmitten der beschriebenen Transformation hat sich meine Generation auf den Weg in den Arbeitsmarkt gemacht. Wir haben uns für Berufsausbildung oder Studium entschieden, in der Erwartung, dort das Handwerkszeug für die Gestaltung unserer beruflichen Zukunft an die Hand zu bekommen. Lange galt eine abgeschlossene Ausbildung, also »ausgelernt« sein oder der erfolgreiche Abschluss eines Studiums, als Grundvoraussetzung für die Einstellung. Der Status »Ausgelernt« oder »Absolvent*in« galt und gilt als die Eintrittskarte und ist sie auch heute noch an vielen Stellen.

Doch kann das in einer Welt funktionieren, in der Wissen eine immer kürzere Halbwertzeit hat und in der auf unserem Arbeitsmarkt grundsätzlich Arbeitskräfte fehlen? Wie sichern Menschen, Arbeitgeber und Gesellschaft die Zukunftsfähigkeit unserer Skills, und welche sind das? Ich gehe noch einen Schritt weiter und sage: Wenn wir unseren Wohlstand erhalten wollen, müssen wir uns von der Vorstellung »Ausgelernt« verabschieden und stattdessen lebenslanges Lernen für alle fordern und fördern.

9.2.1   Lesen, Schreiben, Rechnen, Digital Literacy

Was brauchen wir, um in Zukunft bestehen zu können? Nun, dieser Frage gingen und gehen regelmäßig Studien auf den Grund. Klar scheint, dass die Trends in Richtung Digitalisierung und Automatisierung weiter voranschreiten. Das erfordert von uns allen, die wir mündige, selbstbestimmte Mitglieder der Gesellschaft sind, eine gewisse digitale Grundkompetenz, oft Digital Literacy genannt.[8] Digital Literacy ermöglicht einen »*konstruktiven und selbstbestimmten Umgang mit den Herausforderungen der Digitalisierung.*«[9] Ich bin überzeugt davon: Lesen, Schreiben, Rechnen, Digital Literacy muss das neue »Vier gewinnt« der Grundfertigkeiten sein. Und das in jedem Alter.

---

8   Vgl. JISC, 2014; Ferrari, 2012.
9   BIDT, 2023.

Das gilt zum einen, um die Partizipation in der Gesellschaft sicherzustellen. An vielen Stellen ist der Wandel bereits zu beobachten, wenn man die Augen offenhält. Wo früher Tankwärter*innen standen, gibt es heute Selbstbedienungs-Zapfsäulen, statt individueller Bedienung im Tante-Emma-Laden gibt es heute Self-Scan-Kassen in Supermärkten und statt sich das Bahnticket am Schalter zu kaufen, gibt es heute vielerorts nur noch Automaten, Apps und Video-Reisezentren. Zum anderen ermöglicht auch der Staat an immer mehr Stellen die digitale Abwicklung von Ämtergängen bzw. bietet einige Dienstleistungen digital an. Wenn wir also möchten, dass diese Dienstleistungen weiterhin für möglichst viele Menschen zugänglich sind, müssen wir als Gesellschaft dafür sorgen, dass die dafür notwendigen digitalen Grundfertigkeiten auch vorhanden sind. Und Unternehmen verpflichten, digitale Dienstleistungen möglichst barrierearm und niederschwellig zur Verfügung zu stellen.

In Zeiten, in denen es auf TikTok Videos gibt, in denen scheinbar Angela Merkel einen Song von Haftbefehl rappt und das MIT ein Deep-Fake-Video erstellt, auf dem Ronald Reagan die gescheiterte Mondlandung bedauert, ist ein kompetenter Umgang mit der digitalen Informationswelt umso wichtiger.[10] Das gilt eben nicht nur für den Erwerb eines Bahntickets, sondern insbesondere für die eigene Meinungsbildung und Partizipation in einer demokratischen Gesellschaft.

Eine Gesellschaft, der immer weniger Arbeitskräfte zur Verfügung stehen, muss priorisieren, welche Tätigkeiten von Menschen ausgeführt werden sollen und welche von der Technologie übernommen werden. An welcher Stelle Routinearbeiten automatisiert werden können, damit die unersetzbaren menschlichen Fähigkeiten glänzen und sich die vorhandenen Arbeitskräfte wirklich auf das Wesentliche konzentrieren können. In vielen Bereichen hat diese Entwicklung bereits Einzug gehalten, mit fortschreitendem Fachkräftemangel wird sie sich eher noch verstärken. Nicht nur Wissensarbeiter*innen sind von dieser Herausforderung betroffen. Auch in anderen Sektoren hält die Technologie immer mehr Einzug in den Arbeitsalltag. Dies zeigten kürzlich Daten von Bitkom und des Zentralverbandes des Deutschen Handwerks. Auch hier wird verstärkt digitalisiert, sodass die Betriebe von dieser Entwicklung profitieren können. In der Befragung gaben sogar über 50 % der Befragten an, dass die Digitalisierung ihre Existenz sichere.[11] Selbst wenn die reißerischen Schlagzeilen von der Künstlichen Intelligenz, die den eigenen Job ersetzt, nicht wahr werden, so wird Technologie doch an vielen Stellen den Arbeitsalltag beeinflussen.

Gerade weil digitale Grundkompetenzen im alltäglichen Leben und immer mehr auch im Berufsalltag immer wichtiger werden, ist eine breite digitale Grundbildung für alle

---

10   Vgl. Bastian, 2022.
11   Bitkom Research, 2022.

wichtig, um am gesellschaftlichen Leben teilnehmen und mit der Digitalisierung am Arbeitsplatz Schritt halten zu können.

Unter digitale Schlüsselkompetenzen verstehen die Autoren des Diskussionspapiers 3 vom Stifterverband und McKinsey »*Kompetenzen, durch die Menschen in der Lage sind, sich in einer digitalisierten Umwelt zurechtzufinden und aktiv an ihr teilzunehmen.*«[12] Dazu gehören neben Digital Literacy beispielsweise auch Digital Ethics sowie Digital Learning und Digitale Kollaboration.[13]

Für einen sicheren Umgang mit Technologie und eine verantwortungsvolle Digitalisierung müssen wir als Gesellschaft dafür Sorge tragen, dass diese Fertigkeiten nicht nur Kindern und Jugendlichen, sondern allen Menschen vermittelt werden. Der Enkeltrick per SMS, Phishing Mails, die Bankdaten abgreifen, oder die Verbreitung von Falschinformationen – Digitalisierung hat nicht nur Vorteile und birgt gerade für die, die nicht die nötigen Skills besitzen, Nachteile. Sicherer Umgang mit Technologie ist aber kein Privatvergnügen, sondern Grundfertigkeit für Partizipation in der demokratischen Gesellschaft und auf dem Arbeitsmarkt.

9.2.2 Transformation Skills

Doch es sind nicht nur die Skills, die uns im Umgang mit Technologie befähigen, wichtig für die Zukunft. Je mehr Tätigkeiten von der Technologie übernommen werden können, desto wichtiger werden andere, (zwischen-)menschliche Skills. Es gibt verschiedenste Studien und Betrachtungen zur Klassifizierung dieser Skills, gemein haben sie oft den Fokus auf den Umgang mit Problemen, die Kompetenz, diese mit innovativen Methoden gemeinsam mit anderen Menschen zu lösen und sich dabei selbst weiterzuentwickeln. Eine Klassifizierung finden wir im OECD-Lernreport. Dieser hat mit Fokus auf die Bildung der Zukunft drei Gruppen an Skills herausgestellt:

Kognitive und metakognitive Skills	kritisches Denken, kreatives Denken, Lernen zu lernen, Selbstregulierung
soziale und emotionale Skills	Empathie, Selbstwirksamkeit, Verantwortung und Zusammenarbeit
praktische und physische Skills	Umgang mit neuen Informations- und Kommunikationstechnologien

Tab. 2: OECD LERNKOMPASS 2030. 6 Skills für 2030, S. 70, eigene Darstellung.

---

12   Stifterverband/McKinsey, 2021, S. 5.
13   Vgl. ebd. S. 6.

Neben der OECD hat sich auch der Stifterverband der deutschen Wirtschaft gemeinsam mit McKinsey mit dem Thema beschäftigt und in ihrer gemeinsamen Arbeit wird neben den fachlichen, technologischen Kompetenzen wie Data Analytics sowie den »klassischen Kompetenzen« wie Kreativität auch die Gruppe der »Transformativen Kompetenzen« in den Fokus gestellt.

> »Transformative Kompetenzen ermöglichen Menschen, sich gesellschaftlicher Herausforderungen bewusst zu werden, visionäre Lösungen zu entwerfen und den Mut zu haben, Andere von diesen zu überzeugen.«[14]

Die Autoren beschreiben unter anderem Veränderungsfähigkeit, aber auch Innovationskompetenz sowie Dialog- und Konfliktfähigkeit als Teile der transformativen Kompetenzen.[15]

Für die Zukunft benötigen wir also neben aktuellen fachlichen Skills die Fähigkeit, die Technologie kritisch zu hinterfragen, weiterzuentwickeln und für unsere eigenen Zwecke zu nutzen. Um der Transformation nicht nur zu begegnen, sie über uns ergehen zu lassen, sondern sie zu gestalten, sind es vor allem die transformativen Kompetenzen, die wir stärken müssen. Damit wir uns unsere menschlichen Faktoren zunutze machen, müssen wir an der Gruppe der kognitiven und metakognitiven sowie der sozialen und emotionalen Skills arbeiten.

9.2.3 Von »Made in Germany« zu »Learned in Germany«

Aber wie genau macht man das? Data Analytics oder eine neue Programmiersprache lernen, dafür gibt es zuhauf online und offline Angebote, die wir besuchen können und bei denen wir am Ende ein Zertifikat mit genau abgegrenzten Niveaus erhalten. Bei den »weichen« Themen ist das nicht mehr so einfach. Wie können wir als Gesellschaft auf diese Erkenntnisse reagieren?

Nun, zuerst einmal, indem wir uns darüber klar werden, dass es nicht mit einer einmaligen Kampagne oder individuellen Maßnahmen getan ist. Wir müssen unsere Einstellung zum Lernen und zur Weiterbildung grundsätzlich überdenken. Als Gesellschaft sollten wir uns dieser Herausforderung stellen, wenn unsere Köpfe weiter unser Kapital bleiben sollen. Yasmin Weiß nennt diese Herausforderung in ihrem aktuellen Buch »deutsches Bildungswunder«[16] und verdeutlicht damit auch die Dringlichkeit des Unterfangens. Bisher führen wir als Gesellschaft, gerade in den großen Medien,

---

14   Stifterverband/McKinsey, 2021, S. 7.
15   Vgl. Stifterverband/McKinsey, 2021, S. 7.
16   Weiß, 2022, S. 48.

die immer gleichen Debatten über die angeblich arbeitsscheue Gen Z oder die Einführung eines sozialen Pflichtjahres für Jugendliche. Die Rahmenbedingungen, in der wir uns in der (Arbeits-)Welt bewegen, verändern sich massiv und wir versuchen trotzdem aktuell diese Herausforderungen mit alten Mitteln zu lösen.

Ich bin davon überzeugt, dass wir als Gesellschaft wieder lernen müssen, neugierig zu sein, den Herausforderungen mutig, aber demütig zu begegnen, Unsicherheit auszuhalten und Veränderung proaktiv zu gestalten. Mit dem anhaltenden Versuch, Veränderung möglichst lange hinauszuschieben, mit dem Verweis auf »das haben wir schon immer so gemacht«, nehmen wir uns die Chance, selbstwirksam unser aller Zukunft gemeinsam zu gestalten. Veränderungskompetenz ist ein Future Skill, Verhinderungskompetenz taucht in keiner Übersicht auf.

Wenn wir uns als Gesellschaft gemeinsam auf den Weg vom Verhinderungs- zum Veränderungs-Mindset machen wollen, funktioniert dies nur gemeinsam. Jede*r kann für sich einen Beitrag leisten, entweder in der Gestaltung der eigenen Zukunft, durch das Integrieren in den eigenen Alltag oder als Entscheider*in in Politik und Wirtschaft auf systemischer Ebene. Auf den nächsten Seiten wollen wir uns also Handlungsoptionen auf der persönlichen und gesellschaftlichen Ebene widmen.

9.3   Die persönliche Lernreise gestalten

9.3.1   Verantwortung übernehmen

Die rasante Entwicklung der Technologie und die sich ständig verändernde Arbeitswelt erfordern von Menschen heute mehr denn je eine proaktive Herangehensweise an die Entwicklung ihrer Fähigkeiten. In ihrem Buch »Weltbeste Bildung« fordert Yasmin Weiß zum Unternehmertum am eigenen Zukunftsportfolio auf.[17] Thomas Druyen und Valeska Mangel sprechen von »*Konkrethik als Mindset für die Zukunft*«[18]. Bei beiden Herangehensweisen steht die Übertragung von Verantwortung für die persönliche Entwicklung auf den Menschen selbst im Fokus. Eigenverantwortung also, ein in den letzten Jahren stark strapazierter Begriff. Doch schon weil Veränderung für jeden Job anders aussehen kann und Lebenssituationen so individuell sind, kann niemand anderes diese Verantwortung tragen außer jede*r Einzelne für sich selbst.

---

17   Vgl. Weiß, Y. 2022b, S. 208 ff.
18   Vgl. Druyen, T./Mangel, V., 2023, S. 42.

9.3.2 Veränderung annehmen

Wandel wird sich nicht aufhalten lassen, selbst wenn wir einzelne Veränderungen verzögern können, auf kurz oder lang werden wir uns damit beschäftigen müssen. Die Arbeit an der eigenen Einstellung zur Veränderung kann hier helfen, positiver in die Zukunft zu blicken und damit auch Möglichkeiten zur eigenen Gestaltung von Situationen zu erkennen und Selbstwirksamkeit zurückzuerlangen. Lieber die Welle surfen lernen, als von ihr umgeworfen zu werden und dann schwimmen zu müssen, oder?

9.3.3 Lernziele finden

Schon lange »ausgelernt« und ewig nicht mehr die Schulbank gedrückt? Die gute Nachricht ist, dass die Digitalisierung auch dafür sorgt, dass Lernen so flexibel passieren kann wie nie zuvor. Mit Gamification, Virtual Reality, diversen Online-Learning-Angeboten und Peer Learning Circles gibt es sehr viel mehr Möglichkeiten als den klassischen Hörsaal, um die eigene Lernreise zu starten. Trotzdem bieten auch klassische Institutionen wie die Volkshochschulen weiterhin viele Möglichkeiten. Mit diversen kostenfreien Angeboten kann man auch erstmal herausfinden, welcher Lernmodus am besten zur persönlichen Situation und den eigenen Bedürfnissen passt. Nicht jede*r muss Expert*in für künstliche Intelligenz werden. Zum Einstieg geht es erst einmal darum, die Lust am Lernen wiederzuentdecken. Ganz egal, ob mit einem Kurs zu Sketchnoting, Spanisch oder KI.

9.3.4 Persönliche Standortbestimmung

Auch auf dem Weg zur »lernenden Gesellschaft« ist der Weg mindestens ein Teil des Zieles. Ohne konkrete Idee, in welche Richtung die eigene Entwicklung gehen soll, landet man jedoch auch hier schnell in einer frustrierenden Sackgasse. Daher lohnt es sich, sich ein paar Fragen zur Kalibrierung des eigenen Lernkompasses zu stellen:
- Wie sieht die Situation im eigenen Job aus, welche Tätigkeiten wurden hier vielleicht in den letzten Jahren schon digitalisiert und automatisiert?
- Welche neuen Entwicklungen stehen an? Aber auch, was kann ich besonders gut, welche Erfahrungen habe ich bereits gesammelt?
- Wie kann ich Technik nutzen, um mich noch mehr auf diese Aspekte zu konzentrieren, wie kann ich mich dort noch besser aufstellen?
- Welche Erfahrungen sind auf andere Jobprofile übertragbar, wo liegen zukünftig Bedarfe auf dem Arbeitsmarkt?
- Wie kann ich mich mit meiner Erfahrung und Weiterbildung in die Richtung dieser Zukunftsfelder entwickeln?

Von vielen Stellen gibt es heute schon Unterstützung bei der Beantwortung dieser Fragen, der Freistaat Bayern bietet beispielsweise mit kommweiter.bayern.de ein »zentrales Weiterbildungsportal« an, auf dem sich neben konkreten Weiterbildungsmaßnahmen auch Informationen zu Beratungsangeboten und Förderung finden. Zeitliche und finanzielle Ressourcen realistisch einzuschätzen, ist ein entscheidender Bestandteil dieses Aspektes. Organisationen wie Arbeiterkind.de, NetzwerkChancen, das Aelius Förderwerk oder auch Applicaid bieten Unterstützung auf dem Weg zum Hochschulabschluss oder dem beruflichen Aufstieg und öffnen die Tür zu einem Netzwerk aus Gleichgesinnten mit ähnlichen Problemen.

9.3.5 Bildet Banden!

In einer zunehmend globalisierten Welt ist die Fähigkeit, mit Menschen verschiedener Hintergründe zusammenzuarbeiten, von unschätzbarem Wert. Nicht jeder lebt und arbeitet in einem »melting pott«, trotzdem gibt es mittlerweile viele Möglichkeiten, sich Verbündete zu suchen und das eigene Netzwerk zu erweitern. Hierzu könnten soziale Netzwerke und Online-Communities wie LinkedIn, Meetup, aber auch Lerngruppen und andere Netzwerke genutzt werden. In vielen Städten und Regionen gibt es auch Formate wie Hackathons, Barcamps oder Makerspaces, die dabei helfen können, sich mit anderen Gleichgesinnten zu vernetzen. Immer mehr Netzwerke wie BayFiD und Femtech sorgen für Austausch und Vernetzung von Interessengruppen, Peer Learning Circles bieten die Gelegenheit mit Gleichgesinnten aus verschiedenen Unternehmen in den Austausch zu kommen und so »Mitreisende« zu finden.

9.3.6 Einfach mal machen

Es sollte vor allem auch nach Möglichkeiten gesucht werden, das Gelernte anzuwenden. Dabei ist es unproblematisch, wenn diese außerhalb des Arbeitsalltags liegen, das kann sogar eine Chance sein, sich in anderen Kontexten auszuprobieren. Anwendungsmöglichkeiten finden sich beispielsweise im privaten Bereich oder im Ehrenamt. Auf verschiedenen Plattformen lassen sich neben dauerhaften Einsatzmöglichkeiten auch ortsunabhängige und einmalige Möglichkeiten zum Engagement finden. Von der Gestaltung einer neuen Website für das Tierheim, die Betreuung der Social-Media-Präsenz für den Fußballverein, Eventplanung, Beratung und IT-Schulung: Im Ehrenamt gibt es die Möglichkeit, Erfahrungen in einem neuen Bereich zu sammeln, Kooperations- und Kommunikationsfähigkeit zu stärken und dabei Verantwortung für die Gesellschaft zu übernehmen. Eine weitere Möglichkeit ist hier das sog. Sidepreneurtum, also die nebenberufliche Selbstständigkeit. Auch damit kann zusätzlich zur bisherigen Tätigkeit ein Erfahrungsschatz in einem anderen Gebiet aufgebaut oder an einem Quereinstieg in einen anderen Bereich gearbeitet werden.

Es ist also unerlässlich, dass Einzelpersonen die Verantwortung für ihre eigene Weiterbildung und Entwicklung selbst in die Hand nehmen. Dies erfordert eine proaktive Haltung zur Veränderung und die Fähigkeit, sich mit Hilfe neuer Lernmethoden und -ressourcen kontinuierlich mit dem Lernen zu beschäftigen. Es ist wichtig, die eigene Position im Berufsleben zu reflektieren und sich über die zukünftigen Anforderungen im Klaren zu sein. Netzwerkbildung und Zusammenarbeit mit Menschen unterschiedlicher Hintergründe sind in dieser komplexen Welt von unschätzbarem Wert. Schließlich sollte das Gelernte in die Praxis umgesetzt werden, sei es im Berufsalltag, im privaten Bereich oder im Ehrenamt. Es geht ganz einfach darum, die Lust am Lernen wiederzuentdecken, sich ständig weiterzuentwickeln und die Chancen, die sich aus Veränderungen ergeben, aktiv zu nutzen.

9.4 Wie Politik und Unternehmen gute Reisebegleiter*innen sein können

Folgt man dem Rat der Arbeitswelt, ist für die Bewältigung der »doppelten Transformation« die erfolgreiche Weiterentwicklung von Kompetenzen und Qualifikationen eine »wesentliche Gelingensbedingung«[19]. Neben der bereits angesprochenen individuellen Verantwortung stehen sowohl Unternehmen als auch die Politik hier in einer gemeinsamen Verantwortung.

Eine Transformation, die ganze Belegschaften und Industrieregionen beschäftigt, braucht systemische Unterstützung.

9.4.1 Durchblick schaffen für mehr Veränderungsmut

Wir müssen uns als Gesellschaft zutrauen, transparent und offen über anstehende Herausforderungen zu sprechen. In manchen Bereichen gibt es einen Fachkräftemangel, andere durchlaufen einen Strukturwandel. Statt Angst davor zu machen, wessen Job durch KI ersetzt werden kann, brauchen wir eine Mut-Kampagne, die Lust macht auf Lernen und die Menschen auf bereits vorhandene Informations-, Beratungs- und Unterstützungsangebote hinweist. Auch die OECD fordert in ihrem Bericht eine Anpassung der bestehenden Informationsangebote. Statt einzelner Initiativen und Informationsseiten könnte eine zentrale Plattform Informations- und Beratungsangebote bündeln. Die dort gesammelten Daten könnten dann zur Verbesserung des Programmes genutzt werden und so einen ganzheitlichen Ansatz unterstützen.[20] Nur wenn die Menschen ihre eigene Situation einschätzen können, haben sie auch die Möglichkeit,

---

19   Arbeitswelt-Bericht, 2023, S. 78.
20   Vgl. OECD, 2021, S. 11.

sich in die Selbstwirksamkeit zu bewegen und sich ihrer eigenen beruflichen Zukunft anzunehmen.

Neben der Bereitstellung von Informationen und Beratungsangeboten müssen wir sowohl in einzelnen Unternehmen als auch in der Gesellschaft an unserer Einstellung, unserem Mindset arbeiten.

Foelsing und Schmitz beschreiben in ihrem Buch »New Work braucht New Learning« die Wichtigkeit, am Mindset im Unternehmen zu arbeiten. Laut den beiden benötigt eine moderne Lernkultur im Sinne von »New Learning« ein sogenanntes »Growth Mindset« statt des »Fixed Mindsets«.[21] Konkret zeigen sie auf, dass Menschen mit einem Growth Mindset Feedback und Fehler als Möglichkeit zur Verbesserung und Herausforderungen als Gelegenheit sehen, etwas Neues zu lernen, und daran glauben, dass sie sich weiterentwickeln können.[22] Um die Menschen auf ihrem Weg zu unterstützen, sollten also nicht nur Zugänge zu Lernplattformen zur Verfügung gestellt werden, sondern aktiv an einer Kultur in Gesellschaft und Unternehmen gearbeitet werden, die das Lernen fördert und unterstützt.

Es braucht sichtbare Vorbilder, die den Wandel vorleben, und Rahmenbedingungen, die ein Growth Mindset fördern. Vorbilder können hier aus allen Teilen der Gesellschaft kommen. Hat irgendjemand schon einmal von eine*r Politiker*in gehört, in welchem Seminar diese zuletzt waren? Oder auf einem Wahlplakat gelesen, was in der letzten Legislaturperiode gelernt wurde? Also ich nicht. Wenn wir ein Land der Dichter, Denker und Lerner sein und bleiben wollen, brauchen wir aber genau das: Vorbilder, die das lebenslange Lernen wieder in die Mitte der Gesellschaft tragen, und Rahmenbedingungen, die die Beschäftigung mit der eigenen Entwicklung fördern und belohnen.

9.4.2   Ein Level Learning Field schaffen

Das beste Mindset nützt nichts, wenn jemand aufgrund seines sozio-ökonomischen Status gar keine zeitlichen und finanziellen Ressourcen hat, sich weiterzuentwickeln. Wünschenswert wäre hier eine generelle Verbesserung der Arbeitsbedingungen, gerade im Niedriglohnsektor. Dies gilt auch für die dauerhafte Belastung, der beispielsweise Alleinerziehende oder Menschen, die Angehörige pflegen, ausgesetzt sind. Diese Menschen dürfen bei der Transformation nicht auf der Strecke bleiben, nur weil sie gerade nicht den passenden Arbeitgeber haben oder Verantwortung für andere Menschen übernehmen.

---

21   Vgl Foelsing et al, 2021; Dweck, C., 2019.
22   Vgl. Foelsing et al., 2021, S. 457.

Daher muss der Staat hier Rahmenbedingungen schaffen, die es auch diesen Menschen ermöglichen, sich weiterzubilden und in ihr eigenes Skillset zu investieren. Außerdem sollten wir daran arbeiten, auch Kompetenzen zu validieren, die sich Menschen in informellen oder nicht-formellen Kontexten angeeignet haben – Lernen findet eben nicht nur in formellen Strukturen statt. Auch dies ist eine Empfehlung der OECD.[23]

Weil in Deutschland die Erwachsenenbildung in der Hand der einzelnen Bundesländer liegt, gibt es hier 16 verschiedene Systeme. In ihrem Bericht fordert die OECD beispielsweise eine Vereinheitlichung der Regelungswelt beim Bildungsurlaub.[24] In 14 von 16 Bundesländern gibt es aktuell bereits einen Anspruch darauf, der den Menschen die Möglichkeit gibt, sich auch unabhängig von den Angeboten des Arbeitgebers weiterzubilden.[25] Ausgerechnet in meinem Heimatbundesland Bayern gibt es diese Möglichkeit bisher nicht. Ein Standortnachteil beim lebenslangen Lernen? Zumindest sind in Bayern und Sachsen Mitarbeiter*innen stark auf den guten Willen des Arbeitgebers angewiesen und müssen sich Weiterbildungen abseits des betrieblichen Erfordernisses aus dem eigenen Urlaubskontingent herausschneiden.

9.4.3 Freiräume für Lernräume schaffen

Lernen muss nicht nur sprichwörtlich, sondern auch physisch wieder mehr Platz in unser aller Leben finden. Öffentliche Orte wie Makerspaces und Bibliotheken, die uns die Möglichkeit geben, gemeinsam neue Dinge auszuprobieren, sollten möglichst vielen Menschen zur Verfügung stehen. Besonders in Stadtteilen und Orten, in denen die Menschen nicht die finanziellen Ressourcen haben, um sich die neueste Technologie für zuhause zu kaufen, oder dort einfach keinen ruhigen Ort zum Lernen vorfinden, sind solche Orte wichtig.

In öffentlichen Lern- und Begegnungsorten wie den öffentlichen Bibliotheken und Makerspaces kann nicht nur einzeln gelernt werden: Dort können neue Verbindungen entstehen, neue Gemeinschaften gebildet werden. Wo schaffen wir als Gesellschaft Platz für verbindende Erlebnisse wie Hackathons für die digitalen Projekte der lokalen Vereine oder Makerspaces, die mit ihrem Equipment und Know-how beim 3D-Druck von Ersatzteilen im Rahmen von Repaircafés unterstützen können und so nachhaltiges Handeln fördern? Wie viele Orte gibt es, an denen Erwachsene sich ohne Konsumzwang treffen können, um dort zu lernen, ihre Ideen auszutauschen und gemeinsam an diesen zu arbeiten?

---

23   OECD, 2021, S. 11.
24   Ebda.
25   iwwb, o. D.

Auch für Unternehmen wird die Schaffung von Freiräumen für das Sammeln von neuen Erfahrungen abseits vom Tagesgeschäft immer wichtiger. Und das nicht nur, weil seit dem Anstieg der hybriden Zusammenarbeit neue Büroraumkonzepte in aller Munde sind. Diese neuen Konzepte sind jedoch bei Weitem keine Modeerscheinung, sondern fördern genau das oben Beschriebene: Austausch, gegenseitiges Verständnis und die Möglichkeit zur unkomplizierten gegenseitigen Unterstützung. In einer Arbeitswelt, in der wir immer mehr mit und über Technologie interagieren, müssen wir uns bewusst Räume und Zeiten schaffen, in denen wir mit anderen Menschen und in anderen Formaten zusammenkommen.

Neben der physischen Umgebung ist die Form der Zusammenarbeit ein weiterer Hebel für Unternehmen, um Mitarbeiter*innen die Gelegenheit zu geben, ihre Skills in neuen Konstellationen zu erweitern. Oft passiert dies abseits vom Tagesgeschäft, beispielsweise in Projekten, in (internen) Hackathons, Intrapreneurship-Formaten oder Austauschplattformen mit Expert*innen aus anderen Unternehmen. Auch hier ist es wichtig, nicht nur in isolierten Räumen neue Dinge auszuprobieren, sondern diese dann auch in den Arbeitsalltag und das Unternehmen übertragen zu können. Mit der richtigen Einstellung und gezieltem Wissenstransfer können so noch mehr Mitarbeiter*innen von den neuen Erfahrungen profitieren.

Dieses soziale Lernen sollten Unternehmen ermöglichen und fördern. Auch hier bieten sich verschiedene Formate an, vom (Reverse-)Mentoring zu Themen wie Karriereplanung oder digitale Skills über die kollegiale Fallberatung bis hin zu selbstgesteuerten themenbezogenen Peer Learning Circles sowie Interessens- und Expert*innengruppen zum Austausch von Fachwissen. Die Möglichkeiten sind so divers wie die Themen, die Menschen verbinden. So kann man Vielfalt aktiv leben und stärken

9.4.4   Vielfalt fordern und fördern

Die vom Statistischen Bundesamt prognostizierte Lücke bei den Erwerbspersonen stellt uns vor Herausforderungen, die wir nicht allein durch die Effizienzen aus Digitalisierung und Automatisierung bewältigen werden. Wir müssen unseren Horizont also erweitern, neue Perspektiven schaffen, fördern und fordern. Für die Politik bedeutet das auch eine offene und klare Kommunikation, eine klare Kante gegen Rassismus und Diskriminierung. Denn wie wollen wir Menschen motivieren, nach Deutschland einzuwandern und unser Team zu verstärken, wenn wir sie nicht willkommen heißen und sie sich hier nicht sicher fühlen?

Auch Unternehmen können diese Gelegenheit nutzen, ihre Perspektiven zu erweitern. »Thinking outside of the box« muss auch bei der Personalgewinnung gelten: Offenheit für unkonventionelle Biografien und Bildungswege, die Anerkennung von Erfahrung aus Ehrenamt, Care-Arbeit und anderen Kontexten. Wenn wir ein buntes Team wollen, müssen wir die Schablonen einpacken.

9.5 Fazit

In diesem Werk und speziell in diesem Kapitel geht es um die Arbeitswelt der Zukunft, welche Skills dafür benötigt werden und wie wir uns gemeinsam auf den Weg dorthin machen können. Bei der Beschäftigung mit den Einflussfaktoren wird schnell deutlich, dass diese nicht nur Einfluss auf die Gestaltung unserer Arbeitswelt, sondern auch auf unser gesamtes Leben nehmen – von der im Alltag Einzug haltenden Digitalisierung über den demografischen Wandel bis hin zur notwendigen Transformation ganzer Sektoren in Richtung Klimaneutralität.

Die anstehende Transformation ist keine Nine-to-Five-Angelegenheit, sie wird uns 24/7 begegnen. Gerade deshalb ist es wichtig, dass die Herausforderungen nicht nur von einzelnen Individuen und Organisationen, sondern mit einem systemischen Fokus angegangen werden. Nur wenn Weiterbildung für möglichst viele Gruppen auch zugänglich ist, profitieren wir als ganze Gesellschaft von den positiven Effekten. Eine Gesellschaft, die das Thema Weiterbildung nur auf Unternehmens- und Mitarbeiterebene lösen will, läuft Gefahr, soziale Spannungen zu verstärken.

Vielleicht nutzen wir die anstehenden Veränderungen auch nochmal als Start für eine Diskussion über die gesellschaftliche Wichtigkeit verschiedener Tätigkeiten. Erwerbsarbeit, Care-Arbeit, Lernen und Ehrenamt müssen gemeinsam, nicht konkurrierend gedacht werden, um den Anforderungen der anstehenden Veränderungen gerecht zu werden. Die traditionelle, von männlichen Erwerbsbiografien geprägte, Dreiteilung des Lebenslaufes in Ausbildung, Erwerbstätigkeit und Ruhestand entspricht schon heute nur der Lebensrealität eines bestimmten Teiles der Bevölkerung und trägt weder den Notwendigkeiten von Care-Arbeit noch dem lebenslangen Lernen Rechnung. Vorschläge wie das Optionszeitmodell ermöglichen genau solche Auszeiten für verschiedenste Verpflichtungen von der Care-Arbeit für Kinder und pflegebedürftige Angehörige bis hin zu Zeit für Weiterbildung im Laufe des Berufslebens.[26]

Ein Festhalten am Bewährten, am »machen wir schon immer so«, am »Merkelcore«[27] lassen schon die Einflussfaktoren nicht zu. Die Welt, in der wir leben und arbeiten, verändert sich. Auch beständiger Verhinderungswille und ein Beharren in der manchmal eher mittelmäßigen, aber liebevoll verklärten Komfortzone werden Klimawandel,

---

26 Vgl. Bringmann, 2022.
27 Vgl. Warkus, 2021.

Demografie und technologischen Fortschritt nicht aufhalten können. Er verlangsamt uns nur und nimmt uns Chancen, die Veränderung mitzugestalten.

Und so ist die Frage: »Welche Kompetenzen brauchen wir für die Zukunft?«, nicht nur ein Thema der »Employability«. Der Umgang mit Unsicherheit und Komplexität, die Fähigkeit, mit Menschen verschiedener biografischer Hintergründe gemeinsam an innovativen Lösungen zu arbeiten, wird genauso wie die Fähigkeit, mit Veränderung positiv umzugehen, entscheidend sein, um uns als Gesellschaft für die anstehenden Transformationen wichtige Vorteile verschaffen.

Eine Gesellschaft, die miteinander und voneinander lernt, kann Veränderung gestalten, statt sie zu ertragen. Wenn wir uns alle der Limitation unseres eigenen Wissens bewusst sind, die Vorteile vielfältiger Perspektiven schätzen und nutzen, können wir anderen Standpunkten mit Neugier und Empathie begegnen, unseren Horizont erweitern statt Mauern zu bauen.

Über Julia Huber

Julia Huber (28, sie/ihr) ist Recruiterin für einen deutschen Automobilkonzern. Die ausgebildete Industriekauffrau hat nach erster Berufserfahrung in der operativen Personalarbeit Internationale Betriebswirtschaftslehre mit HR-Fokus in Nürnberg und Cadiz studiert. Gefördert wird die Erstakademikerin durch das Max-Weber-Programm. Die ausgebildete New Work Facilitatorin und Remote Team Coach beschäftigt sich mit den Chancen und Herausforderungen durch neue Arbeits- und Organisationsweisen und absolviert aktuell berufsbegleitend einen Master of Science in Organizational Psychology an der University of London, Birkbeck.
Zudem setzt sie sich für Bildungsgerechtigkeit ein und engagiert sich ehrenamtlich dafür, Stipendien vielfältiger und zugänglicher zu machen. Ihr Ziel, eine gesellschaftliche Transformation mit dem Menschen im Mittelpunkt aktiv mitzugestalten, folgt der Überzeugung, dass Repräsentation sowie der Zugang zu Bildung und Technologie Schlüssel zu sozialer Gerechtigkeit sind.

Literaturverzeichnis

Arbeitswelt-Bericht (2023). TRANSFORMATION IN BEWEGTEN ZEITEN Nachhaltige Arbeit als wichtigste Ressource, Hg. vom Rat der Arbeitswelt, Berlin. 2023 Arbeitswelt-Bericht (arbeitswelt-portal.de).

Artificial Dreammachine on TikTok. (o. D.). AI Merkel rappt Chabos wissen wer der Babo ist von Haftbefehl, in: https://www.tiktok.com/@artificial_dreammachine/video/7261223909603740955, zuletzt abgerufen am 03.08.2023.

Bastian, M. (2022). Deepfake: Wenn die Apollo-11-Mission gescheitert wäre, in: https://
the-decoder.de/deepfake-wenn-die-apollo-11-mission-gescheitert-waere/, 18.08.2022,
zuletzt abgerufen am 01.08.2023.

BIDT. (2023, 15. Februar). Digitale Kompetenzen, in: https://www.bidt.
digital/?glossary=digitale-kompetenzen, 15.02.2023, zuletzt abgerufen am 01.08.2023.

Bitkom Research/Zentralverband des Handwerks (2022). Die Digitalisierung des Handwerks, in: https://www.zdh.de/ueber-uns/fachbereich-wirtschaft-energie-umwelt/
digitalisierung-im-handwerk/das-handwerk-in-deutschland-wird-digitaler/#c16196,
01.7.2022, zuletzt abgerufen am 04.08.2023.

Bringmann, J. (2022). »Atmende Lebensläufe« – mehr Zeit zum richtigen Zeitpunkt, in:
sozialpolitikblog, 28.07.2022, https://www.difis.org/blog/?blog=18, g-im-handwerk/
das-handwerk-in-deutschland-wird-digitaler/#c16196, 01.7.2022, zuletzt abgerufen am
04.08.2023.

Druyen, T./Mangel, V. (2023). Aus der Zukunft lernen: Der Leitfaden für konkrete Veränderung.

Dweck, C. (2019). What having a »growth mindset« actually means. Harvard Business
Review, S. 26–27.

Erdsiek, D. (2023). Verbreitung von Homeoffice im New Normal, in: Branchenre-
port Informationswirtschaft, verfügbar unter: https://ftp.zew.de/pub/zew-docs/
brepikt/202302BrepIKT.pdf.

Foelsing, J./Schmitz, A. (2021). New work braucht new learning: Eine Perspektivreise durch
die Transformation unserer Organisations- und Lernwelten. Springer Gabler.

Infoweb Weiterbildung (o. D.). Bildungsurlaub in Deutschland, in: https://www.iwwb.de/
information/Bildungsurlaub-in-Deutschland-weiterbildung-26.html, zuletzt abgerufen
am 04.08.2023.

Jisc (2014). Developing digital literacies, in: https://www.jisc.ac.uk/full-guide/developing-
digital-literacies, zuletzt abgerufen am 04.08.2023.

Ferrari, A. (2012). Digital Competence in practice: An analysis of frameworks, EUR 25351 EN,
Luxembourg (Luxembourg), Publications Office of the European Union, 2012, JRC68116.

Oberst, B. (2021). »New Work« im Handwerk: zwischen Kuschelkurs und Klartext, in: https://
www.deutsche-handwerks-zeitung.de/new-work-im-handwerk-zwischen-kuschelkurs-
und-klartext-209858/, 13.12.2021, zuletzt abgerufen am 01.08.2023.

OECD (2021). »Zusammenfassung« in: Continuing Education and Training in Germany,
OECD Publishing, Paris, In: https://doi.org/10.1787/30325443-de, 23.04.2021, zuletzt
abgerufen am 01.08.2023, S. 11.

OECD (HRSG.) BERTELSMANN STIFTUNG, DEUTSCHE TELEKOM STIFTUNG, EDUCATION Y
E.V., GLOBAL GOALS CURRICULUM E.V., SIEMENS STIFTUNG. (2020). OECD Lernkompass
2030, in: OECD_Lernkompass_2030.pdf.

Quecke, F. (2021). Flexible Arbeitszeiten beim Bäcker: New Work im Handwerk, in: https://
www.manager-magazin.de/karriere/gleiches-gehalt-fuer-alle-und-keine-hierarchien-
so-geht-new-work-im-handwerk-a-2cd3cffe-2717-4eca-a569-5a85668a8bdf, 22.09.2021,
zuletzt abgerufen am 01.08.2023.

Sato, M. (2022). Big tech employees are TikToking on the job — and their bosses don't always like it., in: https://www.theverge.com/23399448/big-tech-employees-tiktok-youtube-influencers-tech-girlies-vlogs, 14.12.2022, zuletzt abgerufen am 01.08.2023.

Statistisches Bundesamt (2019). Annahmen und Ergebnisse der 14. koordinierten Bevölkerungsvorausberechnung, in: https://www.destatis.de/DE/Presse/Pressekonferenzen/2019/Bevoelkerung/pressebroschuere-bevoelkerung.pdf?__blob=publicationFile.

Stifterverband für die Deutsche Wissenschaft (2021). Diskussionspapier Nr. 3, Future Skills 2021, verfügbar unter: https://www.stifterverband.org/medien/future-skills-2021, S. 7.

Warkus, M. (2021). Merkel geht, Merkelcore bleibt, in: https://www.philomag.de/artikel/merkel-geht-merkelcore-bleibt, 22.09.2022, zuletzt abgerufen am 01.08.2023.

Weiß, Y. (2022a). Weltbeste Bildung: Wie wir unsere digitale Zukunft sichern. Campus Verlag. Kindle Version. S. 48 und S. 208, 2012.

10 Skills der Zukunft

Im Interview mit Isabell Fries, 29, Future of Work & Future Skills Expertin

»It's possible to use tomorrow as an inspiration for today. It's possible to design the future.« – so steht es ganz oben auf Isabells Website. Die 29-Jährige begleitet co-kreativ bei philoneos, einem »Bureau für Zukunftsangelegenheiten«, (Familien-)Unternehmen rund um die Themen Weiterbildungen, People-Konzept, Lebenslanges Lernen, Skillsmanagement und beim Aufbau von internen Akademien. Isabell beschäftigt sich intensiv mit Future Skills und digitaler Bildung. Für dieses Werk hat sie erzählt, was aus ihrer Sicht Future Skills (zu dt. Zukunftsfähigkeiten) sind, welche Rolle diese heute und in Zukunft spielen werden und was sie sich als Teil der U30-Society für die zukünftige Arbeitswelt wünscht.

Isabell, bevor wir ins Thema einsteigen, wieso beschäftigst du dich mit einem Thema wie den Skills der Zukunft, was hat dich dazu gebracht?

Ich beschäftige mich schon seit meiner Jugend mit der Zukunft der Bildung und wie wir das Bildungssystem zukunftsfähig gestalten können. Klar ist: Bildung ist unser wichtigstes Kapital! Und wir müssen uns bewusst werden, welche Skills wir für die Zukunft brauchen, angefangen bei der Vermittlung in der Schule. In Kopenhagen habe ich hautnah miterlebt, wie innovativ Bildung gelehrt werden kann und welche Ansätze helfen können. Bereits 2017 habe ich mich in meiner Bachelorarbeit (also bevor Homeoffice und Zoom-Calls Buzzwords wurden) mit Digitalem Leadership beschäftigt und wie wichtig das relationale Kapital dabei ist. An der University of Cambridge am Institute for Manufacturing durfte ich dann der Frage nachgehen, welche Fähigkeiten als typisch menschlich charakterisiert werden und wie eine Mensch-Maschinen-Interaktion gelingen kann. Die Ableitung daraus ist nicht weniger als der Kern dessen, was wir heute und in Zukunft lehren und lernen müssen, um auf unbekannte Zükünfte vorbereitet zu sein.

Und was sind nun aus deiner Sicht zukünftig besonders relevante Fähigkeiten, was ist typisch menschlich?

Kurz: Wir müssen eine Zukunftsintelligenz entwickeln. Ich finde dabei die Unterscheidung in Smart und Sharp Skills, einem semantischen Update zu Soft und Hard Skills von Prof. Loredana Padurean, besonders treffend. »Soft« ist für mein Befinden einfach zu negativ behaftet und wertet diese Fähigkeiten ab. Wie wir wissen, schafft Sprache Realität und sollte entsprechend eingesetzt werden.

»Smart skills are co-developed with other humans, and sharp skills are co-developed with computers.«[1]

Bei *Smart Skills* geht es also um Themen der Zusammenarbeit und Interaktion mit anderen Menschen. Hierzu gehören Fähigkeiten wie Zuhören, Anpassungsfähigkeit, Emotionale Intelligenz oder kritisches Denken. Auf die Intuition zu vertrauen, ist etwas typisch Menschliches. *Sharp Skills* sind vor allem Skills im Umgang mit Technologien, also beispielsweise analytisches Denken, digitales Verständnis, Optimierung oder Software- und Programmierkenntnisse. Wichtig dabei ist das Verständnis einer Zukunft, in der Menschen mit und nicht gegen Maschinen arbeiten. Wir Menschen bestimmen, wie und wie weit die Zusammenarbeit gehen sollte. Wir müssen uns jetzt und in Zukunft auf die Chancen fokussieren und die Vorteile aus den Möglichkeiten der Mensch-Maschinen-Interaktion nutzen, anstatt in Unsicherheit und Angstdebatten zu verfallen. Das hat viel mit dem Mut zu tun, sich auf Ungewisses einzulassen, aber auch viel damit, wie wir Dinge für uns selbst framen (zu dt. einrahmen, etwas sprachlich für sich definieren).

Mein Motto ist daher: *»Think digital, act human«*, denn bei all der Digitalisierung und Technologisierung befinden wir uns in unserer Gesellschaft immer noch in einem sozialen Gefüge mit anderen sozialen Wesen. Soziale Umgangsformen, Empathie, Intuition oder Vertrauen dürfen bei all den technologischen Möglichkeiten nicht an Bedeutung verlieren. Fake News und andere Ungereimtheiten werden nur erkannt, wenn wir unsere menschliche Intelligenz nutzen und kritisch hinterfragen: Kann das jetzt wirklich stimmen?

Wie bekommt man denn jetzt diese Zukunftsfähigkeiten?

Zunächst sollte man natürlich für sich identifizieren, welche von diesen Fähigkeiten man vielleicht schon besitzt (und diese dann verstärken) und welche man eben noch lernen sollte. Ganz klar ist hier wichtig, bereit zu sein, Neues lernen zu wollen – Stichwort Lebenslanges Lernen. Eine Lernkultur und individuelle Weiterbildungskonzepte im Unternehmen können dabei helfen. Sowohl Empathie, aber auch digitales Verständnis lassen sich erlernen. Dabei ist natürlich anwendungsbezogenes Trainieren von Vorteil. Zudem ist es hilfreich, eine gute Feedbackkultur zu etablieren. Am Arbeitsplatz ist es Führungsaufgabe, das passende Umfeld dafür zu schaffen. Mitarbeiter*innen Future Skills zu vermitteln, muss oberste Priorität der Führungsaufgabe werden. Führung ist People Business.

---

1   ASB Professors Willem Smit and Shien Jin (https://asb.edu.my/smartsharp).

Wie zeichnen sich geeignete Führungskräfte für diese Aufgabe aus und wie wird sich Führungsarbeit verändern?

Der Erfolg einer Organisation hängt maßgeblich von der Qualität ihrer Führung ab. Wirkungsvolle Führung basiert nicht nur auf fachlicher Expertise, sondern auch auf einer starken und reflektierten Persönlichkeit. Um diese Art der Führung zu praktizieren, ist es unerlässlich, sich selbst gut zu kennen und in sich selbst zu investieren. Das Streben nach Wachstum und Selbstreflexion ist dabei ein kontinuierlicher Prozess.

Für mich ist Führung durchwegs empathisch behaftet. Eine gute Führungskraft kann sich in andere hineinversetzen, sich zurücknehmen, aber in den entscheidenden Momenten klar und verständlich agieren. Weiter weiß eine gute Führung das Team in seinen Stärken zu stärken, eine Balance aus Bestimmtheit und Freiheit zu wahren, einen Weitblick zu besitzen, aber auch im Hier und Jetzt zu agieren und Entscheidungen zu treffen. Leadership passiert nicht nebenbei, sondern will gelernt sein. Es ist ein ehrliches Interesse an der Persönlichkeit, am Gegenüber. Gute Führung beherrscht effektive Kommunikation aus Zuhören und regelmäßigem konstruktiven Feedback. Zudem fördert gute Führung ein Umfeld der Zusammenarbeit, des Teamspirits, der Offenheit und des Vertrauens im Umgang mit Kollegen. Eine gute Führungskultur setzt ethische Wertestandards und gibt Orientierung.

Gehen wir einmal weg von der Arbeitswelt der Zukunft. Wie stelle ich als Privatperson für mich selbst sicher, zukunftsfähig zu werden und zu bleiben?

Optimistisch bleiben und Resilienz üben. Dabei ist es aber wichtig, in Krisenphasen nicht abzustumpfen, sondern weiterhin auch Emotionen zuzulassen. Der Schlüssel hierbei ist mentale Stärke. Es ist in Ordnung, Respekt vor der Zukunft zu haben. Jedoch sollten wir die Zukunft mit unseren Möglichkeiten mutig gestalten. Zudem ist die wichtigste Kompetenz, neue Kompetenzen zu erlernen. Lebenslanges Lernen ist der Schlüssel. Hilfreich bei allem ist es, sich Verbündete zu suchen und sich darauf zu fokussieren, was uns eint. Ego hat keine Zukunftsfähigkeit.

Hast du als Teil der U30-Society konkret Wünsche an die (Arbeits-)Welt der Zukunft?

Zum einen, dass wir generationenübergreifend arbeiten. Indem wir das wertvolle Wissen der Boomer-Generation bewahren und mit den Ideen und Fähigkeiten der jüngeren Generationen verbinden, schaffen wir eine starke Grundlage im Zusammenspiel. Es gilt in alle Richtungen voneinander und miteinander zu lernen. Dafür muss jede*r es als selbstverständlich erachten, von jedem Mitmenschen lernen zu können.

In einer Welt, die immer mehr von Unsicherheiten geprägt ist, braucht es daher Führungspersönlichkeiten, die stabil sind, die diese Unsicherheiten aushalten, dabei nie den Fokus verlieren und mit Empathie andere führen können. Und mehr denn je braucht es Menschen mit Wertegerüst, die für ihre Themen einstehen, ihre Stimme erheben, sich für Demokratie einsetzen.

Wie kann sich unser Bildungssystem dem annehmen?

Politik und Lehreinrichtungen müssen sich auf anderes Lernen einstellen. Dafür muss der Lehrberuf und die Bildung in Summe neu gedacht werden. Das Bildungssystem muss heute – und morgen umso mehr – auf ein komplett anderes Leben vorbereiten, als aktuell der Fall ist. Die Art und Form der Bildung verändert sich. Leider sind Lehrpläne und Prüfungsformate veraltet. Bildung legt jedoch den Grundstein für Zukunftsfähigkeit. Als Land können wir es uns nicht leisten, hierbei hinterherzuhinken. Wir müssen weg von der reinen Wissensvermittlung, hin zur Unterstützung bei der Informationsbewertung. Im Zusammenspiel zwischen Mensch und Maschine ergeben sich viele Chancen. KI kann genutzt werden, um den individuellen Lernbedarf von Schüler:innen zu erkennen und ihnen maßgeschneiderte Lerninhalte anzubieten. Es können interaktive Lernumgebungen geschaffen werden, einschließlich Virtual Reality (VR) und Simulationen, die Schüler:innen ein immersives und praktisches Lernerlebnis bieten. KI kann zudem Lehrkräfte entlasten, indem sie administrative Aufgaben wie die Bewertung von Tests automatisiert, und KI-gesteuerte virtuelle Assistenten können Schüler:innen zusätzlich zur Verfügung stehen.

Obwohl KI in der Schule viele Möglichkeiten bietet, den Lernprozess zu unterstützen, bleibt die Rolle der Lehrkraft unverzichtbar. Die Integration von KI sollte darauf abzielen, die Lehrer:innen in ihren Aufgaben zu unterstützen und zu entlasten, sodass sie sich auf die individuelle Betreuung der Schüler und die Förderung eines ganzheitlichen Lernumfelds konzentrieren können.

Über Isabell Fries

Isabell hat am Bodensee und in Kopenhagen studiert und an der University of Cambridge zu Future Skills geforscht. Sie ist Expertin für Kommunikation und Lebenslanges Lernen, inspiriert als TEDx-Speakerin Menschen in Bezug auf Zukunftsfähigkeiten und hat diverse herausragende Stationen in den Bereichen Politische Kommunikation und Business Development hinter sich. Future Skills & digitale Bildung sind ihre Herzensthemen.

11   Wissen hilft!

Über den Umgang mit Unsicherheiten, Krisen und Herausforderungen

Im Interview mit Angelika Werner, Vizepräsidentin Strategic Relations an der Frankfurt School

»Wir sollten neuen Entwicklungen mit Freude begegnen«, so Angelika Werner, Vizepräsidentin Strategic Relations an der Frankfurt School of Finance & Management. Doch dies sei, dessen ist sich die Frankfurterin bewusst, alles andere als ein einfaches Unterfangen – angesichts der zahlreichen, parallelen hoch komplexen Krisen. So plädiert sie dafür, sich schlauzumachen, sich mit Hintergründen auseinanderzusetzen und den eigenen Wissensstand ständig zu erweitern. Auch betont sie die zentrale Rolle von Netzwerken: »Im Gespräch können wir eigene Haltungen reflektieren und Chancen entdecken.«

Was fordern Unternehmen aktuell von der Frankfurt School und ihren Absolvent*innen?

Unternehmen sind mit diversen transformatorischen Herausforderungen konfrontiert: Einsatz von KI und Entwicklung neuer Produkte oder kompletter Geschäftsmodelle, dynamische Formen der Zusammenarbeit durch mobiles Arbeiten, Nachhaltigkeit und obligatorische Zertifizierungen, Wünsche und Erwartungen von Nachwuchskräften etwa an Unternehmenswerte und -kultur, Arbeitskräftemangel, gestiegene Energiekosten und Inflation. Unsere Aufgabe ist, Menschen das notwendige Rüstzeug zu vermitteln, damit sie die umfassenden zahlreichen Veränderungen verstehen sowie Risiken und vor allem Potenziale für ihre Unternehmen erkennen und umsetzen. Neben der Vermittlung von Methoden und Wissen ist es also wichtig, Praxisbezug herzustellen. Fallstudien, Gastvorträge von Managern und Unternehmern und natürlich Praktika sind fester Bestandteil unserer Studiengänge. So können Studierende das Gelernte anwenden, es auf eine sich schnell wandelnde Welt transferieren und mit dieser Schritt halten.

Wie kann man Menschen ausbilden, um sie für diese Vielzahl an Herausforderungen bestmöglich zu rüsten?

Wissen bildet ein Fundament und gibt Stabilität, um mit Veränderungen und Unsicherheit umzugehen. Wir wissen vieles im Moment nicht. Wie sich KI tatsächlich auf unser Leben und Arbeiten auswirken wird, ist zum Beispiel nicht absehbar. Von daher ist es notwendig, sich immer wieder neues Wissen anzueignen und sich mit Veränderungen auseinanderzusetzen – und dies in gewisser Weise zu üben. So erwirbt man Resilienz, um mit Unsicherheiten umzugehen.

Inwieweit zahlt unser Bildungssystem darauf ein?

Das öffentliche Schulsystem bereitet Kinder leider kaum auf die Komplexität der Welt vor. Unterschiedliche Studien und Erhebungen zeigen dies immer wieder deutlich. Das liegt etwa an fehlender Infrastruktur oder daran, dass wirtschaftliche Zusammenhänge nicht ausreichend vermittelt werden. Lehrermangel kommt hinzu. Auch angesichts des Fachkräftemangels ist es eine Katastrophe, dass immer noch viele Jugendliche die Schule ohne Abschluss verlassen. 2021 waren es 6,2 %. Insbesondere Kinder aus bildungsfernen Familien sind betroffen. Wir schaffen es nicht, Kinder wirklich individuell abzuholen und zu fördern.

Womit können wir als Privatpersonen uns jetzt beschäftigen, um mit der aktuellen Lage bestmöglich umgehen zu lernen und auf eine ungewisse Zukunft vorbereitet zu sein?

Einmal brauchen wir Freude, Lust und Mut, neuen Entwicklungen zu begegnen. Gerade die Digitalisierung kann unser Leben leichter machen. Natürlich fällt es schwer angesichts des Kriegs und der vielen Menschen, die wegen Hungersnöten oder Naturkatastrophen ihre Heimat verlassen müssen, positiv zu bleiben. Manche Angst kann man gut nachvollziehen, etwa die um den eigenen Arbeitsplatz. Es geht also um Resilienz, um Widerstandsfähigkeit, für die es die Bereitschaft zum Lernen, also zur tiefen Auseinandersetzung mit Veränderung, braucht. Je mehr man etwa über KI weiß, desto besser kann man einschätzen, was es konkret, für mich selbst und mein Umfeld, bedeutet. Ebenso sind ein stabiles soziales Umfeld, also Familie und Freunde, sowie verlässliche Netzwerke zentral. Leider haben viele Menschen immense Erwartungen an Netzwerke oder wünschen sich, direkt und sofort einen persönlichen Nutzen zu ziehen. Sie vergessen, dass sich ein Mehrwert zumeist mittelfristig und vielleicht auch eher implizit ergibt. Doch im persönlichen Austausch kann ich die eigene Haltung, eigene Unsicherheiten adressieren und hinterfragen, so meinen Horizont weiten und neue Perspektiven erlangen, die vielleicht Orientierung bieten.

Über Angelika Werner

Angelika Werner studierte Englische/Amerikanische Literaturwissenschaften und Politikwissenschaften an der Universität Konstanz und der University of Sussex. Am IMD, der Harvard Business School und der IESE Business School absolvierte sie verschiedene Executive-Education-Programme. Ihre Karriere startete sie in der Unternehmenskommunikation des IT-Dienstleisters EDS. Im Jahr 2001 wechselte sie zur Frankfurt School, wo sie die Unternehmenskommunikation, die Alumniarbeit und das Fundraising aufbaute. Das PR Magazin und Media Tenor zeichneten ihre nationale und internationale Medienarbeit aus; ihr Corporate Publishing wurde international mit dem Circle of Excellence Award in Bronze des CASE (Council for Advancement & Support of Education) geehrt. Heute verantwortet sie als Vizepräsidentin Strategic Relations die Unternehmenskommunikation, das Fundraising sowie das Konferenz- und Verlagsgeschäft der Frankfurt School.

Quellen

Statistisches Bundesamt (2023). Zahl der Woche Nr. 27 vom 4. Juli. Verfügbar unter: https://www.destatis.de/DE/Presse/Pressemitteilungen/Zahl-der-Woche/2023/PD23_27_p002.html. Zugriff am 26.07.2023.

12 Overachieving, Selbstoptimierung und Karriereentwürfe

Ein Einblick in die Erwartungen der Gen Z an ihren Einstieg in die Arbeitswelt

Von Lola Rogaczewski, 17, Schülerin

Lola Rogaczewski ist 17 Jahre alt und besucht die 12. Klasse eines sozialwissenschaftlichen Gymnasiums. Seit sie die Realschule mit Auszeichnung für herausragende Leistungen abgeschlossen hat, verfolgt sie den Wunsch, ein Studium aufzunehmen, weshalb sie sich für die Gymnasiallaufbahn entschieden hat. Die eigenen Ambitionen rühren vom Wunsch, sich zu beweisen und etwas aus sich zu machen, vom Leistungsdruck durch Mitschüler*innen, die durch gute Leistungen glänzen, aber auch durch die in den sozialen Medien gezeigten perfekten Lebensläufe, diversen Bestenlisten und Rankings, die sich allesamt um Errungenschaften unter einer bestimmten Altersgrenze drehen und um den ständigen Vergleich miteinander in einer Gesellschaft, die alles transparent zu dokumentieren und Leistung als höchstes Gut zu werten scheint. Der Blick auf die sozialen Netzwerke und der Drang, dort präsent zu sein, haben sich durch die vergangenen Jahre, die die 17-Jährige pandemiebedingt überwiegend mit Heimunterricht und oftmals unzureichender Digitalkompetenz seitens des deutschen Bildungssystems sowie von ihren Mitschüler*innen und Freund*innen getrennt zuhause verbracht hat, deutlich verstärkt.

Für dieses Buch gibt sie einen Einblick in die Wünsche und Erwartungen, die sie an ihr zukünftiges Arbeitsleben hat, und Entscheider*innen aus der Wirtschaft somit ungefiltert Einblicke in die Gedanken- und Gefühlswelt jener Generation, auf die sich die Unternehmen und höheren Bildungseinrichtungen jetzt und in den kommenden Jahren einstellen können.

Erwartungen an die Zukunft
Nach dem Abitur möchte ich zuerst für ein Jahr mit »Work and Travel«, als Au Pair, im Ausland verbringen. Zunächst, um eine kleine Pause zwischen Schule und Studium einzulegen, aber auch, weil ich der Meinung bin, dass sich ein Jahr im Ausland gut in meinem Lebenslauf machen wird. Für mich geht es darum, so attraktiv wie möglich für künftige Arbeitgeber zu wirken, da die Messlatte zu meinen Mitschüler*innen relativ hoch liegt. Dadurch, dass jeder ein Fremdsprachenzertifikat, Ehrungen für besonders gute Noten oder außerschulisches Engagement vorweisen kann, scheint es mir schwer, etwas zu finden, was meinen Lebenslauf für den Berufseinstieg hervorheben würde. Nach Abschluss des Auslandsjahres habe ich vor, einen dualen Studienplatz zu finden, da das Gehalt während des Studiums und die Abwechslung zwischen Theorie und Praxis Argumente sind, die mich überzeugen, dafür auch auf Semesterferien zu verzichten.

Ich würde auf einer digitalen Plattform nach einem Studienplatz suchen, einer wie Stepstone oder Indeed. Dort werden die Angebote kurz und übersichtlich aufgeführt, was es einfach macht, etwas Ansprechendes zu finden. Mit »ansprechend« meine ich für mich persönlich, wenn direkt darunter »Online-Bewerbung« oder »Schnellbewerbung« steht, ein Gehaltsband mit aufgeführt und knapp aufgezählt wird, was mich inhaltlich erwarten wird und was ich mitbringen soll.

Ich möchte eine gewisse Sicherheit in meinem zukünftigen Berufsleben. Dies äußert sich in Übernahme nach dem Studium, festem und gerechtem Gehalt und ich erwarte, dass ich für die Arbeit keinen Standortwechsel vollziehen muss, wenn ich dies nicht will. In meinem Arbeitsalltag wünsche ich mir Abwechslung, ich fände es überhaupt nicht schön, wenn ich den ganzen Tag nur am Schreibtisch säße. Ich wünsche mir Teamarbeit und Kommunikation untereinander, beispielsweise bei Projekten, welche im Team erarbeitet werden, sodass man sich mit den Tätigkeiten abwechseln kann. Aber auch ganz allgemein gesehen finde ich die Abwechslung durch Ausübung verschiedener Tätigkeiten anregend, denn Flexibilität am Arbeitsplatz ist mir wichtig. Eine moderne Arbeitsumgebung und Arbeitsutensilien, wie geeignete Laptops oder Tablets, setze ich ebenfalls voraus. Bei der Arbeitsumgebung denke ich an Großraumbüros oder offene Arbeitsflächen gemeinsam mit anderen Teammitgliedern. Mal den festen Schreibtisch verlassen zu können und von woanders aus zu arbeiten, wie beispielsweise in Verbindung mit einem direkt anschließenden Urlaub irgendwo auf der Welt, wäre ein Bonus.

Für mich soll mein zukünftiger Arbeitsplatz auch ein Raum sozialer Interaktion sein, weswegen ich eine offene Fläche Einzelbüros vorziehen würde. Bei modernen Arbeitsutensilien schließe ich auch die Digitalisierung mit ein, denn durch die verschiedenen Technologien entsteht nochmals eine ganz andere Arbeitsatmosphäre und man kann seine Arbeit überall mit hinnehmen. Es sollte zum Zeitpunkt meines Einstiegs in die Arbeitswelt kein Problem mehr sein, den Großteil der Dokumente digital zur Hand zu haben und bearbeiten zu können.

Wenn es um Karriere geht, möchte ich genug Möglichkeiten haben, um aufzusteigen. Ich möchte neue Aufgaben und Stück für Stück mehr Verantwortung übernehmen sowie mir eine höhere Stellung erarbeiten können. Alles in allem freue ich mich bereits sehr auf den Berufseinstieg nach meinem Schulabschluss und habe eine recht genaue Vorstellung davon. Diese reicht aus, mich jetzt dazu zu motivieren, mein letztes Schuljahr mit besonders guten Noten abzuschließen und mich auch in außerschulischen Aktivitäten wie »Jugend forscht« oder Schülerpraktika in meinem avisierten Berufsumfeld, in meinem Fall der Pharmabranche, auszuprobieren. So möchte ich mich nicht nur auf den Berufseinstieg vorbereiten und weiter motiviert bleiben, sondern vor allem auch dem hohen Anspruch an mich selbst und im Wettbewerb mit meinem Umfeld gerecht werden.

Über Lola Rogaczewski

Lola Rogaczewski besucht aktuell die 12. Klasse eines sozial-wissenschaftlichen Gymnasiums. Seit die 17-Jährige die Real-schule mit Auszeichnung für herausragende Leistungen abgeschlossen hat, verfolgt sie ihr Wunschziel, ein Studium aufzunehmen, weshalb sie sich für die Gymnasiallaufbahn entschieden hat. Für ihre Zukunft plant sie ein Studium im Fach Chemie, um danach in die Pharmaforschung gehen zu können.

13 So tickt die Gen Z wirklich: Das ist dran an den Vorurteilen

Im Interview mit Johanna Heise, 24, Head of Brand, heise, und Lisa Hoffmann, 27, Senior Consultant Public, Deloitte

Die verschiedenen Kapitel dieses Buchs geben einen Einblick in die Gedanken und Gefühle verschiedener U30-Talente zu aktuell relevanten Themen und Fragestellungen rund um die Zukunft der Arbeit. Als jene Generation, die den betrachteten Zeitraum der nächsten zehn bis fünfzehn Jahre maßgeblich ausgestalten und durchleben wird, sollte diese Perspektive als wichtige Ergänzung und Entscheidungsbasis allen bekannt sein, die Entscheidungen zu treffen haben. Zudem bin ich der Meinung, dass das Wissen um diese Sichtweisen dabei helfen kann, ein konstruktives Miteinander zu fördern. Dieses scheint nicht zuletzt durch die mediale Berichterstattung eben jenes Miteinanders – beziehungsweise beinahe schon Gegeneinanders, wenn man dem Tenor vieler Artikel glauben mag – nicht ohne Weiteres zu funktionieren.

Dass die jungen Wilden von den vorhergehenden Generationen kritisch beäugt oder belächelt werden, ist dabei nichts Neues. Neu ist lediglich, auf wie vielen Plattformen und mit welcher Reichweite dies heutzutage geschieht. Und wie immer gilt dabei: Gerade jene, die unzufrieden sind, äußern sich besonders laut und prägen entsprechend die Tonalität der Debatte. So liest man von Topmanager*innen, die frustriert ob der fehlenden Arbeitsmoral der jungen Nachrücker*innen sind, von Hiring Manager*innen, die nicht damit umgehen können, dass sie sich auf dem Arbeitnehmermarkt schwertun, mit der Konkurrenz mitzuhalten, und von Chef*innen, die die Möglichkeiten flexibler Arbeitszeiten zugunsten der Lebensgestaltung von Arbeitnehmenden verteufeln und überhaupt einfach unzufrieden sind. Wovon man aber wenig bis gar nichts liest, sind die vielen Fälle von jungen Arbeitskräften, die sich absolut durchschnittlich verhalten, die durchschnittlich pünktlich, durchschnittlich motiviert, durchschnittlich begabt sind. Von den Fällen, die etwas über oder unter dem Durchschnitt liegen, so wie schon viele zuvor und sicher auch viele nach ihnen. Von denen, über die man eben einfach nicht zu schreiben braucht, weil es so passt, wie es ist. So eine Story wäre auch einfach langweilig zu lesen. Aber es gibt sie: Die Menschen der Gen Z, die es zwar nicht auf die Bestenlisten des Landes geschafft haben, aber trotzdem einen guten Job machen. Die nicht von Leitmedien auf Titelseiten als Wunderkinder bezeichnet werden, aber dennoch wertvolle Teammitglieder an ihrer Arbeitsstätte sind. Und jene, die jetzt nicht gerade gut für Atmosphäre oder Ergebnis sind, aber den Schnitt auch nicht unbedingt herunterziehen.

Sie wissen möglicherweise, worauf ich hinauswill: Die Generation Z lässt sich, wie auch jede Generation vor und nach ihr, nicht über einen Kamm scheren. Die Menschen dieser Generation sind, so würde ich behaupten, genauso engagiert, durchschnittlich oder faul wie alle anderen auch. Lediglich die Welt, in der sie sich wiederfinden, verändert sich in einem nie dagewesenen Tempo und in eine ebenso nie in dieser Form dagewesene besorgniserregende Richtung. In Reaktion auf die Rahmenbedingungen versucht diese Generation nun also, sich durch die verschiedenen Etappen des Lebens zu navigieren. Und die Art, wie sie dies tut, sorgt für einige interessante Vorurteile, die wir in diesem Kapitel genauer betrachten werden. Johanna Heise, 24 Jahre alt und Head of Brand im Familienunternehmen heise, und Lisa Hoffmann, 27 Jahre alt und als Senior Consultant bei einer Big-4-Beratung tätig, reagieren auf den folgenden Seiten auf drei gängige Vorurteile gegenüber ihrer Generation und erzählen, was an diesen dran ist, wo sie möglicherweise herkommen und auch, was es mit ihnen und ihrer Generation macht, so etwas über sich gesagt zu bekommen.

Vorurteil 1: Die Generation Z hängt nur noch an ihren Smartphones und pflegt keine echten sozialen Kontakte mehr.
Johanna: Die Bildschirmzeit von uns allen ist in den vergangenen 15 Jahren unbestreitbar und jedes Jahr weiter deutlich angestiegen. Schon allein dadurch, dass viele von uns primär am Bildschirm, sei es am Laptop, Tablet, Smartphone oder einem sonstigen mobilen Endgerät, arbeiten. Und dies hört mit Feierabend nicht auf, denn auch unser aller Privatleben spielt sich mittlerweile zu einem nicht unbedeutenden Teil online ab. Dies ist übrigens aus meiner Sicht absolut kein Generationenthema. Ich beantworte die Frage aber natürlich aus meiner, einer Gen-Z-Perspektive. Und aus meiner Sicht hat die digitale Vernetzung meine sozialen Kontakte eher noch verstärkt. Wir bleiben über unsere Smartphones mit Freunden und Familie in Kontakt, egal wo auf der Welt wir uns befinden. In Echtzeit und hochauflösend. Außerdem lernt man heutzutage auch viele Menschen im virtuellen Raum kennen und holt diese Kontakte erst im zweiten, dritten oder zehnten Schritt in die analoge Welt. Sind sie dadurch weniger echt?

Was es bei alldem durchaus kritisch für uns als Gesellschaft und nicht zuletzt auch im Kontext der Arbeit der Zukunft zu betrachten gilt, ist, wie sich unsere Kommunikationsfähigkeiten durch die Zeit im virtuellen Raum verändern. Plattformen wie TikTok sorgen international für das Aufkommen und Verbreiten von Begriffen, sei es durch eine Durchmischung verschiedener Sprachen oder die Schaffung komplett neuer Worte, die sich durch virale Videos rasend schnell verbreiten und im Sprachgebrauch ganzer Generationen verankern. Auch Umgangsformen verändern sich durch die Art des Umgangs im Netz. Anreden und Grußformen sind in Chatforen nicht präsent und schaffen es bei vielen Berufseinsteigern so auch nicht in die Welt von Corporate Slack und Co. Ich habe es nicht selten miterlebt, dass durch diese Veränderungen in der Kommunikation Konflikte zwischen Menschen verschiedener Generationen am Arbeitsplatz entstehen, da beispielsweise die fehlende Anrede als unhöflich wahrgenommen wird.

Das bedeutet nicht, dass das eine oder andere richtig ist. In der Kommunikation findet kontinuierlich ein Wandel statt. Aber es bedeutet, dass man sich mit dem Thema auseinandersetzen und sich der potenziellen Schwierigkeiten bewusst werden sollte, um damit umgehen zu können.

Lisa: Was oft unterschätzt wird, ist das Bewusstsein der Generation über ihr Medienverhalten. Wir setzen uns beispielsweise bewusst Fokuszeiten und Auszeiten und hinterfragen somit unser Verhalten aktiv. Zudem ist die Medienkompetenz mit Sicherheit mit die höchste im Vergleich zu anderen Generationen. An dieser Stelle muss man jedoch auch klar sagen, dass das, so wie alles, nicht auf alle Menschen einer Generation zutrifft. Und auch wenn die Kompetenzen da sind, auch wenn das Bewusstsein da ist, könnte beides noch besser, noch differenzierter, noch kritischer sein. Perspektivisch werden sich Realität und virtuelle Welt noch viel stärker vermischen, dann stellt sich nicht die Frage, ob man etwas im virtuellen oder analogen Raum erledigt, sondern ob man sich in der virtuellen Welt verliert oder eben zurechtkommt. Die Frage wird sein, ob man das eigene Technologieverhalten steuern kann oder ob man gesteuert wird. Medienkompetenz ist also eine zentrale Kernkompetenz in der (Arbeits-)Welt der Zukunft. Und eigentlich auch schon heute.

Zum Thema der sozialen Kontakte haben analoge Treffen mit Freunden und Familie für uns alle weiterhin einen hohen Stellenwert. Es ist jedoch deutlich schwerer geworden, da sich unsere Leben nicht mehr in einem kleinen Radius voneinander, sondern national und sogar global verteilt abspielen. Der virtuelle Raum gibt uns so die Möglichkeit, Kontakte zu halten, die früher vielleicht an der Entfernung zerbrochen wären. Aus meiner Sicht ist es zudem deutlich schwerer geworden, Menschen im analogen Raum kennenzulernen. Vereinsleben oder Ehrenämter, also Orte, an denen diese Begegnungen früher stattgefunden haben, haben abgenommen. Der digitale Raum kann ein sinnvoller Ersatz für den Erstkontakt sein, wobei es diese digitalen Kontakte dann jedoch irgendwann auch mal ins analoge Leben zu holen gilt. Insbesondere während Corona, in der wir prägende Jahre zuhause verbracht haben, haben wir alle gemerkt, wir wichtig uns das Sozialleben ist. Wer seinen Abiball oder die Studentenzeit über Zoom erlebt hat, zweifelt nicht daran, dass analoge Treffen wertvoll sind und es ein Leben neben dem Bildschirm braucht. Unterm Strich gilt wie bei allem: Man muss sich dessen bewusst sein, womit man seine Zeit verbringt, was das mit einem macht und welche Chancen, aber auch Risiken dies birgt. Und dann gilt es sich auf die Chancen zu fokussieren.

Vorurteil 2: Die Generation Z ist faul, hat keine Lust mehr zu arbeiten und fordert dabei sehr viel.
Johanna: Ich erlebe diese Generation als sehr engagiert für Themen, die ihr wichtig sind. Wir setzen uns für Umweltschutz ein, engagieren uns ehrenamtlich und streben

nach persönlicher Weiterentwicklung. Ich glaube nicht, dass der Anteil an faulen Menschen höher ist als in anderen Generationen und wie mit allem macht eine Verallgemeinerung nur bedingt Sinn. Die ältere Generation hat immer eine Meinung über die nachkommende. Und diese dabei stattfindende Pauschalisierung einer ganzen Generation stört mich persönlich sehr. Sie ist der Ursprung für viel Missverständnis und Neid. Wir haben generell eine viel zu ausgeprägte Neidkultur. Anderen wird ein Vorteil nicht gegönnt, wenn man selbst diesen nicht hatte. Das beste Beispiel ist aktuell alles rund ums flexible Arbeiten. Ein gern gewähltes Argument gegen Homeoffice ist der Fakt, dass dies nicht in jedem Berufsbild möglich ist. Und deshalb soll niemand davon profitieren? Wo ist da die Lösung? Warum freuen wir uns nicht füreinander, insbesondere, wenn wir selbst davon nicht mal einen Nachteil haben?

Auch die Aussage, dass die Gen Z keinen Bock hat, sich anzustrengen und zu arbeiten, finde ich mehr als bedenklich. Wieso muss Arbeit so negativ konnotiert sein, um als richtig zu gelten? Wieso muss ich angestrengt sein? Ich wäre lieber gefordert, befinde mich in einem Wachstumszustand. Anstrengung klingt nach einem wenig nachhaltigen Zustand mit Gratisticket Richtung Burn-out. Es gibt auch in dieser Generation viele ambitionierte Nachwuchskräfte, davon bin ich überzeugt. Ich sehe es aber auch als Arbeitgeberaufgabe, diese zu identifizieren, zu fördern und die Ambitionen mit beizubehalten. Um eine ambitionierte Arbeitskraft zu werden, muss man nach dem Schulabschluss jedoch auch erstmal einen passenden Job finden. Auch auf einem Arbeitnehmermarkt ist es nicht so ohne Weiteres einfach, einen passenden Job zu finden. Viele der attraktiven Arbeitgeber stellen aktuell nicht ein, die Wirtschaftslage sorgt für viele Entlassungen und so richtig frei fühlt sich der Markt auf Arbeitnehmerseite ehrlicherweise nicht an.

Unternehmen, die sich schwertun, die richtigen Kandidat*innen en zu finden, sollten sich fragen, ob sie auf den richtigen Kanälen unterwegs sind. Von Social Media, insbesondere LinkedIn, bis Bildungseinrichtungen wie Universitäten oder Schulen gibt es hier genug Möglichkeiten, sich als AG zu positionieren. Dort angekommen ist es wichtig, den High Potentials aufzuzeigen, dass sie eine Lern- und Entwicklungskurve haben werden, wenn sie die angebotenen Chancen ergreifen. Natürlich ist dies auch eine Holschuld der Kandidaten, aber ohne Wissen darüber, was möglich ist, wissen die Nachwuchskräfte schließlich auch nicht, wonach sie fragen können. Man muss den Menschen Ideen und Impulse geben, um sie zu befähigen zu träumen. Dies ist auch eine wichtige Führungsaufgabe, auf die Führungskräfte vorbereitet sein müssen. Bei Freiheit geht es um Inhalte, aber auch Rahmenbedingungen. Essenziell dafür ist Vertrauen. In die eigenen Personalentscheidungen und in die Entscheidungen, die dieses Personal dann trifft. Als Beispiel aus meinem Umfeld: Wir investieren viel in Coaching-Maßnahmen und vertrauen darauf, dass die Menschen im gegebenen Rahmen mit ihrer Expertise den richtigen Weg finden. Jetzt kann man natürlich einem kompletten

Berufsanfänger nicht direkt alle Freiheiten geben und erwarten, dass die Person weiß, was genau zu tun ist oder wie man sich selbst organisiert. Denn Fakt ist: In der Schule lernen wir nicht, wie man an komplexe Problemstellungen herangeht, wie man hinterfragt, mitdenkt und selbstbestimmt handelt. Hier kommt wieder gute Führungsarbeit ins Spiel. Führungskräfte müssen coachen können, sie müssen erkennen, welcher Mitarbeitende in welchem Kontext wie viel und welche Art der Führung braucht, und nach individuellem Bedürfnis handeln.

Lisa: Die Gen Z möchte nicht arbeiten, aber wenn sie doch möchte, möchte sie zu viel. Das klingt, als könnte man es jenen, die das gesagt haben, einfach nicht recht machen. Ich hoffe, der Widerspruch in diesem Vorurteil ist jedem klar?

Um einen persönlichen Erfahrungsbericht zu ergänzen, denn mir ist das Vorurteil mehr als bekannt, da ich, wie viele andere meines Alters, im Arbeitskontext oft unterschätzt werde, oder direkt getestet wird, ob ich dem Vorurteil entspreche: Wenn die Rahmenbedingungen stimmen, bin ich hochmotiviert und gebe alles, um Ziele zu erreichen. Umgekehrt lasse ich mir aber vieles nicht gefallen und habe auch keine Skrupel, mich zu verändern, wenn die Rahmenbedingungen nicht oder nicht mehr stimmen. Von Sichtweisen wie dieser kommt sicher auch das Vorurteil der Sprunghaftigkeit der Gen Z, um noch ein weiteres Vorurteil ins Gespräch zu bringen. Ich sehe es jedoch eher als das nötige Selbstbewusstsein, sich selbst ein Umfeld zu erlauben, welches die eigene Entwicklung fördert und fordert, aber auch Freude bereitet. Drei Faktoren, die aus meiner Sicht jede*r einfordern darf und sollte.

Menschen, die mit Berufseinsteiger*innen oder generell mit Menschen mit einem größeren Altersunterschied zusammenarbeiten, und insbesondere, wenn dies in einer Führungsbeziehung passiert, empfehle ich, sich regelmäßig zu hinterfragen, ob sich Vorurteile, wie das hier diskutierte, in die eigene Denkweise eingeschlichen haben. Dann kann es förderlich sein, den direkten Dialog zu suchen, die Person kennenzulernen und zu verstehen, dass Vorurteile vielleicht einen wahren Ursprung haben, jedoch auch vieles überspitzt und pauschalisiert dargestellt wird. Niemandem ist geholfen, wenn wir die Fronten zwischen den Generationen verhärten. Wir haben keine andere Option als generationenübergreifend zusammenzuarbeiten. Wenn wir uns auf die jeweiligen Besonderheiten fokussieren und Neues als Chance verstehen, profitieren wir alle. Unterm Strich steht und fällt alles mit guter Kommunikation und Offenheit.

Was den Part der hohen Forderungen bei wenig Leistung angeht, möchte ich mit der These dagegenhalten, dass es bisher einfach sehr unüblich war, überhaupt Forderungen zu stellen. Insofern fällt jede Forderung auf und wird als viel wahrgenommen. Dass Arbeitnehmer früher weniger eingefordert haben, hat viele Gründe. Dass es ihnen nicht zustand, ist keiner davon. Und genau das haben heute viele Arbeitskräfte erkannt und handeln logischerweise entsprechend. Das Mindeste ist es, die Umsetzung getroffener Abmachungen einzufordern. Dass man das überhaupt aktiv machen muss, wenn die Zusage dazu ja bereits getroffen wurde, finde ich schon eher schwierig. Aber manchmal gehen Themen unter und entsprechend sollte man insbesondere hier als Arbeitsnehmer klar einfordern, was abgestimmt wurde. Wenn sich Arbeitgeber daran stören, sollten diese sich dringend einmal hinterfragen, wieso. Schließlich haben sie die Abstimmung gemeinsam mit dem Arbeitnehmer bzw. der Arbeitnehmerin getroffen. Liegt es daran, dass sie selbst im gleichen Alter sich das nicht getraut hätten und sie dies entsprechend auch niemandem sonst gönnen möchten? Dass sie das Gefühl haben, die Mitarbeiter*innen hätten dies nicht verdient? Liegt es am Alter, an der Dauer der Unternehmenszugehörigkeit?

Alter und Kompetenz haben nicht unbedingt etwas miteinander zu tun. Wenn ein Mensch jung und gut in dem ist, was er macht, wieso dann nicht fördern und befördern? Wer verliert dabei? Umgekehrt, wenn das nicht passiert, wird die Person mit Sicherheit jemanden finden, der das Potenzial sieht und zu schätzen weiß, – und gehen. Die Generation Z hat das Standing, einzufordern, was aus meiner Sicht selbstverständlich sein sollte. Das ist vielleicht ungewohnt, aber macht es nicht falsch.

Vorurteil 3: Die Generation Z zeigt weder Ausdauer noch Durchhaltevermögen, da sie gewohnt ist, alles sofort zu bekommen. Sie ist verweichlicht.
Johanna: Ich persönlich empfinde es als relativ heftig, mit welcher Härte und welch abwertendem Ton oft über junge Menschen gesprochen wird, anstatt eine Veränderung als Chance zu begreifen. Wenn man als verweichlicht gilt, weil man sich weigert, schnurstracks auf den ersten Burn-out mit Ende 20 hinzuarbeiten, dann stimmt etwas mit unserer Wahrnehmung als Gesellschaft nicht. Nicht zu akzeptieren, sich kaputt zu arbeiten oder unglücklich zu sein, hat rein gar nichts mit Verweichlichung zu tun. Und sollte definitiv nicht als Maxime guter Arbeit gesehen werden. Hier wurzelt, meine ich, aber wieder viel im Thema der Neidkultur: »Wieso musste ich mich damals kaputt arbeiten und durch diese harte Schule gehen, aber die Jugend heute hat es so schön?« Nachvollziehbarer Gedanke, aber dadurch nicht weniger falsch.

Hinter der Bezeichnung der Generation Hafermilch, die mir bei dem Vorurteil direkt noch in den Sinn kommt, steckt auch eine ähnlich abschätzige Haltung, die ich sehr, sehr erschreckend finde. Aus dem Versuch, Alternativen zu finden, die alle Beteiligten entlang der Wertschöpfungskette – inklusive des Planeten und der Tierwelt – bestmöglich wegkommen lassen, eine Zielscheibe für Wut und Ablehnung werden zu lassen, darauf muss man erstmal kommen. Der Wunsch, einen Planeten zu erhalten, auf dem man leben kann, ist nichts, was despektierlich behandelt werden sollte. Wir sind durch diese Gedanken und Bemühungen aus meiner Sicht als Gesellschaft umsichtiger, achtsamer und dabei nicht ineffizienter geworden. Ansätze wie Impact Investment zeigen, dass man einen positiven Einfluss und wirtschaftlichen Erfolg vereinen kann, und aus meiner Sicht muss dies auch sein, um nach vorne heraus irgendwo zu landen. Hafermilch statt Kuhmilch zu konsumieren wird gerne belächelt, heruntergemacht und aus irgendeinem Grund mit Schwäche konnotiert – von den älteren Generationen gerne genutzt als gutes Beispiel dafür, wie kurzsichtig und schädlich die Sichtweise der verweichlichten Generation für die Gesellschaft eigentlich ist. Den Wunsch, eine lebenswerte Welt für uns alle zu schaffen bzw. zu erhalten, aber abwertend in dem Endprodukt Hafermilch zusammenzufassen und diesen damit als lächerlich darzustellen, ist, wenn man mal darüber nachdenkt, ehrlicherweise ein Armutszeugnis für jene, die diesen Tenor verbreiten. Nichts daran ist lächerlich, rational betrachtet geht es hier erstmal nur um eine Produktentscheidung. Diese steht sinnbildlich natürlich noch für viel mehr, aber auch das hat rein gar nichts Lachhaftes an sich. Dennoch haben sich überraschend viele Menschen darauf verständigt, dieses Bild zu nutzen, um eine Generation herunterzumachen. Eine Eigenschaft, die nebenbei bemerkt, wohl niemandem hilft.

Unterm Strich müssen wir einfach weniger übereinander und mehr miteinander reden, Begegnungsstätten und sichere, vorurteilsfreie Räume für diesen Austausch schaffen und auch die bereits erwähnte Kommunikationskompetenz dafür mitbringen. Vorurteile und diese künstlich gezogenen Gräben zwischen den Generationen bringen uns nicht weiter. Es geht darum, Menschen als Individuen zu sehen, die individuellen Talente und Potenziale anzuerkennen und mit den vorhandenen Mitteln und Möglichkeiten zu fördern.

Lisa: Wenn es heißt, dass die Menschen heutzutage verweichlicht sind, vergleicht man sie ja mit einem Durchschnitt von früher. In dem Fall ist der Messindikator wohl die Härte, oder anders gesagt, die Unfähigkeit, Emotionen auszuleben und sich auf Kosten der eigenen Gesundheit geißeln zu lassen. Nicht ohne Grund erleben heutzutage viele junge Menschen ihre Eltern mit stressbedingen Krankheiten, wie diese bestimmte Entscheidungen bereuen, wie sie gesundheitsbedingt ihren Ruhestand nicht richtig genießen können oder diesen nicht mal erleben. Auch haben wir aus erster Hand miterlebt, was es beispielsweise mit unseren Vätern gemacht hat, einem Rollenbild zu entsprechen, welches Emotionen nicht zulässt. Ist das das Idealbild, welches es zu erreichen gilt, um nicht als verweichlicht zu gelten? Man kann vielleicht Frühstückseier in hart oder weich einteilen, aber Menschen sind da etwas komplexer. Und ich würde behaupten, dass wir heutzutage nicht nur emotional ganz andere Herausforderungen zu bewältigen haben, als dies früher der Fall gewesen ist.

Durch die Technologisierung und Digitalisierung bekommen wir beispielsweise über diverse mobile Endgeräte zu jeder Tages- und Nachtzeit alles mit, was auf der Welt passiert. Die Welt ist dadurch kleiner geworden, aber auch einen Tick dunkler. Denn

Krisen verbreiten sich medial schnell. Abzuschalten fällt mit den vielen Informations-angeboten sowieso schwer und es wird nicht leichter, wenn man nonstop mit Infor-mationen gefüttert wird, warum die Welt zugrunde geht. Über Twitter, Instagram oder andere Newsticker werden ohne Ende Nachrichten verbreitet, wobei die Verantwor-tung des Faktenchecks dabei beim Endnutzer liegt. Abschalten, sortieren, hinter-fragen und einen klaren Kopf bewahren ist nicht ohne. Daher kommen aus meiner Sicht auch oftmals Weltschmerz und Motivationslosigkeit auf. Konfrontiert mit der Möglichkeit, dass wir vielleicht keine Zukunft haben, noch ambitioniert und freudig in diese zu blicken, ist eine Aufgabe, mit der wir aktuell ziemlich allein gelassen werden, denn diese Herausforderung ist so noch nie dagewesen. Insofern gibt es auch wenig Hilfestellungen, wenige Erfahrungswerte. Für den Umgang mit dieser zunehmenden Komplexität und Informationsflut ist ein hoher Grad an kritischem Denken und Me-dienkompetenz essenziell. Dennoch ist es, auch wenn beide Fähigkeiten ausgeprägt vorhanden sind, an manchen Tagen einfach schwer, Ausdauer, Wissendurst und Ambi-tionen für den Alltag beizubehalten.

Meine Empfehlung an Unternehmen und explizit Führungskräfte ist, eine beson-dere Sensibilität auch dafür zu entwickeln, ob Mitarbeiter*innen überfordert mit dem Weltgeschehen scheinen. Für Führungskräfte sind dabei gute Coaching Skills essenziell. Mit der oftmals noch gängigen Wasserfall-Logik kann sich das Gefühl von Ohnmacht und Motivationslosigkeit noch verstärken. Führungskräfte, die ehrlich Anteil nehmen, Mitarbeiter*innen auf einer emotionalen Ebene begegnen und die-se coachen können, werden so zu den wichtigsten Personen im und für das Unter-nehmen.

Über Johanna Heise

Johanna Heise, 24, ist Head of Brand bei heise und somit für das Employer und allgemeine Branding der gesamten heise group verantwortlich. Vor ihrer Zeit als Head of Brand hat sie Erfahrung in der Beratung bei KPMG im Deal Advisory und bei Simon-Kucher gesammelt. Ihren Master in Management ab-solvierte Johanna an der ESCP Business School in London, Berlin und Madrid. Dabei fokussierte sie sich auf das Manage-ment von Familienunternehmen, auf das internationale Ma-nagement und auf Sales und Marketing. Zuvor hatte sie ihren Bachelor an der WHU Otto Beisheim School of Management abgeschlossen.

Über Lisa Hoffmann

Lisa Hoffmann (27, sie/ihr) ist Senior Consultant im Bereich Public Sector bei einer Big-4-Beratung und hat bereits in verschiedenen Organisationen gearbeitet. Vom Verwaltungsstudium in einer öffentlichen Behörde bis hin zur Unternehmensberatung. Ihre Arbeit war immer davon geprägt, welche Machtstrukturen in den diversen Abteilungen und Stationen ihres Lebenslaufes vorherrschten. Unfaire Behandlung und vor allem Machtverteilung bewegen sie seit jeher dazu, junge Frauen auf ihrem Weg in die Berufswelt und darüber hinaus zu unterstützen. Mit einem klaren Blick für die Zukunft, Prozesse innerhalb der Organisation zu verbessern und Missstände aufzuarbeiten, wirkt Lisa heute in einem innovativen Umfeld und begeistert Kollegen und Kolleginnen mit neuen Ideen.

14 Warum man seinen Job (nicht) mögen muss

Und wie man als Führungskraft damit umgeht

Von Antonia Bartl, 27, Cloud Solution Architect bei Microsoft

Seit einigen Jahren kann man einen Wandel in der Motivation und den Bedürfnissen der Arbeitnehmenden feststellen. Die einstige Motivation des reinen »Geldverdienens« wird durch Faktoren wie »Work-Life-Balance«, eine ansprechende Unternehmenskultur und Benefits des Unternehmens ergänzt. Die Liebe zum Job nimmt dabei eine immer wichtiger werdende Rolle für Arbeitnehmende ein. Damit Führungskräfte und Manager*innen von heute und morgen mit den sich wandelnden Bedürfnissen und Werten der jüngeren Generationen erfolgreich umgehen können, wird in diesem Kapitel anhand wissenschaftlicher Erkenntnisse und aktueller Trends die Liebe zum Job in Relation zu den Bedürfnissen des Arbeitnehmenden gesetzt. Es gilt einen Überblick über die verschiedenen Generationen und ihre Unterschiede zu erhalten. Darauf aufbauend wird erläutert, warum der Wandel des Arbeitslebens nicht nur gesellschaftspolitisch für den Arbeitnehmenden, sondern auch für den Arbeitgebenden, Führungskräfte und Manager*innen von essenzieller Bedeutung ist. Zum Schluss folgen noch Praxistipps für aktuelle und zukünftige Manager*innen und Entscheider*innen.

14.1 Einleitung

Man hatte einen frustrierenden Tag in der Arbeit – die Technik hat nicht funktioniert, der/die Kund*in wollte nicht so, wie man geplant hatte, und das Management macht Druck und fordert eine weitere Deadline bis Ende der Woche. Man fängt an zu hinterfragen, warum man sich genau für diesen Job, genau diese Tätigkeiten, genau diese Rolle und genau dieses Unternehmen entschieden hat. Ist es die Liebe zum Job oder doch das durchschnittlich gute Gehalt, die Benefits und die gelebte Work-Life-Balance? Vielleicht aber auch der Status und das Ansehen, dass der Unternehmensname mit sich bringt?

Die Arbeitswelt unterliegt seit mehreren Jahren einem Wandel. Einem Wandel, der sich nicht nur auf Technologien bezieht, sondern auch auf zwischenmenschliche Bedürfnisse des Arbeitnehmenden. Damit sind aber nicht nur Konzepte wie »New Work« gemeint, vielmehr eher eine Änderung der Anforderungen an Arbeitgebende hinsichtlich Unternehmenskultur, Werten und Benefits. Die Generationen X und Z waren die ersten, die das Arbeitsleben vorheriger Generationen infrage gestellt und neue Anforderungen an Arbeitgebende hatten.[1]

14.2 Die Generationen im Überblick

14.2.1 Die Generation X

Personen der Generation X sind zwischen den Jahren 1966 bis 1980 geboren. Sie weisen signifikante Unterschiede zu ihren Vorgänger- und Nachfolgergenerationen auf. Viele Arbeitgeberwechsel waren und sind für die Generation X mit Unsicherheiten und Ablehnung verbunden. Eine lange Betriebszugehörigkeit wird mit Loyalität und guter Arbeit assoziiert, Wechsel zwischen Unternehmen führt zu Irritation und Hinterfragen. Einfluss auf dieses Verhalten hatte der Fakt, dass der heutige Arbeitnehmermarkt zu Beginn des Berufseinstiegs dieser Generation so nicht vorzufinden war. Vielmehr gab es auf dem Arbeitsmarkt in der Regel eine hohe Bewerberzahl, weshalb ein Arbeitgeberwechsel als weitere Unsicherheit empfunden wurde. Die Generation X ist geprägt durch Verlustängste. Sie richtet(e) daher ihre Werte nach Sicherheit, Karriere und dem Materiellen aus.[2]

Die Fluktuation innerhalb eines Unternehmens gilt seit Jahrzehnten als gängiges Bewertungsmittel für die Arbeitszufriedenheit von Mitarbeitenden. Zufriedene und motivierte Mitarbeitende gelten als Schlüssel zum Erfolg eines Unternehmens. Sie haben einen direkten Einfluss auf das Unternehmenswachstum und den Umsatz. Deshalb ist es für Arbeitgebende umso wichtiger, ihre Mitarbeitenden motiviert und zufrieden mit ihrem Job zu halten. Inwieweit Arbeitnehmende jedoch bereit sind, sich am Arbeitsplatz zu engagieren, die sogenannte »Extrameile« zu gehen und sich langfristig an einen Arbeitgebenden zu binden, hängt sehr stark von der Erfüllung ihrer Erwartungen und Vorstellungen ab. An dieser Stelle müssen Unternehmen ihre Attraktivität steigern, indem sie betriebliche Rahmenbedingungen so umgestalten, dass alle Altersgruppen im Unternehmen bereit sind, ihren vollen Einsatz zu erbringen und somit umgekehrt ein Wettbewerbsvorteil generiert wird. Besonders relevant sind in diesem Umfeld Maßnahmen wie die Regelung zur Arbeitszeit, die Gestaltung von Arbeitsplatz und Arbeitsumfeld, die Karriere- und Personalentwicklung, die Teamführung und der Unternehmensaustritt.[3]

---

1   Brademann & Piorr, 2018.
2   Eberhardt, 2016.
3   Einrahmhof-Florian, 2017.

14.2.2 Die Generation Y – Millennials

Millennials, auch Gen Y genannt, sind junge Menschen, die zwischen 1981 und 1996 geboren sind. Das Y (engl.: Why, deutsch: Warum) knüpft alphabetisch an die vorherige Generation X an, verkörpert aber auch eine Generation, die mehr Fragen stellt und ihr Tun und Handeln hinterfragt. Damit konfrontieren sie sich mit einer Vielzahl an Festlegungen im privaten und beruflichen Bereich. Zudem ist die Gen Y in einer globalisierten und von zunehmenden Unsicherheiten geprägten Welt groß geworden. Sie hat sowohl die Finanzkrise 2008, die Terroranschläge auf das World-Trade-Center am 11.09.2001 als auch den Krieg zwischen der Ukraine und Russland 2022 miterlebt.

Aber die wohl wesentlichste Veränderung für die Generation der Millennials ist die Entwicklung des Internets und der digitalen Medien. Über die Jahre hinweg konnte eine deutliche Schwerpunktverlagerung bei der Nutzung von Internetdiensten festgestellt werden. So waren die Anfangsjahre geprägt von dem Wunsch nach Zugang und Teilhabe, wohingegen mit der Entwicklung von sozialen Netzwerken der Drang nach Partizipation, Vernetzung und Co-Creation in den Vordergrund gerückt ist. Neben traditionellen Familienverbänden werden Patch-Work-Familien, Alleinerziehende und alternative Lebensgemeinschaften sichtbarer. Damit einhergehend ist das Aufbrechen binärer Rollenverteilung und eine Neuevaluation der traditionellen Rollenverteilung bei jungen Männern und Frauen bemerkbar. Frauen lassen sich nicht mehr automatisch auf die Rolle als Hausfrau und Caretaker reduzieren und junge Männer wollen nicht mehr ausschließlich mit der Brotverdiener-Rolle assoziiert werden.[4] Vielmehr wird danach gestrebt, seinen Beruf frei nach Interesse und Stärke zu wählen.

Bedingt durch die Dynamisierung und Internationalisierung des Wettbewerbs ist eine Umwandlung hin zu einer Dienstleistungsgesellschaft bemerkbar. Diese Tertiarisierung hat zur Folge, dass die Sicherung der Wettbewerbsfähigkeit von Unternehmen durch neue Parameter wie Talent, Marken, Werte und immaterielle Faktoren bestimmt werden. Für Arbeitnehmende bedeutet dies, dass die richtige Ausbildung und lebenslanges Lernen zentrale Elemente für die Arbeits- und Beschäftigungsfähigkeit sind. Für die Generation Y sind daher Werte wie Genuss, Sinnstiftung, Leistung, Entwicklung, Transparenz und Vernetzung sowie Authentizität arbeitsrelevante Faktoren. Millennials gelten als erste Generation, welcher das Angebot von Entwicklungs- und Selbstverwirklichungsmöglichkeiten als Berufseinsteiger, neben non-monetären Kriterien, am ausschlaggebendsten für die Wahl des Arbeitgebers ist.[5]

Die hohe technologie-affine Lebensweise setzt zudem voraus, dass diese Generation Zugang zu multiplen Informationsquellen und moderner technologischer Ausstat-

---

4   Zerle, Krok & Stiftung, 2008.
5   Gerks, 2009.

tung hat, um das Bedürfnis nach Kollaboration und Transparenz stillen zu können. Sie wollen ihre Zeit sinnvoll nach ihren eigenen Vorstellungen eigenverantwortlich einsetzen und Lebensfreude nicht nur im Privaten, sondern auch bei der Arbeit empfinden. Dabei legen sie großen Wert darauf, dass ihre Leistung gesehen und wertgeschätzt wird. Ebenso sind ihnen finanzielle Anreize wichtig. Entscheidend ist dabei jedoch nicht die Höhe der monetären Vergütung, sondern die Angemessenheit und Leistungsorientierung. Die Beziehung zum Arbeitgebenden wird oftmals als eine Serie von Transaktionen gesehen, unterbrochen von kleinen raschen Belohnungen. Zudem liegt ein erhöhter Fokus auf der Geschwindigkeit, in der die Karriere fortschreiten sollte. Dabei prägen vor allem kurzfristige Erfolge das Denken.[6]

Genuss wird bei Millennials weniger an materiellem Reichtum gemessen als am Verhältnis der Work-Life-Balance und somit an der Vereinbarkeit von Beruf und Privatleben. Dazu zählen besonders flexible Arbeitszeitmodelle und Vertrauensarbeitszeit, um diesem Bedürfnis nachkommen zu können. Für die Gen Y besteht ein großes Bedürfnis nach Sinnstiftung und Wirkungsentfaltung. Sie zeigt wenig Toleranz für repetitive, administrative und scheinbar sinnlose Aufgaben. Dieses Verhalten spiegelt sich auch darin wider, dass Karriere nicht um jeden Preis verfolgt und Gehalt als »Schmerzensgeld« für unattraktive Aufgaben kaum akzeptiert wird.[7] Sie fordert Entwicklungsmöglichkeiten, sinnhafte Arbeit, regelmäßiges Feedback und Mitspracherecht. Veränderungen und Wandel sind für sie normal. Zudem schätzen sie die Vereinbarkeit von Familie und Beruf und empfinden den klassischen hierarchischen Aufstieg als unattraktiv.[8]

Für Führungskräfte empfiehlt es sich daher, transparent zu machen, warum eine Aufgabe wichtig ist und inwiefern die Tätigkeit zu den Zielen einer Organisation beiträgt. Unternehmen, die starke Werte haben und somit Orientierung vermitteln, Verantwortung für Gesellschaft und Umwelt signalisieren und eine gewisse Reputation haben, sind deutlich attraktiver für Millennials als solche Unternehmen, die diese Eigenschaften nicht vorweisen können.[9] Diese Punkte spiegeln sich auch in dem Bedürfnis nach Authentizität wider. Bereits bei der Suche nach einem neuen Arbeitgeber nutzen Millennials das Internet und können somit das Unternehmen einem Fakten-Check über Arbeitgeberbewertungsportale oder soziale Netzwerke unterziehen. Wenn sich dann für ein Unternehmen entschieden wurde, gilt es, der Gen Y einen Anker zu bieten, denn besonders diese Generation sucht sowohl im Beruflichen als auch im Privatleben nach Sicherheit. Empathische und fürsorgliche Vorgesetzte und freundliche Kolleg*innen können ihnen Orientierung bieten und als Gegengewicht zum Entscheidungsdruck in der Multi-Optionsgesellschaft fungieren. Es empfiehlt sich daher für Führungskräfte

---

6   Klaffke, 2011.
7   Jeges, 2014, sowie Bund, Heuser, Kunze, Debiel et al., 2013.
8   Eberhardt, 2016.
9   Löhr, 2013.

die emotionale Ebene zu adressieren, die individuellen Bedürfnisse, Normen und Werte der Mitarbeitenden zu berücksichtigen, um die Höchstleistungen und emotionale Bindung von Millennials an das Unternehmen zu fördern.[10]

14.2.3   Die Generation Z

Die Gen Z, geboren zwischen 1997 und 2010, wird auch als Post-Millennials, die stille Generation oder Generation Internet bezeichnet.[11] Ihre Mitglieder wurden bereits mit dem Smartphone in der Hand geboren und sind daran gewöhnt, alles, was ihnen unbekannt oder fremd ist, erst einmal zu »googeln«. Deshalb werden sie auch oft als »Digital Natives« bezeichnet. Bereits genannte Trends der Millennials werden sich auch bei der Gen Z weiter fortsetzen. Dazu zählen die Tertiarisierung und Globalisierung der Wirtschaftsstruktur, die Flexibilisierung und Ökonomisierung der Gesellschaft, die Personalisierung von Angebot und Wahlmöglichkeiten im Konsumbereich, die Digitalisierung vieler Lebensbereiche und die Entstandardisierung von Lebensläufen. Das Ergebnis dieser Trendentwicklungen ist ein erhöhter Bildungs- und Leistungsdruck sowie eine zunehmende multikulturelle Vielfalt.[12] Als die Internetnutzung für die Gen Z relevant wurde, gab es bereits die bekannten Internet- und Plattformdienste wie Google (1998), Wikipedia (2001), Facebook (2004) und YouTube (2005). Menschen der Gen Z betrachten daher den Laptop und das Smartphone als wichtigstes Kommunikationsmittel und ihre Aktivitäten im und mit dem Internet gehören zu ihren Lieblingsfreizeitbeschäftigungen. Der Alltag der Gen Z wird zunehmend digitaler und führt zu einer weiteren Akzentuierung von Werten und Kompetenzen. Dazu zählen, wie schon bei den Millennials beschrieben, Flexibilität, der Wunsch nach Transparenz und Autonomie.

Das Auf- und Heranwachsen in geteilter Verantwortung ist ein großes Thema für die Generation Z. Diese Thematik betrifft nicht nur die Politik und Wahlkämpfe, sondern auch die gesellschaftliche Verantwortung. Neben den Ganztagesschulen konnte beobachtet werden, dass die Vorverlegung des Einschulungsalters, die Begrenzung des Gymnasiums auf acht Jahre und die Einführung konsekutiver Bachelor- und Masterstudiengänge dafür sorgen, dass die Gen Z einen Wandel vom Lernort zum Lebensort durchläuft. So können Vertreter dieser Generation bereits mit 17 Jahren ihr Abitur ablegen und bereits mit 20 Jahren einen ersten berufsqualifizierten akademischen Abschluss erworben haben. Die Folge davon ist, dass Reifeprozesse der Persönlichkeit nicht mehr vollständig während der Studienzeit, sondern vermehrt auch im Erwerbsleben stattfinden.

---

10   Klaffke, 2014.
11   Gratton, 2012.
12   Calmbach, Borgstedt, Borchard et al., 2016.

Neben diesen Faktoren zeichnet sich der Trend zu einer höheren Schulausbildung ab. Die damit einhergehende größere Abiturientenzahl führt zu einer Entwertung niedriger Schulabschlüsse und einem größeren »War of Talent« auf dem Arbeitsmarkt. Um diesem Druck standhalten zu können, greifen viele auf außerschulische Weiterbildungsmaßnahmen und Nachhilfeangebote zu. Diese Bildungsangebote nehmen jedoch einen großen Teil der Freizeit der Gen Z ein, weshalb diese nun auch in ihren persönlichen Freiräumen mit Leistungsdruck konfrontiert werden.[13]

Ähnlich wie bei den Millennials lassen sich auch bei der Gen Z pragmatische Werte identifizieren. So haben auch sie das Bedürfnis nach Orientierung, Sicherheit und Zugehörigkeit. Diese Elemente stehen flexibel neben Ehrgeiz, Leistungsorientierung und dem Wunsch nach Abwechslung, Lebensgenuss und individueller Entfaltung. Anders als vorherige Generationen betrachtet die Gen Z ihre Zukunft nicht mit langfristiger Perspektive, sondern eher kurzfristig. Allerdings ist die Zuversicht hinsichtlich der Realisierung von beruflichen Wünschen gestiegen. Diese Einstellung zeigt bereits, dass die kommenden Generationen über ein neues und größeres Selbstbewusstsein verfügen.[14] Dagegen steht, dass viele Personen der Generation Y unsicher hinsichtlich der vielen Möglichkeiten an Studiengängen und Berufsausbildungen sind. Weil Berufswahlentscheidungen heute früher getroffen werden müssen, gelten Eltern, neben sozialen Medien, als wichtigste und häufig genutzte Informationsquelle. Auch wird dieser Generation immer bewusster, dass der Wert eines Menschen zunehmend nach Leistungsfähigkeit und Ausbildung gemessen wird.[15] Dieser Erwartungsdruck lässt sich an einem Anstieg der gesundheitlichen und psychischen Probleme der Gen Z erkennen.

Ähnlich des Business-Model-Canvas lässt sich das Verhalten und die Denkweise der Generation Z in neun Felder einteilen. Die Kosten beschreiben das, was das Individuum bereit ist, zu geben. Im Gegenzug erhält man Benefits und Gehalt. Die Schlüsselpartner sind diejenigen, die unterstützen und helfen. Hier ist zu sehen, dass die Gen Z mehr in Netzwerken, Zusammenarbeit und Teaming denkt als vorherige Generationen. Die Schlüsselaktivitäten sind das, was man tut. Sprich die Fähigkeiten, die man mitbringt, und die Art und Weise, wie gearbeitet wird. Auch die Ausprägung der Schlüsselressourcen zeigt eine andere Denkweise: Gen Y und Z arbeiten viel mehr purpose-getrieben. Sie wollen sehen, dass ihre Arbeit, wer sie sind und was sie mitbringen einen deutlichen Purpose (Zweck) haben und Auswirkungen zeigen. Zudem sind sie sehr von Werten getrieben. Die Art und Weise, wie sie anderen helfen, zeigt sich in neuen Führungsmodellen und im Befähigen anderer durch ihr Wissen und Tun. Ihnen ist es sehr wichtig, für eine Sache zu stehen und gleichzeitig ein großes

---

13 Klaffke, 2014.
14 Ebda.
15 Calmbach, Borgstedt, Borchard et al., 2016.

Maß an Authentizität mitzubringen. Auch die Beziehung zu den Kunden wird dadurch beeinflusst. Egal in welchem Format, sei es hybrid, virtuell oder persönlich, der/die Kund*in steht im Vordergrund und wird mit besonders viel Empathie behandelt. Der/die Kund*in ist keine anonyme Person, sondern wird als Teil der Personen betrachtet, die einen umgeben und für die gesorgt werden muss.[16]

14.2.4 Die Generation Alpha

Die Generation Alpha, deren zugehörige Personen zwischen 2010 bis 2025 geboren sind, ist die erste Generation, die komplett im 21. Jahrhundert aufwächst. Ihr Geburtsjahr (2010) fällt mit der Einführung des iPads und der Social-Media-Plattform Instagram zusammen. Sie wurden und werden in einer Zeit geboren, in der fortschrittliche Technologien 24 Stunden an sieben Tagen der Woche und 365 Tagen im Jahr weltweit verfügbar sind. Jegliche Aspekte ihres Lebens, sei es Unterhaltung, Spiele, Kontakte zu Gleichaltrigen sowie Bildung im Zuge der Covid-19-Pandemie, werden durch Technologien bestimmt.[17] Jüngste Forschungen zeigen, dass die Generation Alpha bereits im Alter von zwei Jahren die Bedienung des Touchscreens beherrscht und problemlos durch verschiedene Apps auf Smartphones und Tablets navigieren kann. Im Vergleich brauchten Vorgängergenerationen vier Jahre für das Erlernen der gerechten Bedienweise.[18] Im Vergleich zur Gen Z haben sich der Lebensstil, die Beziehungsmuster, die Geschlechterrollen, die Art der Arbeitsplätze und das persönliche sowie berufliche Leben drastisch verändert. Faktoren wie Gleitzeit, Homeoffice, Telearbeit, Schichtarbeitszeiten und die Zunahme von Doppelverdiener-Familien haben die Grenzen zwischen Privat- und Berufsleben bereits für die Generationen der Millennials und Gen Z verwischt und wirken sich somit auch drastisch auf die Generation Alpha aus. Im Vergleich zu vorherigen Generationen lebt die Gen Alpha bereits in einer anderen, technologiegesteuerten Realität, die sich auf sämtliche Aspekte ihres Lebens auswirkt. Über die Entwicklung von Generation Alpha auf dem Arbeitsmarkt können bisher keine Aussagen getroffen werden. Was jedoch schon gesagt werden kann, ist, dass die Gen Alpha sozial engagiert ist und ihr Leben und ihre Gedanken öffentlich und ohne Grenzen mit der Öffentlichkeit teilt. In Anbetracht des zu erwartenden Zeitgeistes werden wahrscheinlich das Bedürfnis nach Autonomie, Leistung und Anerkennung sowie Konkurrenzdenken, Aufmerksamkeitssucht und Risikobereitschaft vorherrschen und sich bei der Generation Alpha bemerkbar machen. Zudem wird es für diese Generation selbstverständlich sein, dass sich beispielsweise das Automobil oder auch das Smartphone per Spracherkennung steuern lässt und die Ergebnisse von Applikationen und künstlicher Intelligenz eine sehr große Rolle bei der

---

16   Clark, Osterwalder, Pigneur, 2012.
17   Jha, 2020.
18   Turk, 2017.

Handlungsfähigkeit spielen werden. Zu erwarten ist zudem, dass Gen-Alpha-Werte wie Nachhaltigkeit, Toleranz und Diversität noch stärker vertreten sein werden als bei vorherigen Generationen.[19]

Da es noch wenig bis keine wissenschaftlichen Forschungen zu den Verhaltensweisen von Generation Beta gibt, wird diese nicht weiter erläutert.

14.3   Die Liebe zum Job

Bereits im Jahr 2023 haben wir eine großzügige Auswahl an sogenannten »Smart work«-Konzepten, die ursprüngliche Arbeitspraktiken infrage stellen. Unter »smart work« versteht man eine Arbeitspraxis, die durch räumliche und zeitliche Flexibilität gekennzeichnet ist, durch technologische Hilfsmittel unterstützt wird und bei der alle Mitarbeitenden einer Organisation die für sie besten Arbeitsbedingungen für die Erledigung ihrer Aufgaben haben.[20] Auch die Methoden und Tools/Werkzeuge, mit welchen Arbeitspraktiken ausgeführt werden, haben sich in den letzten Jahrzehnten deutlich geändert.[21] Erfolgreiche Organisationen zeichnen sich zunehmend durch die Unterstützung neuer Organisationsprinzipien aus. Diese sind beispielsweise eine höhere Mobilität der Arbeitnehmenden,[22] Autonomie bei der Wahl des Arbeitsumfelds,[23] räumliche und zeitliche Flexibilität[24] sowie Talentförderung, Verantwortung und weitreichende Innovation[25]. Zudem ist die Einführung neuer Praktiken durch ein hohes Maß an Flexibilität gekennzeichnet.[26] Diese neuen Anforderungen an Arbeitspraktiken erschließen sich zu einem großen Teil aus denen der Gen Y und Gen Z. Generation Alpha wird hier separat betrachtet.

Aber nicht nur Arbeitspraktiken, sondern auch die Anforderungen und Erwartungen an Unternehmen und Führungskräfte ändern sich. Unterschiedliche Erwartungshaltungen pro Generation sind per se keine neuen Phänomene, neu jedoch sind die sichtbaren und kommunizierten Werte und Vorstellungen. Jüngere und ältere Mitarbeitergenerationen werden sich nicht mehr überschneidungsfrei ablösen, vielmehr wird es zu Mehr-Generationen-Belegschaften kommen. Bereits hier gilt es, die unterschiedlichen Generationen so zu platzieren, dass eine richtige Kommunikation und gegenseitiges Verständnis möglich sein werden.

---

19   Institut für Generationenforschung, 2021.
20   Raguseo, Gastaldi, & Neirotti, 2016.
21   Hamel, 2012.
22   Neirotti, Paolucci, & Raguseo, 2013.
23   Leonardi & Bailey, 2008.
24   Ter Hoeven & Van Zoonen, 2015.
25   Gastaldi, Appio, Martini, et al., 2015.
26   Raguseo, Paolucci & Neirotti, 2015.

Unternehmen müssen weiterhin Transparenz über die bestehenden Entwicklungsoptionen schaffen, damit sich potenzielle Bewerber nicht nach neuen Herausforderungen am Arbeitsmarkt umsehen. Dazu zählt neben der deutlichen Kommunikation der Karrieremodelle vor allem ein individualisiertes Entwicklungsangebot. Dafür eignen sich neue Karriere- und Laufbahnmodelle, die neben traditionelle Führungslaufbahnen treten und Gen Y, Gen Z und Gen Alpha einen individualisierten Erfahrungsaufbau ermöglichen. Aber auch der Faktor Mentale Gesundheit darf nicht außer Acht gelassen werden. Das Betriebliche Gesundheitsmanagement hat bei diesen Generationen einen hohen Stellenwert. Maßnahmen zur Stressprävention und Bewältigung sind dabei ausschlaggebend, um gesundheitsorientiertes Verhalten im Erwerbsleben zu fördern.

Führungskräfte sollten Möglichkeiten des Coachings und Mentorings bieten und sich durch regelmäßige formelle und informelle Rückmeldung auszeichnen. Ein weiterer Punkt bezieht sich auf die Fluktuation in Unternehmen. Gen Y und Gen Z zeigen ein hohes Maß im Erfahrungsmanagement. Sie wollen konstant ihre Erfahrungen in einem anderen Berufsumwelt sammeln und beweisen. Es gilt daher, den Exit-Prozess aus einem Unternehmen nicht als Fahnenflucht zu interpretieren, sondern als professionelles Weiterbilden.

Dieses professionelle Weiterbilden wird nicht nur durch Gen Y und Gen Z beeinflusst, sondern auch zunehmend auf dem Arbeitsmarkt gefordert. Dies liegt oftmals weniger daran, dass sie die Unternehmen und deren Kulturen nicht mögen, sondern eher schlechte Erfahrung mit Führungskräften gemacht haben oder aber es intern schwierig ist, mehr Gehalt oder Verantwortung zu bekommen. Ich als Millennial hatte bereits, seit meinem ersten Job mit 16 Jahren als Servicekraft, sieben verschiedene Arbeitgeber*innen, die ich in Form von Praktika, Werkstudententätigkeiten oder Festanstellungen begleiten durfte. Im Vergleich zu meinen Eltern oder auch der Generation meiner Großeltern hatte ich bereits doppelt bis drei- bzw. vierfach so viele verschiedene Arbeitgeber*innen, und das bereits mit Mitte zwanzig. Aber woran liegt es, dass besonders die Generationen nach der Gen X bereits in jungen Jahren ein Portfolio an Arbeitgeber*innen vorweisen können? Sind dies eigene Bestrebungen bedingt durch die Suche nach Neuem, dem Drang zu lernen oder doch bewusste Steuerungen des Arbeitsmarktes? Ein Paradoxon, das mir im Kontext dieser Überlegung immer wieder bewusst wird, ist, dass man bei Stellenbeschreibungen bereits Praxiserfahrung vorweisen muss. Besonders wenn sich Studierende nach ihrem Studium auf eine Festanstellung bewerben, gibt es oftmals diese Hürden: »Bitte bringen Sie 2-3 Jahre Berufserfahrung mit.« Stellen wir uns also die Frage, wie man nach einer Zeit, in der der Beruf das Studieren und Erlangen von neuem Wissen ist, bereits Praxiserfahrung mitbringen soll? Es wird heutzutage vorausgesetzt, dass man bereits in jungen Jahren die »richtige« Entscheidung trifft und neben seinem Studium arbeitet, wenn man beruflich später keine großen Hürden durchlaufen möchte oder der »Traumjob« nicht direkt verwehrt bleiben soll.

Diese Empfehlung geht auch mit aktuellen Beobachtungen einher. Die nächsten Generationen werden bzw. legen bereits mehr Wert auf bewusste Phasen der regenerativen Auszeit und des biografischen Überdenkens. Dabei werden möglicherweise Auszeiten wie die Pause nach der Schulzeit in Form eines längeren Auslandaufenthalts oder auch ein Sabbatical während des Erwerbslebens zunehmen. Bereits heute im Jahr 2023 bedarf es auf Grund des Generationenmanagements einer Überprüfung und Weiterentwicklung des Personalmanagements. Dabei reicht nicht nur der Blick auf die technologische Ausstattung, vielmehr bedarf es eines breit gefächerten Ansatzes, um den neuen Anforderungen an Führung und Zusammenarbeit gerecht zu werden. Entscheidungen für einen Arbeitgebenden oder einen Beruf werden eher auf Zeit getroffen und als flexibel betrachtet, um weiteren Optionen gegenüber offen zu sein und sich diese auch offenzuhalten. Damit einhergehend erhält auch der Faktor Loyalität gegenüber einem Arbeitgeber oft einen stärkeren »Just-in-time«-Charakter.[27] Eine kurze Betriebszugehörigkeit hat aber nichts mit einem Mangel an Loyalität oder Engagement zu tun. Vielmehr ist es der konstante Drang und Wunsch nach Abwechslung, Herausforderung und Veränderung unserer Generation. Wir wollen weiter, am besten lieber gestern als morgen. Wenn dabei festgestellt wird, dass nach zwei bis drei Jahren keine Beförderung (trotz guter Arbeit) ansteht, ist es unwahrscheinlich, dass im Unternehmen geblieben wird. Das persönliche Wohlbefinden und die Aufstiegsmöglichkeiten sind wichtige Faktoren in der Einstellung zum eigenen Job, die nicht außer Acht gelassen werden sollten.

Wie also sollen oder werden zukünftige Arbeitgebende, Arbeitsmärkte, Arbeitszeiten und Berufe aussehen? Wird man überhaupt noch Büros haben? Es müssen neue Arbeitswelten geschaffen werden, die ein hohes Maß an sozialem Miteinander erlauben und fördern. Sei es durch Kostenübernahme der Internetanschlüsse im Homeoffice, Freiheiten bei der Arbeitszeitgestaltung und dem Arbeitsort, attraktive Benefits im Gesundheits- und Freizeitsektor als auch in den Büroräumen vor Ort. Für mich geht der Trend definitiv in die Richtung, dass die Wahl des Jobs und der eigenen Rolle immer wichtiger wird. Trotz schwierigen wirtschaftlichen Lagen werden sich die nächsten Generationen nicht mehr in Jobs drängen lassen, die sie in ihrer freien Entfaltung, ihrer Work-Life-Balance und ihrer Denkweise beschneiden. Vielmehr werden sich zukünftige Arbeitnehmende gezielt bei Unternehmen bewerben, die ihnen viel Flexibilität bieten. Flexibilität nicht nur in der freien Gestaltung von Arbeitszeit, sondern auch in der Wahl des Arbeitsortes. Stichwort in diesem Zusammenhang ist der Begriff »Workation«. Er wird zusammengesetzt aus den beiden englischen Wörtern »Work«(dt. Arbeit) und »Vacation« (dt. Urlaub). Remotes arbeiten von jedem Ort in der

---

27   GfK, 2012.

Welt, als digitale Nomaden. Arbeitgebende, die dieses bieten, werden in Zukunft großen Zulauf bekommen.

Hier stellt sich natürlich auch die Frage nach Büroräumen. Brauchen wir diese in ein paar Jahren noch? Hinsichtlich des immer knapper werdenden Wohnraums in den Städten wäre es hier vorstellbar, dass sich einzelne Unternehmen Co-Working-Spaces teilen und gar keine eigenen Standorte mehr besitzen. Die Arbeitnehmenden können so nach individuellem Bedürfnis kommen und gehen, wie es ihre Zeit gerade zulässt. Dadurch würden sich nicht nur teure Mieten von Bürogebäuden sparen lassen, sondern gleichzeitig auch neuer Wohnraum geschaffen. Gleichzeitig könnten Unternehmen diese finanzielle Einsparung ihren Arbeitnehmenden zugutekommen lassen und diese bei ihren Lebenshaltungskosten durch ein höheres Einkommen entlasten. Wir brauchen also ein anreizorientiertes Verständnis für die kommenden Generationen auf dem Arbeitsmarkt. Diese Belohnungs- und Anerkennungsstrategie motiviert und führt zeitgleich zu einem Rückgang im Bedürfnis nach einem Jobwechsel.

Ein weiterer Aspekt, der im Jahr 2035 möglich, wenn nicht sogar wünschenswert wäre, ist die Einführung einer 4-Tage-Woche. Die aktuell standardisierte Arbeitszeit von Minimum 40 Stunden in der Woche ist nicht mehr zeitgemäß. Acht Stunden plus Mittagspause à 5 Tage die Woche stammen noch aus einer Zeit, in der die Menschen diese nicht vor dem Bildschirm oder im Büro verbracht haben, sondern bei körperlichen Tätigkeiten. Arbeitnehmern würde es eine enorme private Last abnehmen, wenn sie frei entscheiden könnten, an welchen Tagen der Woche sie arbeiten und an welchen nicht. Ganze Teams könnten sich entscheiden, wann sie wo arbeiten, ohne dass sie zwischen Büro, privaten Terminen, Supermärkten und Kinderbetreuung pendeln müssen und emotional als auch mental an ihre Belastungsgrenzen stoßen. Einige europäische und nicht europäische Länder testen aktuell die 4-Tage-Woche bzw. dieses Modell wurde bereits eingeführt. Die Ergebnisse zeigen, dass die Produktivität der Mitarbeitenden nicht darunter gelitten hat. Im Gegenteil, die Krankheitstage reduzierten sich, die Produktivität stieg an und die Mitarbeitenden sind zufriedener.[28] Für den deutschen Markt muss ich jedoch sagen, dass dieses Modell leider wahrscheinlich für sehr lange Zeit eher eine Utopie bleiben wird.

Ähnlich wird es mit der 40-Stunden Woche verlaufen. Das typische »Nine-to-five«-Denken und -Modell wird es so nicht mehr geben. Stattdessen können Arbeitnehmende je nach ihrer eigenen Schnelligkeit und Produktivität entscheiden, wann und wie sie in der Woche arbeiten. Vorbei sind dann die Zeiten, in denen man schief angeschaut wird, wenn man »erst« um 10 Uhr morgens online ist oder physisch das Büro betritt. Die Gestaltung der Arbeitszeit wird künftig in der Verantwortung des Mitarbeitenden

---

28   Lehndorff, 2016.

liegen und nicht mehr strikt durch das Unternehmen vorgegeben werden. Es wird eher ergebnis- und nicht zeitorientiert gearbeitet werden.

Mentoring ist ein weiterer Aspekt, den ich im Jahre 2035 als festen Bestandteil der Unternehmenskultur sehe. Mentoring ist ein anerkanntes Mittel zur Vermittlung von Werten und Wissen und wird aufgrund der neuen Karriereerwartungen von den kommenden Generationen vorausgesetzt werden. Dabei meine ich jedoch nicht nur den traditionellen Ansatz »Ältere*r Manager*in betreut jüngere*n Mitarbeiter*in«, sondern das »Reverse Mentoring« (dt. umgekehrtes Mentoring). Reverse Mentoring beschreibt, dass Wissen in beide Richtungen weitergegeben wird. Die ältere Generation teilt und gibt ihre Erfahrungen und Fachwissen weiter, während die jüngere Generation Einblicke in den Umgang mit ihrer Generation sowie den neuen Trends und Technologien gibt. Dadurch intensiviert sich das gegenseitige Verständnis und der Austausch in einer Mehrgenerationenbelegschaft.

Weiterhin wird es im Jahr 2035 kein aktives Recruiting mehr geben. Die kommenden Generationen werden ihre Arbeitgeber und somit auch ihre Jobs und Tätigkeiten mehr nach ihren Leidenschaften und persönlicher Erfüllung auswählen. Zukünftige Arbeitnehmende wollen aktiv dazu beitragen, dass Gewinne erzielt werden, aber auch, dass ein sozio-ökonomischer Unterschied gemacht wird. Sie wollen in einem Unternehmen arbeiten, das ihre Werte und gesellschaftlichen Beiträge unterstützt und repräsentiert. Diese werden sie zudem mitgestalten und verantworten wollen. Flexibilität, eine Spaßkultur, Zugang zu Informationen und das soziale Umfeld sind hier die Stichworte. Es gilt sich daher aus Arbeitgebersicht zu hinterfragen, wie man auch in Zukunft attraktiv sein kann und welche Strukturen und Wertekonstrukte obsolet gemacht werden müssen.

Die Generation Alpha zeigt, dass ein neues Verständnis und Umdenken geschaffen werden müssen. Allein aus technologischer Sichtweise bedarf es einer gezielten Umgestaltung des Arbeitsmarktes, da sich bestehende, aber auch neue Technologien in den kommenden Jahren rasant weiterentwickeln werden. Darunter wird künstliche Intelligenz als Technologie für die Generation Alpha selbstverständlich in den Alltag integriert sein. Einige Berufsfelder, wie wir sie heutzutage kennen, werden so in Zukunft nicht mehr vorhanden sein. Arbeitsfelder, die mit repetitiven und einfachen Aufgaben versehen sind, werden automatisiert werden. Aber auch für Berufsgruppen wie Radiologen oder auch Anwälte werden die technologischen Fortschritte bemerkbar sein, indem große Teile der Berufswelt verändert werden und neue Jobs entstehen können. Die Generation Alpha ist es bereits gewohnt – und wird es auch in Zukunft noch in vielen weiteren Bereichen sein –, Services zu nutzen, die genau auf sie zugeschnitten sind.

Ein Aspekt dabei ist beispielsweise das Recruiting. Big Data und Smart Data werden diesen Prozess verändern, indem personenbezogene Daten leichter preisgegeben werden. Dies erleichtert sowohl Arbeitgebern als auch Arbeitnehmern, gemeinsame Bedürfnisse zu erkennen und über eine Kontaktaufnahme zu entscheiden. Gen Alpha wird zudem kein Verständnis für Lebensbereiche mehr haben, in der die Vernetzung nicht gegeben ist, das gilt auch für die Berufswelt. Die Digitalisierung aller Lebensbereiche führt aber auch dazu, dass der Mensch seine innere Stimme vergisst. Alltägliches in sich Hineinhören bei Fragen wie »Habe ich heute gut geschlafen?« und »Habe ich mich heute ausreichend bewegt?« werden obsolet. Vielmehr werden Apps konsultiert, beispielsweise zur Messung des Bewegungsgrades, der richtigen Ernährung oder des Schlafrhythmus. So wird das eigene Wohlbefinden nicht mehr von dem Bauchgefühl abhängig gemacht, sondern vielmehr durch Algorithmen bewertet. Auch Bekanntschaften und potenzielle Partnerschaften werden vermehrt über soziale Netzwerke auf Basis von Wahrscheinlichkeiten vorgeschlagen und geschlossen. Dieses individuelle Zuschneiden aller digitalen Services auf die Bedürfnisse des Menschen ist das Produkt kollektiver Datenverarbeitung und weniger einer Individualisierung. Für die Generation Alpha und voraussichtlich auch die nachfolgenden Generationen wird das Ergebnis von künstlichen Intelligenzen und Algorithmen handlungsprägend sein.[29] Dies deutet auf eine neue industrielle Revolution hin.

14.4   Handlungsempfehlungen für die Praxis

Gen Z und nachfolgende Generationen werden ihren Job nach persönlichen Zielerreichungen und Vorstellungen auswählen. Diese Wahl wird zudem dadurch begünstigt, dass sich der Arbeitgebermarkt zu einem Arbeitnehmermarkt entwickelt hat. In einem Arbeitnehmermarkt sind die Arbeitgebenden mit einer niedrigen Bewerberzahl konfrontiert und müssen somit um qualifizierte Kandidat*innen kämpfen. Dieser »War for Talents« kommt dadurch zustande, dass zwischen den Jahren 2023 bis 2035 ein Großteil der Arbeitnehmenden aus Gen X den Arbeitsmarkt verlassen und gleichzeitig wenig Fachkräfte nachkommen werden.[30] Führungskräfte von heute und morgen müssen sich der Herausforderung stellen, als Arbeitgeber der ersten Wahl für die Gen X, Z und Alpha angesehen zu werden. Dafür bedarf es, die Bedürfnisse und Anforderungen der Generationen zu kennen und auf diese eingehen zu können. Daher würde ich Führungskräften und anderen wirtschaftlichen Entscheider*innen gerne einige Praxistipps mitgeben:

---

29   Schroth, 2019.
30   Beck, Kiesel, Weber & Bechthold, 2021.

14.4.1 Empathie

Empathie ist eine der wichtigsten Eigenschaften, die Führungspersönlichkeiten meiner Meinung nach haben sollten. Versucht, über den Tellerrand und eure Strukturen hinauszusehen und auch die Rolle der anderen Person einzunehmen. Achtet auf die Charaktereigenschaften und Persönlichkeiten von Mitarbeitenden. Diese geben oftmals schnell Aufschluss, wie man mit dem Individuum zu interagieren hat, ohne dass Missverständnisse oder Konflikte auftreten. Nicht jedes Gegenüber ist ein Hai, vielleicht sitzen hier auch manchmal Wale, Delfine oder Eulen.[31] Lasst nicht gleich die Person gehen, die euch nicht auf Anhieb zusagt, sondern versucht auf Grund der Fähigkeiten, Erfahrungen und Vorlieben ein anderes Match für das Talent zu finden. Damit einhergehend gilt mein Appell in diesem Rahmen auch der Rücksichtnahme auf die mentale Gesundheit des Einzelnen. Besonders in großen, agilen und schnell agierenden Unternehmen gerät das ein oder andere Individuum schnell »unter die Räder«. Besonders Gen Y, Z und Alpha ist das mentale Befinden von enormer Wichtigkeit. Diese Art der Gesundheit wirkt sich in gleicher Intensität auf das berufliche wie auch das private Leben aus. Angstzustände, zu viel Druck oder auch Stress wirken sich kontraproduktiv auf die Arbeitnehmenden aus. So hält es sie vermehrt davon ab, Führungsaufgaben oder auch Führungsverantwortung zu übernehmen. Unternehmen und Führungskräfte sollten hier ansetzen und mehr Gesundheitsprogramme etablieren. Wichtig zu erwähnen ist, dass es mir hierbei nicht darum geht, dass jede*r Mitarbeitende mit Samthandschuhen angefasst werden muss, sondern dass man die Menschlichkeit und Verbundenheit untereinander nicht vergessen sollte. Wir alle sind nur Menschen mit Fehlern, Schwächen und Gefühlen und auch diese haben ein Recht, bis zu einem gewissen Grad am Arbeitsplatz vorhanden zu sein.

14.4.2 Mentoring und Coaching

Weiterhin würde ich gerne für mehr Angebote bei Mentoring und Coachings aufrufen. Sei es als Mentor oder Mentee – offeriert eure Zeit und Erfahrungen, damit zukünftige Generationen davon lernen und profitieren können: Wachst gemeinsam. Coaching am Arbeitsplatz ist ein individueller, maßgeschneiderter Lern- und Entwicklungsprozess, der eine kollaborative, reflexive, zielorientierte Beziehung nutzt, um berufliche Ergebnisse zu erzielen.[32] Im Vordergrund sollte der Mensch mit seinen Bedürfnissen stehen, denn nur motivierte Arbeitnehmer sind bereit und in der Lage, die Arbeit zu priorisieren, ohne mental darunter zu leiden. Mentoring und Coaching hat sich nachweislich als emotionale Unterstützung und als Mittel zur Stressreduktion bei Mentees,

---

31 Beck, 2023.
32 Schroth, 2019.

Mentoren, Coaches und Coachees erwiesen. Es hilft bei der Erreichung von Zielen und steigert das psychologische und berufliche Wohlbefinden. Diese Art der Förderung hilft den Mitarbeitenden, Alternativen zu erkunden, und fordert das Denken heraus, indem Fragen gestellt werden, anstelle zu sagen, was getan werden soll. Dieser Prozess erleichtert oftmals die Zielerreichung, indem Individuen die gewünschten Ergebnisse identifizieren, konkrete Ziele festlegen und ihre Motivation verbessern können. Stärken und Schwächen können so ermittelt und Aktions- und Entwicklungspläne formuliert werden.

14.4.3   Erwartungen managen

Wichtig ist eine realistische Darstellung der offenen Stelle bzw. der Jobvorschau. Dies erhöht die Motivation und senkt die Fluktuation bei den Mitarbeitenden, da die Erwartungen hinsichtlich der positiven und negativen Herausforderungen des Jobs richtig eingeschätzt werden können. Diese realistische Einschätzung kann dazu beitragen, die Entscheidung der Bewerbenden über die Eignung für die offene Stelle zu verbessern. Dies hat für beide Parteien durchweg positive Effekte. Zu den wichtigsten Themen zählen meiner Meinung nach:

- Erwartungen in Bezug auf Arbeitszeiten, Arbeitsbedingungen sowie Reisen und die Vergütung dieser;
- positive und negative Aspekte, die mit der Ausübung der Tätigkeit verbunden sind;
- positive und negative Aspekte der Arbeit für die Führungskraft sowie
- die Unternehmenskultur, Wachstum und Karrierepfad.

14.4.4   Feedback

Feedback ist an dieser Stelle nicht wegzudenken. Hier aber bitte kein einseitiges Feedback, sondern Feedback, das in beide Richtungen geht – vom Arbeitgeber zum Arbeitnehmer und umgekehrt. Neue Mitarbeitende haben oftmals eine Reihe von ungenannten Erwartungen an das Arbeitsverhältnis, die Führungskraft und die Rolle. Diese Erwartungen wirken sich stark auf ihre Einstellungen, Verhaltensweisen und Gefühle aus. Daher kann ich nur empfehlen, sich frühzeitig mit neuen oder auch regelmäßig mit bestehenden Mitarbeitenden zu sprechen, um die jeweiligen Erwartungen an die Arbeitsbeziehung zu verstehen und diese Erwartungen zu steuern. Wichtig dabei ist zudem noch, genannte Erwartungen oder Gefühle nicht persönlich zu nehmen. Dieses Verhalten hätte den gegenteiligen Effekt und schadet der weiteren Beziehung. Gen Y und Z sind dabei vor allem die positive Einstellung der Führungskraft, eine klare Kommunikation der Ziele und eine offene Kommunikation und Feedback wichtig. Diese Wünsche werden auch in den nachfolgenden Generationen Alpha und Beta ähnlich bis gleich sein – hierzu gilt es, die Ergebnisse der Generationenforschung der nächsten Jahre zu beobachten.[33]

14.4.5 Onboarding

Jeder kennt es, viele machen es, aber nur wenige machen es richtig. Das Konzept für das richtige Onboarding ist elementar, denn damit werden bessere Leistungen, Unternehmensbindung, Engagement, Zufriedenheit und Selbstverwirklichung verbunden. Es trägt zudem dazu bei, dass neue Mitarbeitende weniger Ungewissheit und Angst empfinden und stattdessen eine höhere Klarheit und Verständnis für ihre neue Rolle haben. Der richtige Zeitpunkt für die ersten Onboarding-Schritte ist meiner Meinung nach direkt nach der Annahme des Angebots. Je mehr Material, Training und Unterstützung neue Mitarbeitende erhalten, umso klarer können diese Erwartungen, Ziele und Aufgaben sachgemäß erfüllen. Hilfreich können in diesem Rahmen Checklisten, regelmäßiges Feedback und Austausch mit Kolleg*innen und Führungskräften sowie das Schaffen von Verständnis für die Kultur und Sinn und Zweck der Rolle sein.

14.4.6 Diversität

Diversität und die Gleichstellung aller Geschlechter und Identitäten ist für die aktuellen Generationen X, Y, Z und Alpha so wichtig wie für keine Generation zuvor. Hilfreich hierfür sind Workshops oder Einführungen zu positiven Verhaltensweisen am Arbeitsplatz. Dabei gilt es nicht, den Eindruck zu erwecken, dass jeder Mensch in seinen Interaktionen voreingenommen ist, sondern eine effektive Interaktion zwischen verschiedenen Gruppen zu fördern. Es gilt die Vorteile eines vielfältigen und fairen Arbeitsplatzes sowohl für den/die Einzelne als auch für das Unternehmen zu demonstrieren. Ein weiterer positiver Effekt ist, dass durch Workshops die Arbeitnehmenden lernen, wie sie mit Emotionen umgehen, einen positiven Dialog führen und Vertrauen aufbauen können, und für alle einheitliche Werte geschaffen werden.

Im Endeffekt geht es uns allen doch nur darum, das Leben lebenswert zu gestalten. Und hierbei sollte man seinen Job mögen und dazu beitragen, dass man selbst, Mitarbeitende und Kolleg*innen zufrieden, glücklich und motiviert sind.

---

33   Schroth, 2019.

Über Antonia Bartl

Antonia Bartl, 27, engagiert sich für die Themen Digitalisierung, Work-Life-Balance und Gleichstellung von Mann und Frau in Gesellschaft und Wirtschaft. Neben ihren ersten beruflichen Stationen während des Bachelor- und Masterstudiums bei der Siemens AG, der Lufthansa Technik USA und der Microsoft GmbH Deutschland, begann sie ihre erste Vollzeit-Festanstellung bei der Philip Morris GmbH. Nach kurzer Zeit führte sie ihr Weg jedoch wieder zur Microsoft GmbH in München zurück, wo sie nun als Cloud Solution Architect arbeitet und für die gesamte technische Beziehung und Strategie zwischen dem Kunden und Microsoft verantwortlich ist. Seit 2022 ist sie zudem aktive Alumna des Talentprogramms BayFiD des bayerischen Staatsministeriums für Digitales.

Literaturverzeichnis

Beck, J., Kiesel, B., Weber, S., & Bechthold, S. M. (2021). Absolventengewinnung im Arbeitnehmermarkt – Handlungsansätze eines kommunalen Personalmarketing für den Bereich Public Management unter besonderer Berücksichtigung der »Generation Z«. Social Media im kommunalen Sektor: Einsatzfelder, Herausforderungen, Entwicklungsperspektiven, 65-116.

Beck, T. (2023). Persönlichkeitstest: Bist du Hai, Delfin, Wal oder Eule? Retrieved from: Zurück auf die Überholspur! (tobias-beck.com), accessed: 01.06.2023.

Brademann, I., & Piorr, R. (2018). Das affektive Commitment der Generation Z: eine empirische Analyse des Bindungsbedürfnisses an Unternehmen und dessen Einflussfaktoren (No. 70). Arbeitspapiere der FOM.

Bund, K., Heuser, U., Kunze, A., Debiel, T., Hippler, J., Roth, M., & Ulbert, C. (2013). Literaturempfehlungen zum Wahlpflichtfach Gesellschaftswissenschaften. Die Zeit, (11), 23-24.

Calmbach, M., Borgstedt, S., Borchard, I., Thomas, P. M., & Flaig, B. B. (2016). Wie ticken Jugendliche 2016?: Lebenswelten von Jugendlichen im Alter von 14 bis 17 Jahren in Deutschland. Springer-Verlag.

Clark, T., Osterwalder, A., & Pigneur, Y. (2012). Business Model You: Dein Leben – Deine Karriere – Dein Spiel. Campus Verlag.

Eberhardt, D. (2016). Generationen zusammen führen: mit Millenials, Generation X und Babyboomern die Arbeitswelt gestalten (Vol. 10118). Haufe-Lexware.

Einramhof-Florian, H. (2017). Die Arbeitszufriedenheit der Generation Y. Springer Fachmedien Wiesbaden.

Gastaldi, L., Appio, F. P., Martini, A., & Corso, M. (2015). Academics as orchestrators of continuous innovation ecosystems: towards a fourth generation of CI initiatives. International journal of technology management, 68(1-2), 1-20.

Gerks, H. (2009). Absolventstudie 2008. Humboldt-Universität zu Berlin, Humboldt-Universität, Leitung und Verwaltung.

GfK, S. E. (2012). Auf der Suche nach einem kohärenten Qualitätsversprechen.

Gratton, L. (2012). Job future–Future jobs. Wie wir von der neuen Arbeitswelt profitieren. München.

Hamel, G. (2012). What matters now. Strategic Direction, 28(9).

Institut für Generationenforschung (2021). Generation Alpha. Retrieved from https://www. generation-thinking.de/post/generation-alpha, accessed: 25.06.2023.

Jeges, O. (2014). Generation Maybe: Die Signatur einer Epoche. Haffmans & Tolkemitt.

Jha, A. K. (2020). Understanding generation alpha.

Klaffke, M. (Ed.). (2011). Personalmanagement von Millennials: Konzepte, Instrumente und Best-Practice-Ansätze. Springer-Verlag.

Klaffke, M. (2014). Millennials und Generation Z – Charakteristika der nachrückenden Arbeit-nehmer-Generationen. In: Generationen-Management (pp. 57-82). Springer Gabler, Wiesbaden.

Lehndorff, S. (2016). Staatliche Arbeitszeitpolitik im Finanzmarktkapitalismus Erfahrungen mit der 35-Stunden-Woche in Frankreich und Anregungen für Deutschland. Arbeit und Arbeitsregulierung im Finanzmarktkapitalismus: Chancen und Grenzen eines soziologi-schen Analysekonzepts, 219-258.

Leonardi, P. M., & Bailey, D. E. (2008). Transformational technologies and the creation of new work practices: Making implicit knowledge explicit in task-based offshoring. MIS quarterly, 411-436.

Löhr, J. (2013). Freizeit als Statussymbol. Frankfurter Allgemeine Zeitung C, 1.

Neirotti, P., Paolucci, E., & Raguseo, E. (2013). Mapping the antecedents of telework dif-fusion: firm-level evidence from Italy. New Technology, Work and Employment, 28(1), 16-36.

Raguseo, E., Paolucci, E., & Neirotti, P. (2015). Exploring the tensions behind the adoption of mobile work practices in SMEs. Business Process Management Journal, 21(5), 1162-1185.

Raguseo, E., Gastaldi, L., & Neirotti, P. (2016, December). Smart work: Supporting emp-loyees' flexibility through ICT, HR practices and office layout. In Evidence-based HRM: a global forum for empirical scholarship (Vol. 4, No. 3, pp. 240-256). Emerald Group Publishing Limited.

Schroth, H. (2019). Are you ready for Gen Z in the workplace? California Management Re-view, 61(3), 5-18.

Ter Hoeven, C. L., & Van Zoonen, W. (2015). Flexible work designs and employee well-being: Examining the effects of resources and demands. New Technology, Work and Employ-ment, 30(3), 237-255.

Turk, V. (2017). Understanding Generation Alpha. Hotwire. UK.

Zerle, C., Krok, I., & Stiftung, B. (2008). Null Bock auf Familie? Der schwierige Weg junger Männer in die Vaterschaft. Gütersloh: Bertelsmann Stiftung.

15 Welchen Einfluss Geschlechterrollen in der Arbeitswelt haben

Und wie der richtige Umgang damit Effizienzen heben kann

Von Elena Benner, 24, Werkstudentin im Bereich Global People & Organisation HR Business Partner bei Siemens

In der Gesellschaft sind traditionelle Rollenbilder tief verankert und definieren bestimmte Verhaltensweisen und Eigenschaften als stereotyp weiblich oder männlich. Diese Geschlechterrollen zeigen sich ebenfalls in der Arbeitswelt und führen zu erheblichen Ungleichheiten in den verschiedensten Bereichen. Es ist jedoch erforderlich, dass Unternehmen frühzeitig umdenken, da die neu eintretende Generation auf dem Arbeitsmarkt noch nie so offen queer war und damit einhergehend Geschlechterstereotype infrage stellt. Darüber hinaus haben viele Unternehmen noch nicht das Potenzial erkannt, das mit einem angemessenen Umgang mit Geschlechterrollen und deren Aufbruch verbunden ist.

15.1 Einleitung

Powermann, Familienmutter oder Chefinnensache – traditionelle Rollenbilder normen in einer Gesellschaft, was als typisch weiblich oder männlich gilt. Die damit verbundenen Erwartungen und Verhaltensweisen, die Männern und Frauen auferlegt werden, prägen bereits frühzeitig ihre gesellschaftliche Rolle. Angesichts des Jahres 2023 könnte man annehmen, dass Geschlechtergleichheit längst erreicht wäre. Auf der Seite der Frauen findet sich eine gesteigerte Berufstätigkeit und auch die Aufteilung der Familienarbeit wird fortschreitend gleichberechtigter. Doch beim derzeitigen Entwicklungstempo wird es laut Erkenntnissen des World Economic Forums voraussichtlich noch weitere 132 Jahre dauern, bis die vollständige Gleichstellung der Geschlechter erreicht ist.[1]

Die Arbeitswelt ist an dieser langsamen Entwicklung nicht unbeteiligt. Geschlechterrollen zeichnen sich auch im Erwerbsleben von Menschen ab und führen zu signifikanten Ungleichheiten in den verschiedensten Bereichen – von der Arbeitszeit über den Verdienst bis hin zur geschlechtsbezogenen Diskriminierung. Es existieren gar ganze Branchen, die von festgefahrenen Rollenbildern besetzt sind.

Jedoch zeichnet sich ein vielversprechender Hoffnungsschimmer ab, denn die Generation Z stellt Unternehmen vor neue Herausforderungen hinsichtlich ihrer Er-

---

1   Vgl. World Economic Forum 2022, o. S.

wartungen an die Arbeitswelt.[2] Diese jungen Menschen möchten aktiv mitgestalten, mitentscheiden und fordern Eigenbeteiligung.[3] Auch Diversity ist den Digital Natives ein wichtiges Anliegen. Die internationale Studie der TEAM LEWIS Foundation ergab, dass Geschlechtergerechtigkeit zu den vier wichtigsten gesellschaftlichen Themen der Gen Z zählt.[4] Des Weiteren zeigt sich, dass keine andere Generation so offen queer ist. Laut einer Auswertung der Statista Global Consumer Survey fühlen sich 10 % der ab 1995 geborenen erwachsenen Personen in Deutschland der LGBTQI+-Community zugehörig.[5] Im Vergleich dazu beträgt dieser Anteil bei der Generation Boomer (1946-1964) nur 2 % und bei der Generation X (1965-1979) lediglich 4 %.[6] Dies kann auf die damalig erschwerten Bedingungen, Queerness auszudrücken, oder die fehlende Sichtbarkeit zurückzuführen sein.

Das binäre Gender-Denken und die tradierten Rollenbilder werden von jüngeren Generationen immer mehr einer kritischen Betrachtung unterzogen. Diese Entwicklung hat weitreichende Auswirkungen auf die Arbeitswelt von morgen und bietet die Möglichkeit, überholte Muster zu überwinden. Was das für das Jahr 2035 bedeutet, welche Vorteile für Arbeitgebende daraus resultieren und wie Diversität als erfolgreiches Führungsinstrument genutzt werden kann, wird in den nachfolgenden Kapiteln untersucht.

15.2 Geschlecht, Geschlechterstereotype und Geschlechterrollen

Das Geschlecht eines Menschen wird bei der Geburt aufgrund des äußerlichen Erscheinungsbilds der Genitalien bestimmt. In die Geburtsurkunde kann der Eintrag »männlich«, »weiblich«, »divers« erfolgen oder keine Geschlechtsangabe beinhalten. Die Option »divers« wurde im Dezember 2018 eingeführt und soll den Fall der Nichteindeutigkeit des Geschlechts in weiblich oder männlich abdecken.[7] Das zugeordnete Geschlecht muss nicht zwingend mit der geschlechtlichen Selbstwahrnehmung übereinstimmen, denn die Genderidentität richtet sich nach dem Empfinden des eigenen Geschlechts und nicht nach den körperlichen Gegebenheiten.[8] Dieses Selbstverständnis wird durch den Geschlechtsausdruck nach außen getragen und gelebt.[9]

Bei der Mehrheit der Menschen stimmt das ihnen bei der Geburt zugewiesene Geschlecht mit ihrem persönlichen Empfinden und/oder Ausdruck überein. Diese

---

2   Vgl. Einramhof-Florian 2022, S. 45.
3   Vgl. ebd.
4   Vgl. TEAM LEWIS Foundation 2022, o. S.
5   Vgl. Statista Global Consumer Survey 2022, o. S.
6   Vgl. ebd.
7   Vgl. BMI 2018, o. S.
8   Vgl. Scholz/Heun 2022, S. 4.
9   Vgl. ebd.

Menschen werden als cis bezeichnet. So wurde einer cis-Frau das Geschlecht weiblich bei der Geburt zugeordnet und gleichzeitig identifiziert sie sich auch als Frau. Wenn diese Übereinstimmung nicht vorhanden ist, spricht man von trans. Trans Menschen identifizieren sich nicht mit dem bei der Geburt vergebenen Geschlechtseintrag.[10] Menschen, die sich wiederum überhaupt nicht im binären Geschlechtersystem der Zweigeschlechtlichkeit wiederfinden, verstehen sich als nicht-binär.[11] Die Geschlechtervielfalt ist als Spektrum zu sehen, denn es existieren noch viele weitere Formen der Geschlechtervarianz und -identifikation.[12]

Obwohl letztere Formen der geschlechtlichen Identität immer mehr Akzeptanz finden, beruht das Konzept des Geschlechts nach wie vor primär auf der Heteronormativität.[13] Sie stellt die Ausprägung der Zweigeschlechtlichkeit in Mann und Frau mit der einhergehenden Heterosexualität als gesellschaftliche Norm dar. Andere Sexualitäten und Geschlechter finden sich in dieser binären Geschlechterordnung nicht wieder und gelten demnach als Abweichung der Norm. Das Geschlecht sollte jedoch als ein Spektrum verstanden werden, das sich nicht nur auf die beiden Kategorien Mann und Frau beschränkt.[14] Eine Folge der erzeugten Kategorien weiblich und männlich sind die damit verbundenen Erwartungen an jedes Geschlecht. Diese Unterscheidung prägt das soziale und kulturelle Leben einer Person.[15]

Der Begriff »Stereotyp« wurde bereits im Jahr 1922 von Lippmann in seinem Buch *Public Opinion* verwendet und als Bilder in den Köpfen von Menschen beschrieben.[16] Nach Eckes sind »Geschlechterstereotype [...] kognitive Strukturen, die sozial geteiltes Wissen über die charakteristischen Merkmale von Frauen bzw. Männern enthalten«.[17] Sie sind einerseits durch ihre deskriptiven Anteile, die traditionelle Annahmen über die Eigenschaften und Verhaltensweisen von Frauen und Männer umfassen, und andererseits durch präskriptive Anteile, die sich auf traditionelle Annahmen, wie Frauen und Männer sein sollen oder sich zu verhalten haben, gekennzeichnet.[18] Aus einer Verletzung der Annahmen folgen gewöhnlich Ablehnung oder Bestrafung, nur selten kommt es zu einer Änderung der Stereotype, diese sind daher enorm änderungsresistent.[19] Geschlechterstereotype werden automatisch abgerufen und dienen primär der Vereinfachung von Sachverhalten.[20] Die erlernten Denkweisen gegenüber den

---

10 Vgl. Köllen 2017, S. 426.
11 Vgl. Scholz 2022, S. 175.
12 Vgl. Scholz/Heun 2022, S. 3.
13 Vgl. Tuider 2022, S. 464.
14 Vgl. Scholz/Heun 2022, S. 3.
15 Vgl. Ostner 2018, S. 137.
16 Vgl. Lippmann 1922, S. 98.
17 Eckes 1997, S. 17.
18 Vgl. Eckes 2008, S. 171.
19 Vgl. ebd.
20 Vgl. Keller 1978, S. 10.

Geschlechtern werden bereits als Kind durch Eltern, soziales Umfeld und Medien vermittelt.[21]

Geschlechterrollen sind eng mit Geschlechterstereotypen verbunden, wobei die Unterscheidung in der Literatur uneinheitlich ist.[22] Zusammenfassend lässt sie sich darin begründen, dass Geschlechterrollen auf den sozial geteilten Verhaltenserwartungen eines Geschlechts und Geschlechterstereotype hingegen auf stereotypgestütztem Wissen gegenüber bestimmten Menschen beruhen.[23] Über verschiedene Kulturen hinweg ist die Rolle des starken Mannes, der außerhäuslichen Aktivitäten nachgeht, und die Rolle der fürsorglichen Frau, die sich um Haushalt und Familie kümmert, präsent.[24] Die relative Änderungsresistenz von Geschlechterrollen sorgt dafür, dass, obwohl sie überholt sind und nicht auf jedes Individuum zutreffen müssen, sie als leitende und tief verankerte Norm in der Gesellschaft gelten und schon früh Erwartungen an Frauen und Männer stellen.

15.3 Geschlechterrollen in der heutigen Arbeitswelt und ihre Folgen

Geschlechterrollen bestimmen nicht nur in der Gesellschaft, wie Frauen und Männer zu sein haben, auch die Arbeitswelt ist geprägt von stereotypen Denkweisen, die sich insbesondere in den Bereichen Arbeitszeit, Berufswahl und Verdienst abzeichnen. Neben den herrschenden Ungleichheiten bringen Geschlechterrollen vielschichtige Folgen mit sich, die sowohl Individuen als auch Strukturen tangieren. Darüber hinaus findet geschlechterbezogene Diskriminierung in der Arbeitswelt statt und betrifft besonders jene Personen, die von den akzeptierten Normen abweichen. Die folgenden Abschnitte sollen Einblicke in die bestehenden Unterschiede mit den daraus resultierenden Auswirkungen geben.

15.3.1 Genderstereotype – veraltete Überzeugungen in bestehenden Systemen

In zahlreichen Untersuchungen wurden in den letzten Jahrzehnten Geschlechterstereotype intensiv untersucht. Forschende haben dabei zwei große Gruppen von Stereotypen bezogen auf das Geschlecht identifizieren können:[25]

---

21 Vgl. Hale/Holl/Melzer 2022, S. 429.
22 Vgl. Eckes 2008, S. 171.
23 Vgl. ebd.
24 Vgl. Hollstein 2004, S. 245.
25 Vgl. Brescoll 2016, S. 416.

- Handlungsfähigkeit (engl. »Agency«), welches mit Männern assoziiert wird und für die Attribute wie erfolgsorientiert, rational, verantwortungsbewusst und unabhängig stehen.
- Gemeinschaftlichkeit (engl. »Communality«), welches mit Frauen verbunden wird und für die Eigenschaften wie hilfsbereit, freundlich, sensibel und respektvoll stehen.

Dabei besteht nicht nur die Vorstellung, dass Männer und Frauen unterschiedliche Charakteristika besitzen, sondern auch die Annahme, dass Frauen tendenziell das fehlt, was bei Männern am stärksten ausgeprägt ist, und andersherum.[26]

Eine der bekanntesten Studien im Kontext Genderstereotype am Arbeitsplatz ist die Untersuchung »Heidi Roizen«.[27] In der Untersuchung erhielten zwei Gruppen von Studierenden den Lebenslauf von Heidi Roizen, einer realen, erfolgreichen Risikokapitalgeberin mit einer beeindruckenden Karriere. Der einzige Unterschied zwischen den Gruppen bestand darin, dass die eine Gruppe den Lebenslauf unter dem Namen »Heidi Roizen« erhielt, während die andere Gruppe den Namen »Howard Roizen« zugeteilt bekam. Beide Gruppen stuften Heidi und Howard als gleich kompetent ein, jedoch wurde Howard als sympathisch und aufrichtig wahrgenommen, während Heidi egoistisch und machtgierig bewertet wurde. Während demnach bei Howard eine positive Korrelation zwischen Erfolg und Sympathie bestand, war diese bei Heidi negativ. Dies unterstreicht die im vorherigen Absatz vorgestellten Erkenntnisse: Erfolgsorientiert wird eher mit Männern assoziiert und daher auch eher toleriert. Frauen, die dieses männlich konnotierte Stereotyp bedienen, fallen aus ihrer Rolle, was sich wiederum auf ihre Sympathie auswirkt.

Auch die deutsche Medienberichterstattung ist von einem traditionellen Rollenverständnis nicht frei. Im Rahmen der Studie »Die Ausnahme, die Rabenmutter, die Kämpferin« erfolgte eine Inhaltsanalyse von 850 Artikeln aus großen deutschen Tageszeitungen und Wirtschaftsmagazinen bezüglich ihrer Darstellung von weiblichen und männlichen Führungskräften in Vorständen, Geschäftsführungen und Bereichsleitungen.[28] Zudem wurden sechs Experteninterviews mit Vertreterinnen aus Wirtschaft und Journalismus durchgeführt. Laut der Studie nimmt das Familienleben von Frauen 2,5-mal so viel Raum in der Berichterstattung im Vergleich zu ihren männlichen Kollegen ein. Das Liebesleben wird sogar 3,5-mal häufiger bei Frauen thematisiert. Auch dem Aussehen wird in der Berichterstattung bei Frauen gegenüber den Männern deutlich mehr Raum gewidmet. Die äußere Erscheinung von Frauen wird ausführlicher beschrieben und nimmt etwa 30 % mehr Platz ein als das von Männern. Zudem werden

---

26   Vgl. ebd.
27   Vgl. Ely/Ibarra/Kolb 2011, S. 14.
28   Vgl. Hiesserich/Lämmle/Hofmann 2020, S. 6 ff.

typisch »männliche« Führungsqualitäten beiden Geschlechtern zugeschrieben, sind bei Frauen jedoch häufig mit negativen Konnotationen verbunden. Die Analyse zeigt deutliche Diskrepanzen in der Darstellung von weiblichen und männlichen Führungspersonen in den Medien.

> *Medien sollten sich ihrer Verantwortung bewusst sein und dass sie das Rollenbild in Deutschland wesentlich prägen. Und dass sie eine Rolle darin haben könnten, das gesellschaftliche Bild zu verändern.*
> Janina Kugel, Senior Advisor bei der Boston Consulting Group

Die weitverbreiteten Überzeugungen über Männer und Frauen weisen eine erstaunliche Konsistenz auf, sind kulturübergreifend präsent und verzeichnen schwerwiegende Konsequenzen.[29] Auch in der Arbeitswelt. In Bezug auf Führungspositionen im Berufsleben werden beispielsweise eher Verhaltensweisen erwartet, die männlich konnotiert sind.[30] So drohen einer Frau, wenn sie von ihrer vorgeschriebenen Rolle abweicht, Nachteile, die sich auf ihre Sympathie oder Kompetenz auswirken können.[31] Je größer die Diskrepanz zwischen den beschreibenden Normen für die weibliche Geschlechterrolle und eine Führungsrolle ist, desto eher werden Frauen als weniger qualifiziert für eine Führungsposition angesehen.[32] Dieses Phänomen wird auch als Theorie der Rolleninkongruenz bezeichnet.[33]

15.3.2 Arbeitszeit – Vollzeit vs. Teilzeit gleich männlich vs. weiblich?

Die durchschnittliche Wochenarbeitszeit in Deutschland lag im Jahr 2021 bei Vollzeitbeschäftigten bei 40,5 Stunden und bei Teilzeitbeschäftigten bei 20,8 Stunden.[34] Abseits der Stundendifferenz existiert auch bei den Beschäftigungsformen eine große Diskrepanz zwischen den Geschlechtern. Nahezu die Hälfte aller erwerbstätigen Frauen arbeitet in Teilzeit, während es bei erwerbstätigen Männern nur etwa jeder Zehnte ist.[35] Auch liegt der generelle Frauenanteil in Teilzeitarbeit bei 79 %.[36] Während für Frauen familiäre Verpflichtungen den Hauptgrund für eine Teilzeittätigkeit darstellen, wählen Männer diese Beschäftigungsform primär aufgrund der Bildung.[37] Sogar der Grund, keine Vollzeittätigkeit zu finden, ist bei Männern ausschlaggebender als die familiäre Betreuung.[38] Neben den individuellen Motiven spielen auch strukturelle Fak-

---

29 Vgl. Heilman 2012, S. 123.
30 Vgl. ebd.
31 Vgl. ebd.
32 Vgl. Eagly/Karau 2002, S. 576 f.
33 Vgl. ebd.
34 Vgl. Statistisches Bundesamt 2023a, o. S.
35 Vgl. BMFSFJ 2023, o. S.
36 Vgl. IAQ 2022, S. 2.
37 Vgl. WSI GenderDatenPortal 2021, S. 1.
38 Vgl. ebd.

toren eine tragende Rolle. So verzeichnen Branchen mit einer erhöhten Teilzeitquote auch einen höheren Frauenanteil.[39]

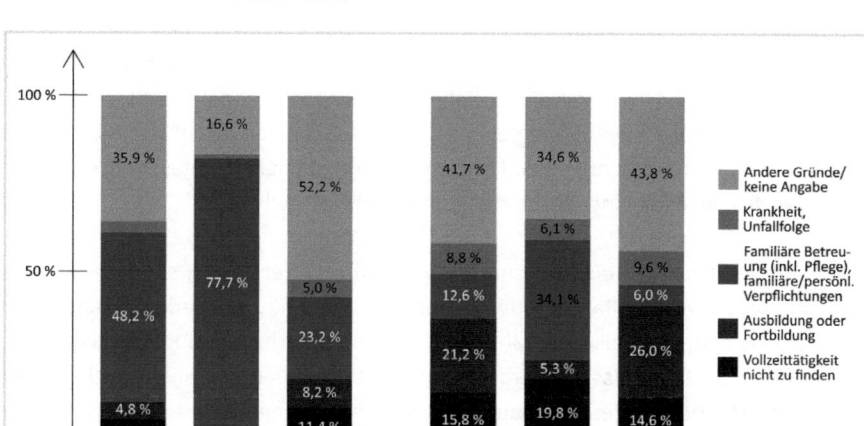

Abb. 1: Gründe für Teilzeittätigkeit erwerbstätiger Frauen und Männer in Deutschland (2019) (Quelle: in Anlehnung an WSI GenderDatenPortal 2021, S. 1)

Auch in Bezug auf die Inanspruchnahme von Elternzeit bestehen erhebliche Diskrepanzen. Im Jahr 2021 betrug die Elternzeitquote bei Müttern mit einem jüngsten Kind unter drei Jahren 45,1 %, hingegen lag die Quote unter Vätern bei 2,6 %.[40] Ebenso zeigen sich große Unterschiede bei der Familienform Alleinerziehend. Beinahe neun von zehn alleinerziehenden Personen sind weiblich.[41] Diese Realität bestätigt bedauerlicherweise das Stereotyp, dass die Sorge um die Familie primär Frauensache ist. Und das, obwohl die Mehrheit der Väter (79 %) sich wünscht, mehr Zeit mit der Familie zu verbringen.[42] Zudem würde gerne rund ein Drittel der Väter in Teilzeit arbeiten wollen.[43] Doch viele Männer befürchten berufliche Konsequenzen oder ökonomische Einbußen bei der Inanspruchnahme von Elternzeit.[44] Vorurteile und Ängste hindern sie demnach, sich im Familienleben stärker einzubringen.

Bei der Diskussion über Erwerbsarbeit ist es unerlässlich, auch die Sorgearbeit mit einzubeziehen. Während laut der Studie VAPRO »You don't need to be Superheroes« der TU Braunschweig fast jeder zweite Vater von Gleichberechtigung bei Haus- und Familienarbeit berichtet, könnte das Ergebnis in der Realität nicht ungleicher ausfallen.[45]

39   Vgl. Althaber 2019, S. 23.
40   Vgl. Statistisches Bundesamt 2022a, o. S.
41   Vgl. BMFSFJ 2021a, S. 51.
42   Vgl. Juncke/Braukmann/Heimer 2018, S. 7.
43   Vgl. ebd.
44   Vgl. Samtleben/Schäper/Wrohlich, 2019, S. 607.
45   Vgl. Bäuer et al. 2023, S. 6.

Frauen leisten im Durchschnitt 52,4 % mehr unbezahlte Sorgearbeit als Männer.[46] Care-Arbeit umfasst verschiedene Aufgaben im Bereich der Fürsorge und Betreuung, wie beispielsweise die Kinderbetreuung, die Pflege älterer Menschen oder auch die Unterstützung innerhalb der Familie oder Freunden und wird oft als unbezahlte Hausarbeit angesehen.[47] Trotz ihrer persönlichen, gesellschaftlichen und wirtschaftlichen Bedeutung ist Care-Arbeit im Vergleich zur Erwerbsarbeit abgewertet.[48] Sie wird als eine weniger prestigeträchtige und karrierefördernde Tätigkeit angesehen, die durch die ungleiche Verteilung insbesondere Frauen zum Nachteil gerät.[49]

Frauen tragen nicht nur eine erhöhte Last an unbezahlter Arbeit, sondern auch an unsichtbarer Arbeit. Im Rahmen der Vermächtnisstudie 2023 wurde der Anteil der kognitiven Arbeit, auch als »Mental Load« bekannt, innerhalb von Paarbeziehungen untersucht.[50] Die Ergebnisse zeigen, dass unsichtbare Arbeit Frauen deutlich stärker belastet als Männer. Frauen sind häufiger für alltägliche Angelegenheiten (z. B. Termine, Haushalt, Essen, Einkäufe) sowie für die Denk- und Planarbeit in Bezug auf Kinder und Freizeitaktivitäten verantwortlich. Von den insgesamt 21 abgefragten Aufgaben fallen lediglich drei (Reparaturen, handwerkliche To-Dos und Finanzangelegenheiten) hauptsächlich oder ausschließlich in den Verantwortungsbereich von Männern. Männer gehen auch in dieser Untersuchung häufiger als Frauen davon aus, dass die mentale Arbeit fair verteilt ist. Frauen hingegen erkennen die Last deutlich häufiger bei sich selbst.

Sei es die Teilzeitarbeit, die Frauen hauptsächlich für Familienarbeit in Anspruch nehmen, die genommene Elternzeit, die das Arbeitsleben von Frauen unterbricht, oder unbezahlte aufgebrachte Sorgearbeit zu Hause: Die Rolle der fürsorglichen und hilfsbereiten Mutter findet auch im Rahmen der Arbeitszeit statt. Und obwohl Männer gerne ihr auferlegtes Stereotyp, der zielstrebige und arbeitende Ernährer, durchbrechen möchten, gelingt es ihnen heute noch nicht.

15.3.3 Berufswahl – Mia wird Erzieherin und Noah Bautechniker

Was, wenn es eine Möglichkeit gäbe, das Bruttoinlandsprodukt in Europa bis 2027 um 600 Milliarden Euro zu steigern? Eine solche Maßnahme existiert tatsächlich, und zwar den Frauenanteil in Tech-Jobs bis dahin zu verdoppeln.[51] Würde der Frauenanteil in Tech-Rollen von den heutigen 22 % auf 45 % steigen, könnte Europas BIP um einen

---

46 Vgl. Klünder 2017, S. 11.
47 Vgl. bpb 2020, o. S.
48 Vgl. Graefer 2021, o. S.
49 Vgl. Bomert et al. 2021, S. 10.
50 Vgl. Vermächtnisstudie 2023, S. 12 ff.
51 Vgl. Blumberg et al. 2023, S. 2.

Betrag von 260 bis 600 Milliarden Euro erhöht werden.[52] Dies ergab eine McKinsey-Analyse aus dem Jahr 2023.[53] Der Zusammenhang besteht darin, dass ein höherer Frauenanteil dem akuten Fachkräftemangel im Technologieumfeld entgegensteuert.[54] Aber nicht nur im IT-Sektor, sondern auch im Handwerk und in der Industrie ist das Geschlechterverhältnis weit von einer ausgewogenen Verteilung entfernt.[55]

Top 5 Berufsgruppen mit dem höchsten Frauenanteil			Top 5 Berufsgruppen mit dem höchsten Männeranteil		
1	Erziehung, Soziales, Hauswirtschaft, Theologie	83,9 %	1	Hoch- und Tiefbau	98,2 %
2	Medizinische Gesundheitsberufe	81,4 %	2	(Innen-) Ausbau	96,3 %
3	Nichtmed. Gesundheitsberufe, Körperpflege, Wellness, Medizintechnik	78,8 %	3	Gebäude- und Versorgungstechnik	95,5 %
4	Recht und Verwaltung	75,1 %	4	Fahrzeug- und Transportgeräteführung	94,0 %
5	Reinigung	74,1 %	5	Metallerzeugung, -bearbeitung, -bau	90,8 %

Abb. 2: Top 5 Berufsgruppen in Deutschland nach Geschlechteranteil (Quelle: in Anlehnung an Statista 2023, o. S.)

Den höchsten Frauenanteil mit 83,9 % verzeichnet die Berufsgruppe »Erziehung, Soziales, Hauswirtschaft und Theologie«.[56] Frauen sind ebenfalls überwiegend in Gesundheitsberufen, sowohl im medizinischen als auch im nicht-medizinischen Bereich, sowie in den Bereichen Körperpflege, Wellness und Medizintechnik beschäftigt.[57] Im Gegensatz dazu sind im Baugewerbe fast ausschließlich Männer vertreten.[58] Die Berufsgruppe »Hoch- und Tiefbau« weist einen Männeranteil von 98,2 % auf.[59] Auch in Berufen der Gebäude- und Versorgungstechnik, der Fahrzeugführung sowie der Metallerzeugung sind nahezu ausschließlich Männer tätig.[60]

Die Wahl des Studienfachs liefert bereits Hinweise auf geschlechtsspezifische Muster und Tendenzen. In den Top 10 der beliebtesten Studiengänge sind bei Männern sechs MINT-Fächer vertreten, hingegen bei Frauen lediglich ein naturwissenschaftliches Fach.[61] Studentinnen zeigen eher eine Neigung zu Studiengängen im Bereich Rechts-, Wirtschafts-, Gesundheits- und Sozialwissenschaften, die sich bei Männern vergleichsweise weniger durchsetzen.[62] Ähnliche Richtungen zeigen sich auch bei den Ausbildungsberufen. Hier neigen Frauen zu wirtschaftlichen Ausbildungen, wie Kauffrau für

---

52   Vgl. ebd.
53   Vgl. ebd.
54   Vgl. ebd.
55   Vgl. Statistisches Bundesamt 2023b, o. S.
56   Vgl. Statista 2023a, o. S.
57   Vgl. ebd.
58   Vgl. ebd.
59   Vgl. ebd.
60   Vgl. ebd.
61   Vgl. Statistisches Bundesamt 2022b, o. S.; vgl. Statistisches Bundesamt 2022c, o. S.
62   Vgl. ebd.

Büromanagement, oder Lehren im gesundheitlichen Bereich, wie medizinische Fachangestellte.[63] Wiederum tendieren Männer zu handwerklichen oder technischen Ausbildungsberufen, wie Kraftfahrzeugmechatroniker oder Fachinformatiker.[64]

Es gibt nicht nur große Unterschiede in den Branchen, sondern auch in den ausgeübten Positionen. Gemäß dem Bericht der AllBright Stiftung übertraf im Jahr 2022 die Anzahl der Vorstandsvorsitzenden mit dem Namen Christian die Anzahl der weiblichen Vorstandsvorsitzenden.[65] Im Allgemeinen ist der Anteil von Frauen in Führungspositionen gering. So ist nur knapp ein Drittel der Führungskräfte (29,2 %) weiblich.[66] Eine mögliche Ursache dafür ist die Seltenheit von Teilzeitbeschäftigungen in leitenden Positionen. Im Jahr 2019 waren nur etwa 14 % der Führungskräfte in Deutschland in Teilzeit tätig.[67] Dieser Arbeitszeitansatz wird primär von Frauen gewählt, rund ein Drittel aller Frauen in Führungspositionen arbeiteten in Teilzeit, verglichen mit etwa 3 % der Männer.[68] Ein weiterer Grund ist die schlechte Vereinbarkeit von Karriere und Mutterschaft. Frauen in Führungspositionen haben vergleichsweise zu Männern häufiger keine oder weniger Kinder.[69]

Schon bei dem ersten wichtigen Schritt in Richtung Berufsleben, sei es durch eine Ausbildung oder ein Studium, zeigen sich deutliche Unterschiede zwischen Frauen und Männern. Dieser erste Wegweiser weist bereits typische »Frauen- und Männerberufe« auf, die geschlechtsspezifische Vorurteile begünstigen und die Aufrechterhaltung von Geschlechterstereotypen unterstützen können. Dies kann, wie erörtert, einen erheblichen Einfluss auf den weiteren beruflichen Werdegang haben.

15.3.4　Verdienst – mehr als nur der Gender-Pay-Gap

Im Jahr 2023 haben Frauen bis zum 7. März unentgeltlich gearbeitet.[70] Dies ist kein Szenario aus der Realität, sondern ein symbolischer Zeitraum für den Gender-Pay-Gap. Im Durchschnitt verdienen erwerbstätige Frauen pro Stunde 18 % weniger als erwerbstätige Männer.[71] Der 7. März kennzeichnet demzufolge die statistische Lohnlücke in Tagen und wird daher auch als Equal Pay Day bezeichnet.[72]

63　Vgl. Statistisches Bundesamt, 2023c o. S.
64　Vgl. Statistisches Bundesamt, 2023d o. S.
65　Vgl. AllBright 2022, S. 8.
66　Vgl. Statistisches Bundesamt, 2023 o. S.
67　Vgl. Hipp/Sauermann/Stuth 2023, S. 87.
68　Vgl. ebd.
69　Vgl. Wippermann 2010, S. 30.
70　Vgl. BMFSFJ 2022, o. S.
71　Vgl. ebd.
72　Vgl. ebd.

Beim Gender-Pay-Gap wird zwischen dem unbereinigten und bereinigten Verdienstunterschied differenziert.[73] Die unbereinigte Lohnlücke zeigt, dass im Durchschnitt, über alle Branchen und Positionen hinweg, Frauen 18 % weniger verdienen als Männer.[74] Der bereinigte Gender-Pay-Gap hingegen zieht strukturelle Rahmenbedingungen ab, wie etwa den Beschäftigungsumfang, Berufserfahrung, Bildung und Position.[75] Demnach verdienen Frauen bei vergleichbarer Tätigkeit und Qualifikationen im Schnitt 6 % weniger als ihre männlichen Kollegen.[76] Im Zeitverlauf sind beide Werte eher gering gesunken.[77]

Wie bereits in Kapitel 15.3.2 erläutert wurde, ist knapp die Hälfte aller erwerbstätigen Frauen in Teilzeit tätig, was sich unmittelbar auf ihre Einkommenshöhe auswirkt. Doch nicht nur Teilzeit ist weiblich, auch arbeiten Frauen häufiger im Niedriglohnbereich.[78] Bei der Betrachtung der Kinderarmut zeigt sich, dass etwa die Hälfte der alleinerziehenden Haushalte betroffen ist und somit größtenteils Frauen.[79] Des Weiteren weisen alleinerziehende Personen und alleinlebende Frauen im Vergleich zu anderen Haushaltstypen eine höhere Armutsgefährdungsquote auf.[80] Das geschlechtsspezifische Gefälle zieht sich bis in die Rente. Frauen beziehen ab einem Alter von 65 Jahren durchschnittlich 29,9 % weniger Alterseinkünfte als Männer.[81] Dieser Wert wird auch als Gender-Pension-Gap bezeichnet.[82]

Eine Untersuchung des Deutschen Instituts für Wirtschaftsforschung zeigt, dass die Verdienstunterschiede nicht nur in der Realität existieren, sondern auch in den Köpfen der Menschen verankert sind.[83] Im Rahmen der Studie wurden den befragten Personen Profile von fiktiven Menschen präsentiert. Die Analyse ergab, dass sowohl die befragten Männer als auch die befragten Frauen bei exakt gleichen Merkmalen und Tätigkeiten des vorgelegten Profils einen Gender-Pay-Gap von etwa 3 % als gerecht empfanden. In Bezug auf die Gerechtigkeitsbewertungen ergaben sich auch Unterschiede, die vom Alter der Teilnehmenden abhängig waren. Jüngere befragte Personen (23 bis 33 Jahre) bewerteten das Einkommen der weiblichen und männlichen Profile etwa gleich, hingegen zeigte sich bei den älteren befragten Personen (34 bis 63 Jahre) ein statistisch signifikanter Gender Bias in der Bewertung des Erwerbseinkommens basierend auf dem Geschlecht. Eine ähnliche Tendenz offenbarte sich auch bei zunehmendem Alter des fiktiven Profils. Die Ergebnisse legen nahe, dass mit zu-

---

73   Vgl. Antidiskriminierungsstelle des Bundes 2021a, o. S.
74   Vgl. Antidiskriminierungsstelle des Bundes 2021b, o. S.
75   Vgl. ebd.
76   Vgl. ebd.
77   Vgl. Statista 2023b, o. S.; vgl. Statista 2023c o. S.
78   Vgl. Grabka/Göbler 2020, S. 49.
79   Vgl. Lenze/Funke 2016, S. 9.
80   Vgl. Statistisches Bundesamt 2023f, o. S.
81   Vgl. Statistisches Bundesamt 2023 g, o. S.
82   Vgl. ebd.
83   Vgl. Adriaans/Sauer/Wrohlich 2020, S. 149 f.

nehmendem Alter der befragten Personen sowie der bewerteten fiktiven Profile die Annahme, dass eine ungleiche Bezahlung aufgrund des Geschlechts gerechtfertigt ist, steigt.

Einkommensunterschiede, Arbeit im Niedriglohnsektor und die Familienform Alleinerziehend betreffen hauptsächlich Frauen. Dies wirkt sich mit erheblichen Konsequenzen auf ihr Leben aus und kann sogar im Alter in Armut enden. Nicht zuletzt werden diese strukturellen Gegebenheiten durch vorherrschende Vorurteile in der Gesellschaft unterstützt.

15.3.5   Diskriminierung – zu queer für den Arbeitsplatz?

Bislang wurde in den beschriebenen Studienergebnissen zu den herrschenden Geschlechterrollen in der Arbeitswelt ausschließlich das binäre Geschlechtersystem, d. h. die Kategorien Mann und Frau, erörtert. Diese Beschränkung resultiert einerseits aus der begrenzten Datenlage, die oft keine Möglichkeit bietet, andere Geschlechtsidentitäten einzubeziehen. Gleichzeitig spiegeln bisherige Untersuchungen die Vernachlässigung von Menschen abseits der Heteronormativität wider. Geschlecht ist jedoch ein komplexes Konstrukt, das jenseits der traditionellen Zweiteilung existiert. Aus diesem Grund fokussiert sich dieses Kapitel auf die Beschäftigungssituation von queeren Arbeitnehmenden.

Die »Out im Office?!«-Studie hat umfangreiche Untersuchungen zur Arbeitssituation von lesbischen, schwulen, bisexuellen und trans angestellten Personen in Deutschland durchgeführt.[84] Die Ergebnisse dieser Studie waren äußerst alarmierend. Es zeigte sich dort, dass mehr als jede zehnte lesbische oder schwule Person mindestens eine Form direkter arbeitsplatzrelevanter Diskriminierung aufgrund ihrer Identität erfahren hat, wie beispielsweise die Verweigerung eines Arbeitsplatzes, Versetzungen oder sogar Kündigungen. Bei trans Personen erlebte sogar jede vierte solche Formen der Diskriminierung. Darüber hinaus berichtete mehr als jede fünfte lesbische, schwule oder bisexuelle Person von Mobbing, sozialer Ausgrenzung und Beschimpfungen am Arbeitsplatz. Diese Diskriminierungserfahrungen waren auch bei etwa einem Drittel der trans Personen präsent. Auch gab mehr als jede vierte befragte lesbische, schwule, bisexuelle oder trans Person an, dass ihr grenzübergreifendes Verhalten in Form von unangenehmen sexuellen Anspielungen am Arbeitsplatz begegnet war. Besorgniserregend ist zudem, dass laut der Studie 15,8 % der trans Arbeitnehmenden sexuelle Belästigung und Missbrauch am Arbeitsplatz erfahren haben.

---

84   Vgl. Frohn/Meinhold/Schmidt 2017, S. 50 f.

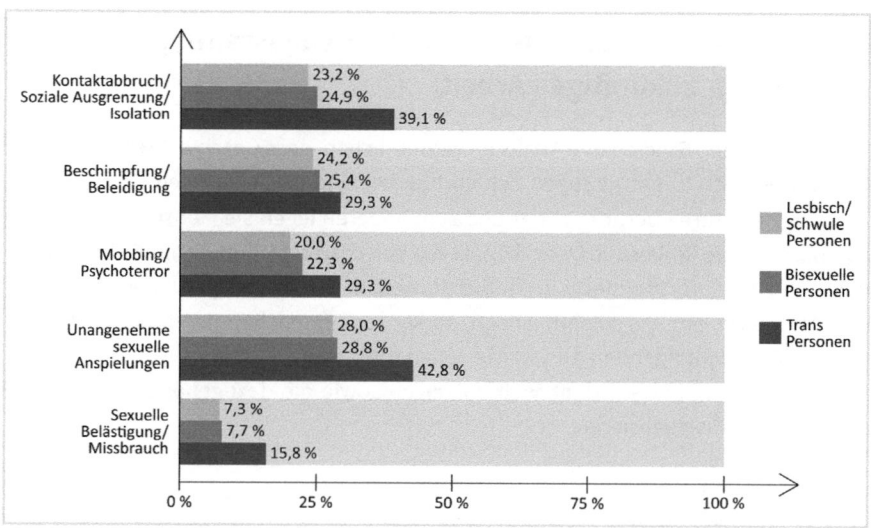

Abb. 3: Diskriminierungserfahrungen nach sexueller Identität bzw. Geschlechtsidentität (Quelle: in Anlehnung an Frohn/Meinhold/Schmidt 2017, S. 51)

Auch gaben nur ungefähr die Hälfte der lesbischen und schwulen Arbeitnehmenden sowie rund ein Drittel der bisexuellen und trans Beschäftigten an, voll und ganz offen mit ihrer sexuellen Orientierung oder Geschlechtsidentität im Arbeitsumfeld umzugehen, obwohl vielen von ihnen Offenheit wichtig ist, um Vorurteile abzubauen.[85] Diese Ergebnisse verdeutlichen, dass trotz des Wunsches nach Offenheit viele queere Beschäftigte ihre Identität verbergen. Gründe hierfür könnten die Angst vor Diskriminierung, Verurteilung und negativen Reaktionen seitens der Kollegen oder Vorgesetzten sein. Darüber hinaus ist der Arbeitsplatz für viele queere Menschen schlichtweg nicht sicher. Die Annahme einer möglichen Bedrohung durch Psychoterror, Beleidigungen oder sogar sexuelle Belästigung im Falle eines Outings führt dazu, dass die Entscheidung zwar gegen das Outing am Arbeitsplatz fällt, jedoch für die eigene Sicherheit.

Der Arbeitsplatz sollte ein Ort der Akzeptanz und Entfaltung für alle Menschen sein. Leider trifft dies insbesondere für Arbeitnehmende abseits des binären Geschlechtersystems nicht zu. Der Arbeitsmarkt birgt für queere Menschen zusätzliche Hürden aufgrund ihrer Identität. Diese können sich von der Ausgrenzung am Arbeitsplatz über eine Kündigung bis hin zur psychischen und physischen Gewalt erstrecken. Arbeitgebende müssen sich der Herausforderungen und Gefahren, mit denen queere Menschen konfrontiert sind, bewusst werden, um aktiv ein diskriminierungs- und vorurteilsfreies Arbeitsumfeld zu schaffen.

---

85   Vgl. Frohn/Meinhold/Schmidt 2017, S. 36 f.

15.4 Vorteile der Geschlechterrollenneugestaltung in der zukünftigen Arbeit

Die präsentierten Studien und Analysen verdeutlichen, dass Geschlechterrollen in der Arbeitswelt auch in der heutigen Zeit vorhanden sind. Dabei werden sie zum einen zu wenig strukturell berücksichtigt und zum anderen legen sie Menschen schwer zu durchbrechende Rollen auf. Dabei könnte ein bewussterer Umgang mit Geschlechterrollen und der Aufbruch dieser in der Arbeitswelt zu Effizienzsteigerungen führen und Herausforderungen, die zukünftig noch stärker zunehmen, könnten besser bewältigt werden. Die nachfolgenden Abschnitte sollen die Vorteile durch die Geschlechterrollenneugestaltung in der Arbeitswelt aufzeigen sowie die dazugehörige Perspektive des Jahres 2035 visualisieren.

15.4.1 Das Fachkräftepotenzial vor lauter Frauen nicht sehen

Laut dem BMWK betrachten bereits heute 55 % der Unternehmen den Fachkräftemangel als Risiko und von insgesamt 801 Berufsgattungen sind derzeit 352 mit Fachkräfteengpässen konfrontiert.[86] Prognosen zufolge wird die Anzahl der erwerbstätigen Fachkräfte noch weiter sinken.[87] Im Jahr 2035 sind nur noch 39,5 Millionen Fachkräfte auf dem Arbeitsmarkt zu erwarten, im Jahr 2020 waren es noch 43,5 Millionen.[88] Eine Maßnahme, dem entgegenzusteuern, wäre, die Teilhabe von Frauen am Arbeitsmarkt zu erhöhen.

> *Wenn alle Frauen mit Kindern unter sechs Jahren so viele Stunden im Job arbeiten würden, wie sie Umfragen zufolge gerne möchten, dann hätten wir mit einem Schlag 840.000 mehr Arbeitskräfte in Deutschland*
> Lisa Paus, Bundesfamilienministerin für Familie, Senioren, Frauen und Jugend

Strukturelle Gegebenheiten, die schlechte Vereinbarkeit von Beruf und Familie sowie zusätzliche Haus- und Erziehungsarbeit, die zum Großteil Frauen betreffen, erschweren es Müttern, mehr zu arbeiten, obwohl sie dies gerne möchten.[89] Besonders der Mangel an institutionellen Kinderbetreuungsmöglichkeiten beeinflusst die Arbeitszeitdiskrepanz von Müttern stark.[90]

---

86   Vgl. BMWK 2020, o. S.
87   Vgl. IW Köln 2021, o. S.
88   Vgl. ebd.
89   Vgl. Blömer et al. 2021, S. 32.
90   Vgl. ebd.

Das verborgene Potenzial und den hohen Bedarf an Betreuungsmöglichkeiten können Unternehmen durch ein familienfreundliches Arbeitsumfeld für sich nutzen. Familienfreundliche Maßnahmen wären in diesem Kontext die Einrichtung betrieblicher Kindertagesbetreuungen, die Bereitstellung von Belegplätzen oder auch die Kooperation mit Betreuungseinrichtungen.[91] Die daraus resultierenden Vorteile äußern sich in einer stärkeren Bindung der Mitarbeitenden, einer höheren Attraktivität der Arbeitgebenden und der Senkung von Fehlzeiten.[92] Die Wirkung auf Eltern zeigt auch eine erhöhte Motivation, gesteigerte Einsatzbereitschaft und Reduktion der Belastung durch Stress.[93] Eine Win-Win-Situation für alle beteiligten Akteure.

Best Practice – Effekte betrieblicher Kinderbetreuung

Im Zeitraum von 2006 bis 2011 führte das Center for Social Investment der Universität Heidelberg in Zusammenarbeit mit der BASF SE und educcare eine Studie zur Untersuchung der Auswirkungen betrieblicher Kinderbetreuung in einem Großunternehmen durch.[94] Im Folgenden findet sich die Zusammenfassung der Effekte aus der Analyse:

- Die öffentliche Hand profitiert am deutlichsten. Für jeden investierten Euro erhielt die Kommune den sechsfachen Ertrag.
- Ökonomische Effekte für das Unternehmen: früherer und umfassenderer Wiedereinstieg, geringere Wiedereingliederungskosten, Mehrarbeit durch kurzfristige Zubuchungsmöglichkeiten.
- Soziale Effekte für das Unternehmen: erhöhte Mitarbeitermotivation, gesteigerte Zufriedenheit, stärkere Mitarbeiterbindung und Stressreduktion.

Die Ergebnisse verdeutlichen, dass betriebliche Kindertagesstätten eine lohnende soziale Investition darstellen, da sie positive Erträge für die öffentliche Hand (Kommune), die Eltern und das Unternehmen generieren.

Obwohl familienfreundliche Maßnahmen in Unternehmen gezielt das Fachkräftepotenzial von Frauen fördern, könnten diese Maßnahmen in Bezug auf Mitarbeiterbindung und Arbeitgeberattraktivität auch für Väter einen Wettbewerbsvorteil darstellen. Die Hälfte der Väter hat entweder den Arbeitgeber bereits gewechselt oder zumindest darüber nachgedacht zu wechseln, um eine bessere Vereinbarkeit von Beruf und Familie zu erreichen.[95] Insbesondere jüngere Väter zeigen eine erhöhte Neigung zum Arbeitgeberwechsel.[96]

---

91   Vgl. Buchenau/Moll/Rosenkranz 2014, S. 33.
92   Vgl. ebd., S. 32.
93   Vgl. ebd.
94   Vgl. Then et. al. 2014, S. 3 ff.
95   Vgl. Juncke/Stoll/Samtleben 2022, S. 10.
96   Vgl. ebd., S. 15.

Familienfreundlichkeit am Arbeitsplatz beinhaltet ebenso die Möglichkeit der flexiblen Arbeitszeitgestaltung. Denn neben der Verbesserung der Vereinbarkeit von Beruf und Familie sind sie von essenzieller Relevanz für die Sicherstellung qualifizierten Fachkräftenachwuchses. In einer Untersuchung des Centre of Human Resources Information Systems gaben 4 von 10 befragten Personen der Generation Z an, dass sie ein Jobangebot ablehnen würden, sofern ihnen keine Option für Homeoffice zur Verfügung stünde.[97] Auch eine Work-Life-Balance weist eine hohe Relevanz bei den Digital Natives auf.[98]

Bereits heute stellt der Fachkräftemangel zahlreiche Unternehmen vor schwer zu bewerkstelligende Herausforderungen. Nach Prognosen wird dieser zukünftig noch stärker an Bedeutung gewinnen. Ein signifikanter, unterschätzter und in den meisten Unternehmen vorhandener Faktor, um dem Fachkräftemangel entgegenzuwirken, stellt die Erhöhung der Erwerbstätigkeit von Frauen dar. Dabei würden die daraus resultierenden Effekte Frauen mehrfach zugutekommen. Neben ihrem Wunsch nach einer verstärkten Partizipation im Erwerbsleben würde diese auch ihr Einkommen erhöhen, was wiederum die Anfälligkeit für Armut verringert. Diese Dynamik hat demnach auch positive Auswirkungen für die finanzielle Stellung von Frauen in der Gesellschaft. Darüber hinaus ergeben sich für Unternehmen durch die Schaffung eines familienfreundlichen Arbeitsumfeldes ebenso bedeutende zusätzliche Vorteile. Die geburtenstarken Jahrgänge und damit einhergehenden Arbeitskräfte gehen in den 2020er Jahren in den Ruhestand.[99] Im Jahr 2035 werden voraussichtlich auch der letzte Baby Boomer von dem Arbeitsmarkt verschwinden und gleichzeitig die neueren Generationen Y und Z sich in der Blüte ihres Erwerbslebens befinden.[100] Eine Konzentration auf flexible Arbeitsmodelle, wie beispielsweise Homeoffice, ist demnach schon heute eine essenzielle Anforderung an Unternehmen, um den Fachkräftemangel auch in Bezug auf den Generationenwechsel im Jahr 2035 auf dem Arbeitsmarkt zu bewältigen.

15.4.2 Von Zugehörigkeit über Akzeptanz hin zu Chancengleichheit

Von intrinsischer Motivation angetrieben, streben Menschen nach persönlichen Verbindungen und haben ein Bedürfnis nach Zugehörigkeit.[101] Die resultierenden Gefühle durch die Teilhabe einer sozialen Gruppe wirken sich nachweislich positiv auf den gesundheitlichen Zustand und das Wohlbefinden aus.[102] Arbeitgebende Unterneh-

---

97 Vgl. Weitzel et. al. 2020, S. 8.
98 Vgl. ebd.
99 Vgl. Klaffke 2021, S. 4.
100 Vgl. ebd. S. 21.
101 Vgl. Baumeister/Leary 1995, S. 521.
102 Vgl. ebd., S. 510.

men stellen dabei einen wichtigen Kontext dar, in dem eine Vielfalt von Individuen zusammenkommen und gemeinsam interagieren. Jedoch ist die soziale Exklusion im organisationalen Kontext ein weitverbreitetes Phänomen.[103] Zu den häufigsten Gründen gehören die gezielte Bestrafung wahrgenommenen Fehlverhaltens, etablierte Hierarchien und Arbeitsteilungsregelungen sowie unbewusste Ausgrenzungsmechanismen.[104] Darüber hinaus werden auch Menschen aufgrund ihrer andersartigen Identität ausgegrenzt. Wie in Kapitel 15.3.5 aufgezeigt, erlebt ungefähr jede vierte queere Person am Arbeitsplatz Ausgrenzung. Dabei hat soziale Exklusion im Arbeitsumfeld schwerwiegende Folgen für Unternehmen, die von einer inneren Kündigung bis hin zur tatsächlichen Beendigung des Arbeitsverhältnisses reichen können.[105]

Angesichts des Eintritts der Generation Z in den Arbeitsmarkt, die als bisher offen queerste Generation gilt, ist es für Unternehmen umso bedeutender, die Arbeitssituation von LGBTQI+-Personen ernsthaft zu berücksichtigen und geeignete Maßnahmen zu ergreifen. Denn Mitarbeitende, die offener mit ihrer sexuellen oder geschlechtlichen Identität am Arbeitsplatz umgehen können, äußern sich positiver gegenüber ihrem Unternehmen.[106] Auch geht ein offener Umgang mit LGBTQI+-Themen mit einer gesteigerten Arbeitszufriedenheit und Resilienz einher.[107] Zudem spielt nicht nur die LGBTQI+-Freundlichkeit eines Unternehmens bei der Inanspruchnahme von Dienstleistungen oder Kaufentscheidungen für die queere Gemeinschaft eine Rolle, sondern auch bei Bewerbungen.[108] So bevorzugt die Mehrheit der queeren Menschen LGBTQI+-freundliche Arbeitgebende.[109] Die Bedürfnisse und Herausforderungen von queeren Mitarbeitenden zu berücksichtigen, stärkt demnach die Wettbewerbsfähigkeit von Unternehmen und steigert die Relevanz bei möglichen Bewerbenden. Dabei sollte jedoch nicht das eigentliche Ziel eines jeden Arbeitgebenden, ein Arbeitsumfeld frei von Diskriminierung und Vorurteilen zu schaffen, aus den Augen verloren werden.

Interview mit Shamim Shahbazi, ehrenamtliches Mitglied bei Enough is Enough – Deutschlands größter Initiative für LGBTIQ*-Rechte

Welchen Hürden begegnen queere Menschen in der Arbeitswelt?

Mal bei Bewerbungen angefangen: Trans* und nicht-binäre Menschen sind bereits da gezwungen, sich zu outen, indem sie ihre bevorzugten Pronomen oder ihren neuen Namen (im Gegensatz zum Deadname, der vielleicht noch auf Aus-

---

103   Vgl. Rudert/Greifeneder 2018, S. 61.
104   Vgl. ebd., S. 51 f.
105   Vgl. Rudert/Greifeneder2018, S. 62.
106   Vgl. Frohn/Meinhold/Schmidt 2017, S. 59 f.
107   Vgl. ebd.
108   Vgl. ebd.
109   Vgl. ebd.

weisdokumenten zu finden ist) nennen. Denn wenn sie das nicht tun, riskieren sie gewaltvolle Erfahrungen, z. B. Deadnaming oder Misgendering. Diese Risiken bestehen übrigens weiterhin, auch wenn die Person sich geoutet und zu bevorzugten Pronomen geäußert hat.

Queere Menschen müssen im Arbeitskontext ständig abwägen, ob sie ihr wahres Ich zeigen oder sich lieber in Sicherheit bewegen wollen. Erzähle ich von meinem*r gleichgeschlechtlichen Partner*in bei Fragen nach den Urlaubsplänen? Korrigiere ich Kund*innen, die mich mit dem falschen Pronomen ansprechen? Oder passe ich mich dem heteronormativen Bild an, um keine potenziell gewaltvolle, verletzende Reaktion zu riskieren? All diese Entscheidungen sind für hetero cis Menschen nie Thema gewesen.

Welche Maßnahmen können Unternehmen ergreifen, um ein LGBTQI+-freundliches Arbeitsumfeld zu fördern?
- Genderneutrale Sprache verwenden und bevorzugte Pronomen im Gespräch und in E-Mail-Signaturen nennen – wenn das bei allen gemacht wird, werden trans* Menschen nicht zwangsläufig geoutet
- Workshops und Schulungen von queeren Menschen (!)
- Genderneutrale Sprache verwenden
- Initiativen und Netzwerke speziell für queere Menschen
- Queere Vertrauenspersonen in der Personalabteilung oder Führungsebene
- Unisex-Toiletten können eine weitere Hürde abbauen
- Queerfreundlichkeit nach außen tragen – nur wenn die Maßnahmen auch intern umgesetzt wurden! Dadurch ermutigt man queere Bewerber*innen und schreckt queerfeindliche Menschen ab. So kann progressiv ein queerfreundliches, sicheres Umfeld entstehen.

Letztendlich führt der Abbau von Geschlechterrollen in der Arbeitswelt auch zu einer erhöhten Chancengleichheit zwischen den Geschlechtern. Besonders bei Personalthemen wie der Rekrutierung als auch Entwicklung sind die Potenziale sichtbar. Wie im bereits vorgestellten Heidi-Roizen-Experiment (siehe Kapitel 15.3.1) wurden Frauen in leitenden Positionen auch in einer Untersuchung von Zenger und Folkman als ebenso kompetent wie ihre männlichen Kollegen eingestuft, wenn nicht sogar als kompetenter.[110] Es ist nicht ein Mangel an Fähigkeiten, sondern ein Mangel an gebotenen Möglichkeiten, der es Frauen erschwert, in Schlüsselpositionen vertreten zu sein.[111] Unbewusste Vorurteile nehmen demzufolge eine signifikante Rolle bei der Festlegung von Einstellungs- und Beförderungsentscheidungen ein.[112]

---

110 Vgl. Zenger/Folkman 2020, o. S.
111 Vgl. ebd.
112 Vgl. ebd.

Selbst die bloße Anzahl von Bewerberinnen im Rekrutierungsprozess hat einen Einfluss auf die Wahrscheinlichkeit einer Einstellung. Dieser Effekt wurde in einem Artikel der Harvard Business Review beschrieben.[113] Die Studie ergab, dass in einer Gruppe von vier Finalist*innen, wenn nur eine Frau vertreten war, ihre Chancen auf eine Einstellung statistisch betrachtet gleich Null war. Jedoch stiegen die Chancen auf 50 %, wenn unter den Kandidaten in der Endauswahl eine weitere Frau hinzugefügt wurde. Im Hinblick auf Branchen, die einen niedrigen Frauenanteil verzeichnen, was wiederum zu einer geringeren Anzahl von Bewerbungen von Frauen führt, könnte das Bewusstsein über diesen Bias zu einer höheren Chancengleichheit für Bewerberinnen beitragen.

Auch die Vergütung ist nicht frei von geschlechtsbezogenen Vorurteilen und würde durch eine Sensibilisierung dieser Ungleichheiten gleichberechtigter werden. Das Durchschnittsalter von Führungskräften in Deutschland liegt bei 51,3 Jahren, während das rekrutierende Personal im Durchschnitt 36,8 Jahre alt ist.[114] Die vorgestellte Studie des Deutschen Instituts für Wirtschaftsforschung in Kapitel 15.3.4 zeigt jedoch, dass der Gender Bias in Bezug auf die Bewertung des Erwerbseinkommens aufgrund des Geschlechts bei Personen ab einem Alter von 34 Jahren signifikant zunimmt. Dies deutet darauf hin, dass Entscheidungstragende im Durchschnitt eher mit dem Vorurteil konfrontiert sind, dass Frauen weniger verdienen sollten. Entscheidende Personen in Unternehmen können auf diesen Gender Bias in Bezug auf die Vergütung durch eine Sensibilisierung Einfluss nehmen, um eine faire Gehaltsverteilung zu sichern. Obwohl dies nur einen kleinen Teil des Komplexes Gender-Pay-Gap umfasst, ist es dennoch ein proaktiver Treiber seitens des Arbeitgebenden.

Wo in der Vergangenheit ein Arbeitgebermarkt bestand und in der heutigen Zeit ein Arbeitnehmermarkt herrscht, wird es zukünftig einen Wunscharbeitgebermarkt geben. Bereits heute können sich Bewerbende häufig ihr potenzielles arbeitgebendes Unternehmen aussuchen.[115] Während im Jahr 2023 das Feuer um den Kampf der Talente erst entfacht ist, wird dieses im Jahr 2035 allgegenwärtig sein. Arbeitnehmende sind sich ihrer Möglichkeiten auf dem Arbeitsmarkt bewusst und weisen heute eine sehr hohe Wechselbereitschaft auf.[116] Die Zugehörigkeit zum Arbeitgebenden, die Akzeptanz des eigenen Ichs im Arbeitsumfeld als auch die Chancengleichheit innerhalb der Arbeit stellen für Unternehmen wichtige Werkzeuge im War for Talents dar.

113 Vgl. Johnson/Hekman/Chan 2016, o. S.
114 Vgl. CRIF GmbH 2018, o. S.; vgl. Freelancermap 2019, S. 21.
115 Vgl. Hesse et. al. 2019, S. 57.
116 Vgl. AVANTGARDE Experts 2023, o. S.

15.4.3 Diversität als erfolgreiches Führungswerkzeug

Für den Erfolg eines Unternehmens ist nicht nur die Gender-Diversität von entscheidender Bedeutung, sondern auch die Berücksichtigung der gesamten Bandbreite rund um Diversity. Im Arbeitskontext drückt sich Diversität durch Vielfalt innerhalb der Mitarbeitenden aus.[117] Diversity Management wird dabei im Rahmen einer Organisation genutzt, um die verbundenen Potenziale der Heterogenität zu erschließen.[118]

Wichtig: Sieben Dimensionen von Vielfalt

Die Ausprägungen von Vielfalt innerhalb einer Gruppe von Menschen finden in Form von sieben etablierten Diversity-Dimensionen ihren Ausdruck, wie sie durch die Charta der Vielfalt definiert werden:[119]

- Alter
- Ethnische Herkunft und Nationalität
- Geschlecht und geschlechtliche Identität
- Körperliche und geistige Fähigkeiten
- Religion und Weltanschauung,
- Sexuelle Orientierung
- Soziale Herkunft

Das wirtschaftliche Potenzial von Diversität in Unternehmen analysierte McKinsey in ihrer Studie »Diversity wins – How inclusion matters«. Sie untersuchten dabei mehr als 1.000 Großunternehmen aus 15 Ländern, darunter auch Deutschland, und haben festgestellt, dass Unternehmen mit einer hohen Geschlechtervielfalt in Führungsteams eine um 25 % höhere Wahrscheinlichkeit aufweisen, profitabler zu sein als die Konkurrenz.[120] Der Faktor ethnische Diversität verzeichnet sogar einen Wert von 36 %. Des Weiteren ist es wahrscheinlicher, dass vielfältigere Unternehmen bessere und mutigere Entscheidungen treffen. Diese Ergebnisse legen nahe, dass je diverser ein Unternehmen aufgestellt ist, desto höher die Erfolgswahrscheinlichkeit ist.

Neben den finanziellen Vorteilen stellt Diversity heutzutage eine essenzielle Anforderung für Unternehmen dar, die junge Talente gewinnen möchten. Gemäß einer Umfrage von JobTeaser, einer führenden Plattform für Studierende und Hochschulabsolvent:innen in Europa in Bezug auf Recruiting und Karriereorientierung, wünschten sich 84 % der Teilnehmenden, dass der künftige Arbeitgebende Wert auf Gleichberechtigung und Diversität legt.[121] Besonders der Einsatz gegen Diskriminierung ist den be-

---

117   Vgl. Kanning 2016, S. 19.
118   Vgl. Gutting 2016, S. 143.
119   Vgl. Charta der Vielfalt e. V. 2023, o. S.
120   Vgl. McKinsey & Company 2020, S. 2 ff.
121   Vgl. JobTeaser 2022, S. 28.

fragten Studierenden und Personen mit Abschluss an Unternehmen wichtig.[122] Eine repräsentative Studie der Online-Jobplattform StepStone in Zusammenarbeit mit dem Handelsblatt Research Institute offenbarte ähnliche Ergebnisse unter den befragten Fach- und Führungskräften. Mehr als Dreiviertel der befragten Personen gab an, sich eher bei einem Unternehmen zu bewerben, welches sich als tolerant, vielfältig und offen präsentiert.[123] Ebenso äußerten drei von vier Studienteilnehmenden den Wunsch, in einem vielfältigen Arbeitsumfeld tätig zu sein.[124]

Diversity wird im Jahr 2035 kein Buzzword mehr sein und auch nicht mehr als Charity-Programm angesehen werden. Es wird einen elementaren Bestandteil im Unternehmen abbilden, der sowohl das Ziel der Chancengleichheit als auch der Profitsteigerung verfolgt. Zudem werden weitere und umfassendere Richtlinien zur Offenlegung in Bezug auf Diversity folgen. Bereits Anfang 2023 ist die Corporate Sustainability Reporting Directive (CSRD), eine Richtlinie der EU, in Kraft getreten, um die Nachhaltigkeitsberichterstattung von Unternehmen zu erweitern.[125] In dieser wird auch der European Sustainability Reporting Standards S1 (ESRS) »Own Workforce« erläutert, der Unternehmen dazu auffordert, verschiedene Diversitätsindikatoren offenzulegen.[126] Auch die deutsche Gesetzgebung hat in der Vergangenheit schon viele Maßnahmen auf den Weg gebracht, wie das im Jahr 2017 in Kraft getretene deutsche Entgelttransparenzgesetz zur Erhöhung der Lohngerechtigkeit oder das Zweite Führungspositionen-Gesetz, welches 2021 verbessert wurde und unter anderem feste Geschlechterquoten regelt.[127]

Entscheidende Personen sollten sich der Potenziale für Diversity in Unternehmen bewusst sein, da sie über die Macht verfügen, gezielte Veränderungen herbeizuführen.[128] Die Bedeutung von Diversität wird in den nächsten Jahren nur noch zunehmen. Sei es in einer umfassenden Diversity-Management-Strategie, um die ökonomischen Vorteile als Unternehmen für sich zu nutzen, im Bereich der Personalführung, um Nachwuchstalente zu gewinnen, oder auch aus der Perspektive der Gesetzgebenden. Diversität wird in der Zukunft noch bedeutender für Wirtschaft und Politik werden.

15.5   Fazit

Stereotype Denkmuster beeinflussen maßgeblich die sich eröffnenden Möglichkeiten eines Individuums auf dem Arbeitsmarkt. Von Bewerbungsverfahren über Gehalts-

---

122   Vgl. ebd.
123   Vgl. StepStone/Handelsblatt Media Group 2020, o. S.
124   Vgl. ebd.
125   Vgl. Hansjürgens et al. 2023, o. S.
126   Vgl. ebd.
127   Vgl. BMFSFJ 2021b, o. S.
128   Vgl. Hockling 2019, S. 58.

verhandlungen bis hin zu Beförderungen prägen traditionelle Rollenmuster viele berufliche Etappen. Diese Rollenmuster legen Menschen schwer zu durchbrechende Normen auf und sanktionieren jene, die nicht dem idealisierten Bild dieser entsprechen. Die Auswirkungen sind vielseitig, werden strukturell gestützt und betreffen sowohl die Arbeitswelt als auch das individuelle Wohlergehen. Dies zeigt sich besonders in der Gestaltung der Arbeitszeit, die verschiedene Lebensrealitäten unzureichend berücksichtigt, in Berufsbildern, die Vorstellungskräfte und Zugänge erschweren, in der Ungleichverteilung der Einkommen und nicht zuletzt in der Diskriminierung von Personen, die nicht den konventionellen Geschlechterrollen in der Arbeitswelt entsprechen.

Unternehmen können in diesem Zusammenhang eine maßgebliche Rolle spielen, indem sie angemessen mit den Geschlechterrollen in der Arbeitswelt umgehen und gezielt die Vorteile nutzen, die sich durch einen Aufbruch ergeben. Eine Ausrichtung auf ein arbeitsplatzfreundliches Umfeld, das Familien unterstützt, stellt dabei einen Ansatz dar, mit den traditionellen Rollenmustern umzugehen, und so sowohl Frauen als Fachkräfte zu gewinnen als auch Männer an das Unternehmen zu binden. Ein queerfreundliches Unternehmen spricht nicht nur die Generation Z an, sondern erhöht auch die Zufriedenheit der Mitarbeitenden und trägt zur Sichtbarkeit der Diskriminierung am Arbeitsplatz von Menschen der LGBTQI+-Community bei. Zudem kommt es insbesondere im Einstellungs- und Beförderungsprozess durch eine Sensibilisierung von Geschlechterrollen zu einer höheren Chancengleichheit. Bei alldem ist es wichtig, nicht nur die Gender-Diversität im Unternehmen anzustreben, sondern die Vielfalt in ihrer Gesamtheit zu fördern. Denn Diversität birgt, mit all ihren unterschiedlichen Merkmalen, das Potenzial, die Attraktivität der arbeitgebenden Unternehmen zu steigern, Wettbewerbsvorteile auszubauen und insgesamt den Geschäftserfolg positiv zu beeinflussen.

Darüber hinaus ergeben sich für Unternehmen durch den richtigen Umgang und den Aufbruch traditioneller Geschlechterrollen nicht nur zahlreiche Vorteile und Chancen, sie sind damit zudem gut auf das Jahr 2035 vorbereitet, in dem sie unvermeidlich mit dem Arbeitskräftemangel konfrontiert sein werden. Die offen queerste Generation wird bis dahin eine essenzielle Arbeitskraft für Unternehmen darstellen und damit nicht nur neue Anforderungen verlangen, sondern die etablierte Heteronormativität in einem gesamtgesellschaftlichen Kontext aufmischen. Die Bedeutung von Zugehörigkeit, Akzeptanz und Fairness wird demnach auch im Arbeitsumfeld zunehmen und sich im wachsenden War for Talents als tragender Treiber erweisen. Gleichzeitig wird zukünftig Chancengleichheit auch von Seiten der Gesetzesgebenden von Unternehmen abverlangt, was Arbeitgebende zusätzlich unvermeidlich mit dem Thema Geschlechterrollen in Verbindung bringen wird.

Unternehmen sollten sich ihrer Verantwortung schon heute bewusst werden, denn sie haben die Macht, das Morgen mitzugestalten. Sei es der zunehmende Fachkräftemangel, die Gewinnung von Talenten oder die Haltung bestehender Mitarbeitenden, entscheidende Personen müssen sich bereits jetzt mit dem tradierten Rollverständnis auseinandersetzen, um den Aufbruch rechtzeitig für sich zu nutzen.

Handlungsempfehlungen:

- Erhöhen Sie die Familienfreundlichkeit im Unternehmen, um die Partizipation von Frauen im Erwerbsleben zu steigern.
- Nehmen Sie Queerfeindlichkeit am Arbeitsplatz ernst und ergreifen Sie Maßnahmen zur Förderung einer queerfreundlichen Arbeitsatmosphäre.
- Tragen Sie aktiv zum Aufbruch der traditionellen Geschlechterrollen bei. Schaffen Sie beispielsweise Anreize für Väter, länger Elternzeit zu nehmen.
- Verankern Sie Diversität als elementaren Bestandteil im Unternehmen.
- Tragen Sie dazu bei, einengende Gesetze, die konventionelle Geschlechterrollen begünstigen (z. B. Ehegattensplitting), zu reformieren.

Über Elena Benner

Elena Benner (24, sie/ihr) setzt sich neben ihrer Tätigkeit im Bereich People & Organisation bei Siemens leidenschaftlich als Speakerin und Content Creatorin auf ihren Social-Media-Kanälen für feministische Themen ein. Als Arbeiterkind und Erstakademikerin liegt ihr die Aufklärungsarbeit zur sozialen Herkunft und zur Gendergerechtigkeit besonders am Herzen. Ihre berufliche Laufbahn begann mit einer Ausbildung zur Kauffrau für Marketingkommunikation, die sie erfolgreich im Jahr 2020 abgeschlossen hat. Seitdem durchlief sie vielfältige berufliche Stationen, darunter digitales Marketing, Diversity Management und Global HR Business Partner. Um ihrem Ziel eines lebenslangen Lernens nachzugehen, studiert sie zudem seit 2020 berufsbegleitend Marketing & Digitale Medien.

Literaturverzeichnis

Adriaans, Jule/Sauer, Carsten/Wrohlich, Katharina (2020). Gender Pay Gap in den Köpfen. Männer und Frauen bewerten niedrigere Löhne für Frauen als gerecht. In: DIW Wochenbericht, 10/2020, S. 147-152. Verfügbar unter: https://www.diw.de/documents/publikationen/73/diw_01.c.741761.de/20-10-3.pdf.

AllBright Stiftung gGmbH (2022). Kampf um die besten Köpfe. Die Konkurrenz um Vorständinnen nimmt zu, Berlin. Verfügbar unter: https://static1.squarespace.com/static/5c7e8528f4755a0bedc3f8f1/t/634ffa78f81e226b2c2ff595/1666185862971/AllBright+Bericht+Herbst+2022+.pdf.

Althaber, Agnieszka (2019). Die Suche nach Gemeinsamkeiten – Strukturelle Gründe für die Teilzeitarbeit von Frauen und Männern. In: Zeitschrift für amtliche Statistik Berlin-Brandenburg, 2 (2019), S. 22-25.

Antidiskriminierungsstelle des Bundes (2021a). 14. Gender Pay Gap. https://www.antidiskriminierungsstelle.de/SharedDocs/Glossar_Entgeltgleichheit/DE/14_Gender_Pay_Gap.html, abgerufen 24.06.2023.

Antidiskriminierungsstelle des Bundes (2021b). 18. Lohnlücke (bereinigt & unbereinigt). https://www.antidiskriminierungsstelle.de/SharedDocs/Glossar_Entgeltgleichheit/DE/18_Lohnluecke.html, abgerufen 24.06.2023.

AVANTGARDE Experts (2023). Arbeitszufriedenheits-Studie 2023. Mindful Leadership – Klarheit oder Kuschelkurs? https://www.avantgarde-experts.de/de/magazin/mindful-leadership/, abgerufen 24.06.2023.

Bäuer, Kim/Marquardsen, Kai/Brzosa Flora/Eggers, Anne-Christin/Weiß, Isabell (2023). VAPRO – You don't need to be Superheroes: Einblicke in die vielfältigen Lebenslagen von Vätern; Abschlussbericht. Braunschweig: Technische Universität Braunschweig. Verfügbar unter: https://leopard.tu-braunschweig.de/servlets/MCRFileNodeServlet/dbbs_derivate_00050478/VAPRO_Abschlussbericht_Br%C3%A4uer.pdf.

Blömer, Maximilian/Garnitz, Johanna/Gärtner, Laura /Peichl, Andreas/Strandt, Helene (2021). Zwischen Wunsch und Wirklichkeit. Unter- und Überbeschäftigung am deutschen Arbeitsmarkt, Bertelsmann Stiftung (Hrsg.), Gütersloh. Verfügbar unter: https://www.bertelsmann-stiftung.de/fileadmin/files/BSt/Publikationen/GrauePublikationen/210323_Studie_Zwischen_Wunsch_und_Wirklichkeit.pdf.

Blumberg, Sven /Krawina, Melanie/Mäkelä, Elina/Soller, Henning (2023). Women in tech: The best bet to solve Europe's talent shortage. McKinsey & Company (Hrsg.), www.mckinsey.de. Verfügbar unter: https://www.mckinsey.de/~/media/mckinsey/locations/europe%20and%20middle%20east/deutschland/news/presse/2023/2023-01-24%20weibliche%20tech-talentluecke%20in%20eu/women-in-tech-the-best-bet-to-solve-europes-talent-shortage_vf.pdf.

BMFSFJ [Bundesministerium für Familie, Senioren, Frauen und Jugend] (2021a). Familie heute. Daten. Fakten. Trends Familienreport 2020. 2. Aufl., Berlin. Verfügbar unter: https://www.bmfsfj.de/resource/blob/163108/ceb1abd3901f50a0dc484d899881a223/familienreport-2020-familie-heute-daten-fakten-trends-data.

BMFSFJ [Bundesministerium für Familie, Senioren, Frauen und Jugend] (2021b). Zweites Führungspositionen-Gesetz – FüPoG II. https://www.bmfsfj.de/bmfsfj/service/gesetze/zweites-fuehrungspositionengesetz-fuepog-2-164226, abgerufen 24.06.2023.

BMFSFJ [Bundesministerium für Familie, Senioren, Frauen und Jugend] (2022). Margit Gottstein startet Equal Pay Day Kampagne 2023. https://www.bmfsfj.de/bmfsfj/aktuelles/alle-meldungen/margit-gottstein-startet-equal-pay-day-kampagne-2023-202182, abgerufen 24.06.2023.

BMFSFJ [Bundesministerium für Familie, Senioren, Frauen und Jugend] (2023). Teilzeitquote von sozialversicherungspflichtig beschäftigten Frauen und Männern im Alter von 15 bis unter 65 Jahren nach Ländern. https://www.daten.bmfsfj.de/daten/daten/

teilzeitquote-von-sozialversicherungspflichtig-beschaeftigten-frauen-und-maennern-im-alter-von-15-bis-unter-65-jahren-nach-laendern-131862, abgerufen 24.06.2023.

BMWK [Bundesministerium für Wirtschaft und Klimaschutz] (2020). Fachkräfte für Deutschland. https://www.bmwk.de/Redaktion/DE/Dossier/fachkraeftesicherung.html, abgerufen 24.06.2023.

Bomert, Christiane/Landhäußer, Sandra/Lohner, Eva Maria/Stauber, Barbara (2021). Care! Zum Verhältnis von Sorge und Sozialer Arbeit. In: Bomert, Christiane, Landhäußer, Sandra/Lohner, Eva Maria/Stauber, Barbara (Hrsg.). Care! Zum Verhältnis von Sorge und Sozialer Arbeit. Wiesbaden, S. 1-25.

bpb [Bundeszentrale für politische Bildung] (2020). Care-Arbeit. https://www.bpb.de/themen/familie/care-arbeit/#:~:text=Care-Arbeit%20oder%20Sorgearbeit%20beschreibt,Pflege%20oder%20Hilfe%20unter%20Freunden, abgerufen 24.06.2023.

Buchenau, Peter/Moll, Christopher/Rosenkranz, Axel (2014). Vereinbarkeit von Familie und Beruf. In: Buchenau, Peter/Moll, Christopher/Rosenkranz, Axel (Hrsg.). Chefsache Betriebskita. Betriebskindertagesstätten als unternehmerischer Erfolgsfaktor. Wiesbaden, S. 31-40.

Baumeister, Roy F./Leary, Mark R. (1995). The need to belong. Desire for interpersonal attachments as a fundamental human motivation. In: Psychological Bulletin, 117(1995), H. 3, S. 497-529.

BMI [Bundesministerium des Inneren und für Heimat] (2018). Zusätzliche Geschlechtsbezeichnung »divers« für Intersexuelle eingeführt. https://www.bmi.bund.de/SharedDocs/pressemitteilungen/DE/2018/12/drittes-geschlecht.html, abgerufen 24.06.2023.

Brescoll, Victoria L. (2016). Leading with their hearts? How gender stereotypes of emotion lead to biased evaluations of female leaders. In: The Leadership Quarterly, 27 (2016), H. 3, S. 415-428.

Charta der Vielfalt e. V. (2023). Vielfaltsdimensionen. Die sieben Dimensionen von Vielfalt. https://www.charta-der-vielfalt.de/fuer-arbeitgebende/vielfaltsdimensionen/, abgerufen 24.06.2023.

CRIF GmbH (2018). Durchschnittsalter von Führungskräften in Deutschland nach Bundesländern im Jahr 2018. In: Statista. https://de.statista.com/statistik/daten/studie/182536/umfrage/durchschnittsalter-von-geschaeftsfuehrern-nach-bundeslaendern-und-geschlecht/, abgerufen 24.06.2023.

Eagly, Alice H./ Karau, Steven J. (2002). Role congruity theory of prejudice toward female leaders. In: Psychological Review, 109 (2002), H. 3, S. 573–598.

Eckes, Thomas (1997). Geschlechterstereotype. Frau und Mann in sozialpsychologischer Sicht. Herbolzheim.

Eckes, Thomas (2008). Geschlechterstereotype: Von Rollen, Identitäten und Vorurteilen. In: Becker, Ruth/Kortendiek, Beate (Hrsg.). Handbuch Frauen- und Geschlechterforschung. Wiesbaden, S. 171-182.

Einramhof-Florian, Helene (2022). Generation Z. In: Helene Einramhof-Florian (Hrsg.). Fit für die jungen Generationen am Arbeitsplatz. Wiesbaden, S. 35-52.

Ely, Robin/Ibarra, Herminia/Kolb, Debroah (2011). Taking gender into account: theory and design for women's leadership development programs. In: Academy Of Management Learning & Education, 10(3), S. 474-493.

Freelancermap (2019). Recruiter-Kompass – freelancermap-Marktstudie für Recruiter, Nürnberg.

Frohn, Dominic/Meinhold, Florian/Schmidt, Christian (2017). Out im Office?! Sexuelle Identität und Geschlechtsidentität, (Anti-)Diskriminierung und Diversity am Arbeitsplatz. Institut für Diversity- & Antidiskriminierungsforschung (Hrsg.), Köln. Verfügbar unter: https://www.diversity-institut.info/wp-content/uploads/2022/11/IDA_Out-im-Office_Web_180811.pdf.

Gutting, Doris (2016). Diversity Management. In der Realität angekommen. In: von Au, Corinna (Hrsg.). Führung im Zeitalter von Veränderung und Diversity. Innovationen, Change, Merger, Vielfalt und Trennung, Wiesbaden, S. 143-157.

Grabka, Markus M.,/Göbler, Konstantin (2020). Der Niedriglohnsektor in Deutschland – Falle oder Sprungbrett für Beschäftigte? Bertelsmann Stiftung (Hrsg.), Gütersloh. Verfügbar unter: https://www.bertelsmann-stiftung.de/de/publikationen/publikation/did/der-niedriglohnsektor-in-deutschland-all.

Graefer, Anne (2021). A labour of love? Was ist eigentlich Care-Arbeit? https://www.genderiq.de/blog/a-labour-of-love-was-ist-eigentlich-care-arbeit, abgerufen 24.06.2023.

Hale, Miriam-Lennea/Holl, Elisabeth/Melzer, André (2022). Geschlechterbezogene Rollen und Stereotype und ihre Auswirkungen auf das Leben Jugendlicher und junger Erwachsener. In: Heinen, Andreas/Samuel, Robin/Vögele, Claus/Willems, Helmut (Hrsg.). Wohlbefinden und Gesundheit im Jugendalter. Wiesbaden, S. 425-451.

Hansjürgens, Johanna Anna/Goldhorn, Kai/Ulmer, Alina/Pankov, Susanne/Habermann, Maureen/Kleemann, Eva (2023). ESRS S1 – Standard zu Achtung der Menschenrechte und Arbeitsbedingungen der eigenen Arbeitskräfte. https://dfge.de/esrs-s1-%C2%B1%C2%B1standard-zu-achtung-der-menschenrechte-und-arbeitsbedingungen-der-eigenen-arbeitskraefte/#:~:text=Der%20Standard%20ESRS%20-S1%20%E2%80%9EOwn,als%20auch%20nicht-angestellte%20Arbeitskr%C3%A4fte, abgerufen 24.06.2023.

Heilman, Madeline E. (2012). Gender stereotypes and workplace bias. In: Research in organizational Behavior, 32 (2012), S. 113-135.

Hesse, Gero/Mayer, Katja/Rose, Nico/Fellinger, Christoph (2019). Herausforderungen für das Employer Branding und deren Kompetenzen. In: Hesse, Gero/Mattmüller, Roland (Hrsg.). Perspektivwechsel im Employer Branding. Wiesbaden, S. 55-104.

Hiesserich, Jan/Hofmann, Maximilian/Lämmle, Anna-Lena (2020). Die Ausnahme, die Rabenmutter, die Kämpferin – Unbewusste Bias in der medialen Darstellung von Top-Managerinnen, Hering Schuppener.

Hipp, Lena/Sauermann, Armin/Stuth, Stefan (2023). Führung in Teilzeit? – Eine empirische Analyse zur Verbreitung von Teilzeitarbeit unter Führungskräften in Deutschland und Europa. In: Karlshaus, Anja/Kaehler, Boris (Hrsg.). Teilzeitführung. Wiesbaden, S. 79-94.

Hockling, Sabine (2019). Echte Diversität als Geschäftsgrundlage. In: Brommer, Dorothee/ Hockling, Sabine/Leopold, Annika (Hrsg.). Faszination New Work. 50 Impulse für die neue Arbeitswelt. Wiesbaden, S. 57-64.

Hollstein, Walter (2004). Die Veränderung der Geschlechterrollen. In: Hollstein, Walter (Hrsg.). Geschlechterdemokratie. Wiesbaden, S. 245-260.

IAQ [Institut für Arbeit und Qualifikation] (2022). Teilzeitquote insgesamt und nach Geschlecht 1991–2021. https://www.sozialpolitik-aktuell.de/files/sozialpolitik-aktuell/_ Politikfelder/Arbeitsmarkt/Datensammlung/PDF-Dateien/abbIV8d.pdf, abgerufen 24.06.2023.

IW Köln (2021). Prognose zur Anzahl der erwerbsfähigen Personen im Bereich Fachkräfte in Deutschland bis zum Jahr 2040. In: Statista. https://de.statista.com/statistik/daten/ studie/1228159/umfrage/prognose-zum-fachkraefteangebot-2040-bei-mittlerer-zuwanderung/, abgerufen 24.06.2023.

JobTeaser (2022). JobTeaser Karrierebarometer 2022. Wie die Pandemie den Arbeitsmarkt aus Sicht der Gen Z verändert. jobteaser.com. Verfügbar unter: https://recruiter. jobteaser.com/de/karrierebarometer-2022/.

Johnson, Stefanie K./Hekman, David R./Chan, Elsa T. (2016). If There's Only One Woman in Your Candidate Pool, There's Statistically No Chance She'll Be Hired. In: Harvard Business Review. https://hbr.org/2016/04/if-theres-only-one-woman-in-your-candidate-pool-theres-statistically-no-chance-shell-be-hired, abgerufen 24.06.2023.

Juncke, David/Braukmann, Jan/Heimer, Andreas (2018). Väterreport. Vater sein in Deutschland heute. BMFSFJ [Bundesministerium für Familie, Senioren, Frauen und Jugend] (Hrsg.), Berlin. Verfügbar unter: https://www.bmfsfj.de/resource/blob/127268/2098ed43 43ad836b2f0534146ce59028/vaeterreport-2018-data.pdf.

Juncke, David/ Stoll, Evelyn/Samtleben, Claire (2022). Wie väterfreundlich ist die deutsche Wirtschaft? Trends, Rahmenbedingungen und Entwicklungspotenziale, Prognos AG (Hrsg.) i.A. Erfolgsfaktor Familie. Berlin. Verfügbar unter: https://www.erfolgsfaktor-familie.de/resource/blob/212664/55028c92edbab7fa2fbd640a54e0b6eb/studie-prognos-wie-vaeterfreundlich-ist-die-deutsche-wirtschaft-data.pdf.

Kanning, Uwe Peter (2016). Viel Lärm um nichts? Diversity im beruflichen Kontext. In: Genkova, Petia/Ringeisen, Tobias (Hrsg). Handbuch Diversity Kompetenz. Wiesbaden, S. 17-28.

Keller, Heidi (1978). Geschlechterstereotype. In: Keller, Heidi (Hrsg.). Männlichkeit Weiblichkeit. Praxis der Sozialpsychologie. Heidelberg. S. 10-15.

Klaffke, Martin (2021). Erfolgsfaktor Generationen-Management – Roadmap für das Personalmanagement. In: Klaffke, Martin (Hrsg.). Generationen-Management. Wiesbaden, S. 3-45.

Klünder, Nina (2017). Differenzierte Ermittlung des Gender Care Gap auf Basis der repräsentativen Zeitverwendungsdaten 2012/13. Expertise im Rahmen des Zweiten Gleichstellungsberichts der Bundesregierung. www.gleichstellungsbericht.de, Berlin.

Köllen, Thomas (2016). Intersexualität und Transidentität im Diversity Management. In: Genkova, Petia/Ringeisen, Tobias (Hrsg.). Handbuch Diversity Kompetenz. Wiesbaden, S. 417-434.

Lenze, Anne/Funke, Antje (2016). Alleinerziehende unter Druck – Rechtliche Rahmenbedingungen, finanzielle Lage und Reformbedarf, Bertelsmann Stiftung (Hrsg.), Gütersloh. Verfügbar unter: https://www.bertelsmann-stiftung.de/fileadmin/files/Projekte/Familie_und_Bildung/Studie_WB_Alleinerziehende_Aktualisierung_2016.pdf.

Lippmann, Walter (1922). Public opinion. New York.

McKinsey & Company (2020). Diversity wins: How inclusion matters. McKinsey.com. Verfügbar unter: https://www.mckinsey.com/~/media/mckinsey/featured%20insights/diversity%20and%20inclusion/diversity%20wins%20how%20inclusion%20matters/diversity-wins-how-inclusion-matters-vf.pdf.

Ostner, Ilona (2018). Geschlecht. In: Kopp, Johannes/Steinbach, Anja (Hrsg.). Grundbegriffe der Soziologie. Wiesbaden, S. 137-139.

Rudert, Selma Carolin/Greifeneder, Rainer (2018). Bedrohung der Zugehörigkeit. Soziale Ausgrenzung in Organisationen. In: Geramanis, Olaf/Hutmacher, Stefan. (Hrsg.). Identität in der modernen Arbeitswelt, Wiesbaden, S. 49-66.

Samtleben, Claire/Schäper, Clara/Wrohlich, Katharina (2019). Elterngeld und Elterngeld Plus: Nutzung durch Väter gestiegen, Aufteilung zwischen Müttern und Vätern aber noch sehr ungleich. In: DIW Wochenbericht, 35/2019, S. 607-613. Verfügbar unter: https://www.diw.de/documents/publikationen/73/diw_01.c.673396.de/19-35-1.pdf.

Scholz, David/Heun, Jessica (2022). Transidentität und drittes Geschlecht im rechtlichen Überblick. In: Scholz, David (Hrsg.). Transidentität und drittes Geschlecht im Arbeitsumfeld. Wiesbaden, S. 1-16.

Scholz, David (Hrsg.) (2022). Transidentität und drittes Geschlecht im Arbeitsumfeld. Wiesbaden.

Statista (2023a). Frauenberufe, Männerberufe? https://de.statista.com/infografik/29862/berufe-in-deutschland-nach-geschlechteranteil/, abgerufen 24.06.2023.

Statista (2023b). Gender Pay Gap: Verdienstabstand zwischen Männern und Frauen in Deutschland von 2000 bis 2022. https://de.statista.com/infografik/29862/berufe-in-deutschland-nach-geschlechteranteil/, abgerufen 24.06.2023.

Statista (2023c). Bereinigter Gender Pay Gap: Verdienstabstand zwischen Frauen und Männern in Deutschland von 2006 bis 2022. https://de.statista.com/infografik/29862/berufe-in-deutschland-nach-geschlechteranteil/, abgerufen 24.06.2023.

Statistisches Bundesamt (2022a). Personen in Elternzeit. https://www.destatis.de/DE/Themen/Arbeit/Arbeitsmarkt/Qualitaet-Arbeit/Dimension-3/elternzeit.html#:~:text=Schwankte%20der%20Anteil%20der%20M%C3%BCtter,auf%20einem%20deutlich%20geringeren%20Niveau, abgerufen 24.06.2023.

Statistisches Bundesamt (2022b). Ranking der 20 am stärksten von männlichen Studierenden besetzten Studienfächer in Deutschland im Wintersemester 2021/2022 [Graph]. In: Statista. https://de.statista.com/statistik/daten/studie/3248/umfrage/stark-von-maennern-besetzte-studienfaecher/, abgerufen 24.06.2023.

Statistisches Bundesamt (2022c). Ranking der 20 am stärksten von weiblichen Studierenden besetzten Studienfächer in Deutschland im Wintersemester 2021/2022 [Graph]. In:
Statista. https://de.statista.com/statistik/daten/studie/3249/umfrage/stark-von-frauen-
besetzte-studienfaecher/, abgerufen 24.06.2023.

Statistisches Bundesamt (2023a). Wöchentliche Arbeitszeit. https://www.destatis.de/DE/
Themen/Arbeit/Arbeitsmarkt/Qualitaet-Arbeit/Dimension-3/woechentliche-arbeitszeitl.
html, abgerufen 24.06.2023.

Statistisches Bundesamt (2023b). Erwerbsbeteiligung von Frauen nach Berufen. https://
www.destatis.de/DE/Themen/Arbeit/Arbeitsmarkt/Qualitaet-Arbeit/Dimension-1/
erwerbsbeteiligung-frauen-berufe.html, abgerufen 24.06.2023.

Statistisches Bundesamt (2023c). Top 10 Ausbildungsberufe Frauen. https://www.destatis.
de/DE/Themen/Gesellschaft-Umwelt/Bildung-Forschung-Kultur/_Grafik/_Interaktiv/
top-10-ausbildungsberufe-frauen.html, abgerufen 24.06.2023.

Statistisches Bundesamt (2023d). Top 10 Ausbildungsberufe Männer. https://www.destatis.
de/DE/Themen/Gesellschaft-Umwelt/Bildung-Forschung-Kultur/_Grafik/_Interaktiv/
top-10-ausbildungsberufe-maenner.html, abgerufen 24.06.2023.

Statistisches Bundesamt (2023e). Teilhabe von Frauen am Erwerbsleben. https://www.
destatis.de/DE/Themen/Arbeit/Arbeitsmarkt/Qualitaet-Arbeit/Dimension-1/teilhabe-
frauen-erwerbsleben.html, abgerufen 24.06.2023.

Statistisches Bundesamt (2023f). Armutsgefährdungsquote nach Sozialleistungen nach
Haushaltstyp. https://www.destatis.de/DE/Presse/Pressemitteilungen/2023/03/PD23_
N015_12_63.html, abgerufen 24.06.2023.

Statistisches Bundesamt (2023 g). Gender Pension Gap: Alterseinkünfte von Frauen 2021
fast ein Drittel niedriger als die von Männern. https://www.destatis.de/DE/Presse/
Pressemitteilungen/2023/03/PD23_N015_12_63.html, abgerufen 24.06.2023.

Statista Global Consumer Survey (2022). Wer sich in Deutschland als LGBTQI+ identifiziert. https://de.statista.com/infografik/27440/anteil-der-befragten-die-ihre-sexuelle-
orientierung-wie-folgt-angeben-nach-geburtsjahr/, abgerufen 24.06.2023.

StepStone/Handelsblatt Media Group (2020). Wie vielfältig die Arbeitswelt wirklich ist.
https://www.stepstone.de/e-recruiting/wissen/diversity/#form-29803, abgerufen
24.06.2023.

TEAM LEWIS Foundation (2022). The World Is Changing. How Will You Help? https://www.
flipsnack.com/teamlewis/team-lewis-foundation-x-heforshe-iwd-2022-report/full-view.
html« \h, abgerufen 24.06.2023.

Then, Volker/Robert Münscher/Stephan Stahlschmidt/Rüdiger Knust (2014). Studie zu den
Effekten betrieblicher Kinderbetreuung: ein CSI-Bericht unter Verwendung des Social
Return on Investment, Heidelberg. Verfügbar unter: https://archiv.ub.uni-heidelberg.de/
volltextserver/18702/.

Tuider, Elisabeth (2022). Geschlecht. In: Kessl, Fabian/Reutlinger, Christian (Hrsg.). Sozial-
raum. Sozialraumforschung und Sozialraumarbeit. Wiesbaden, S. 463-471.

Vermächtnisstudie (2023). Die Vermächtnisstudie 2023, von: DIE ZEIT, infas und WZB in Kooperation mit der Initiative Chef:innensache, 4. Aufl., zeit-verlagsgruppe.de. Verfügbar

unter: https://www.zeit-verlagsgruppe.de/wp-content/uploads/2023/05/Ergebnisse-aus-der-Vermaechtnisstudie-2023_Presse_Langversion-1.pdf.

Weitzel, Tim/Maier, Christian/Weinert, Christoph/Pflügner, Katharina/Oehlhorn, Caroline/ Wirth, Jakob (2020). Generation Z – die Arbeitnehmer von morgen – Ausgewählte Ergebnisse der Recruiting Trends 2020, Research Report, Centre of Human Resources Information Systems (Hrsg). Bamberg. Verfügbar unter: https://www.uni-bamberg.de/fileadmin/ uni/fakultaeten/wiai_lehrstuehle/isdl/Recruiting_Trends_2020/Studien_2020_05_ Generation_Z_Web.pdf.

Wippermann, Carsten (2010). Frauen in Führungspositionen – Barrieren und Brücken. Beauftragtes und durchführendes Institut: Sinus Sociovision GmbH, Heidelberg.

World Economic Forum (2022). Global Gender Gap Report. https://www3.weforum.org/ docs/WEF_GGGR_2022.pdf?_gl=1*xa9u9d*_up*MQ..&gclid=Cj0KCQiA37KbBhDgARIsAIz ce14ViUf_m6pV_cXUE26hMK2kbkLZlIUmgWYvS8Vodb7F9aqwrrHLK7YaAljdEALw_wcB" \h, abgerufen 24.06.2023.

WSI GenderDatenPortal (2021). Gründe für Teilzeittätigkeit nach Elternschaft 2019. https:// www.wsi.de/data/wsi_gdp_ze-teilzeit-04-1.pdf, abgerufen 24.06.2023.

Zenger, Jack/ Folkman, Joseph (2020). Research: Women Score Higher Than Men in Most Leadership Skills. In: Harvard Business Review. https://hbr.org/2019/06/research-women-score-higher-than-men-in-most-leadership-skills, abgerufen 24.06.2023.

16 Welchen Einfluss Diversität und Toleranz auf den Unternehmenserfolg haben

Und weshalb sich kein Unternehmen (mehr) leisten kann, darauf zu verzichten

Die Perspektive außerhalb des binären Spektrums: ein Impuls von Meryl Deep

»Es gibt keine Grenzen. Weder für Gedanken, noch für Gefühle. Es ist die Angst, die immer Grenzen setzt.«[1]

In dieses Zitat von Regisseur Ingmar Bergman kann jede*r Leser*in sicherlich einiges hineininterpretieren. Die Frage, die sich an dieser Stelle auftun kann, ist, was genau dieses Zitat in einem Essay über die Zukunft der Arbeit zu suchen hat. Für viele Menschen in unserem Wirtschaftsraum hat Arbeit wenig mit Grenzen, Gefühlen und insbesondere mit Angst zu tun. Dass wir unseren Gefühlen generell zu wenig Raum im Arbeitskontext geben, steht dabei außer Frage, soll aber in diesem Essay nicht weiter thematisiert werden.

Angst und Sorge, insbesondere in Kombination mit Grenzen, die man sich selbst und anderen setzt, finden sich – glücklicherweise, so muss man an dieser Stelle ausdrücklich sagen – für die meisten Menschen im Arbeitsalltag kaum. Für einige jedoch gehören sie auch in unserem Wirtschaftsraum oft dazu. Wenn Coaches und New-Work-Experten wie Mike Robbins sagen: »Bring your whole self to work«, meinen sie, dass man Emotionen einbringen soll, um kreativer zu sein und besser zusammenzuarbeiten.[2] Gefühle zu unterdrücken, sorgt für Konflikte, Ineffizienz und raubt Innovationspotenzial. Was aber, wenn es nicht nur die Gefühlswelt ist, die auf Basis einer überarbeiteten Definition von Professionalität unterdrückt wird, sondern die ganze Identität?

Dies entspricht dem Alltag von vielen Menschen der LGBTQI+-Community. Die Gründe dafür sind vielfältig. Allen voran ist es jedoch die Sorge über die Reaktion aus dem Umfeld, wenn sie sich im privaten oder beruflichen Umfeld dazu öffnen würden. Denn Fakt ist: LGBTQI+-Menschen erfahren Diskriminierung und Ausgrenzung, nicht zuletzt auch am Arbeitsplatz.[3] In diesem Essay soll es darum gehen, wie die sexuelle Orientierung mit der Job Performance und entsprechend der Wirtschaftlichkeit eines Unternehmens zusammenhängt und was Entscheider*innen tun können, um ein offenes und sicheres Umfeld für alle Mitarbeiter*innen zu schaffen.

---

1   Vgl. Bergmann, 2004, S. 16.
2   Vgl. Inam et. al., 2018.
3   Vgl. Frohn, 2023.

Die Autorin wird dabei nicht nur aus der Perspektive als HR-Mitarbeiterin im Konzern berichten, sondern auch als Betroffene, die lange Jahre die eigene Identität geheim gehalten hat. Sie möchte damit Leser*innen in die Lebensrealität vieler Menschen mitnehmen und aufzeigen, dass es einen direkten Zusammenhang zur Effizienz im Arbeitskontext gibt, je nachdem, ob ein*e Mitarbeiter*in geoutet ist oder nicht. Meryl Deep steht heute auf Bühnen, auf denen sie die Menschen mit ihren Keynotes inspiriert und Veranstaltungen moderiert. Früher war sie für die strategische Ausrichtung und den nationalen Launch mehrerer Marken im Bereich der alkoholfreien Erfrischungsgetränke der ehemals wertvollsten Marke der Welt verantwortlich.

16.1 Ein ganz normaler (Büro-)Alltag?

Montagmorgen, 08:00 Uhr: Für unzählige Menschen beginnt eine neue Arbeitswoche. Nach und nach trudeln sie in den Büros ein, machen es sich an den dortigen Schreibtischen bequem, finden sich in Kaffeeküchen zusammen oder beginnen aus den Homeoffices virtuell ihren Arbeitstag. Meist beginnt dieser mit lockeren Plaudereien rund um die Aktivitäten des vergangenen Wochenendes. Eigentlich ein harmloses Gespräch, in dem man in der Regel ein paar banale Infos rund um Fahrradtouren, Wäschewaschen und Faulenzen austauscht. Eigentlich. Für einige wenige Menschen löst die Frage nach dem Wochenende Stress aus. Bereits auf dem Weg zur Arbeit wird gedanklich eine Geschichte konstruiert, überarbeitet, rekonstruiert und wohlüberlegt formuliert.

Für Menschen, die sich am Arbeitsplatz nicht geoutet haben, beginnt der Spießrutenlauf bereits bei augenscheinlichen Banalitäten wie diesem lockeren Smalltalk. Betroffene sind dauerhaft angespannt, müssen sie doch bei jedem Satz vorsichtig sein, um sich unauffällig auszudrücken und keine Rückschlüsse auf Lebensbereiche zuzulassen, die von ihnen geheim gehalten werden sollen. Seien es Informationen zu Partner*innen, Freizeitgestaltungen oder sonstigen privaten Details. Betroffene führen beinahe eine Art Doppelleben. Dies zieht Energie, die alternativ für die Arbeitsthemen aufgewendet werden könnte.

Und spätestens bei dieser Info sollten Entscheider*innen aufhorchen, denn alles, was die Performance der Mitarbeiter*innen betrifft, betrifft unweigerlich auch die Performance des ganzen Unternehmens. Laut einer Studie der Boston Consulting Group ist nur jeder dritte Mensch der LGBTQI+-Community am Arbeitsplatz geoutet. Im internationalen Vergleich steht Deutschland hier schlecht da. Als Grund nennen Betroffene vor allem die Befürchtung, dass ihre Karriere leiden würde, wenn sie sich am Arbeitsplatz zu ihrer Sexualität bekennen.[4] Diese Befürchtung ist derart groß, dass sie

---

4   Vgl. Zeit Online, 2019.

in Kauf nehmen, ihre sexuelle Orientierung über den gesamten Zeitraum ihres Arbeits-verhältnisses verstecken zu müssen. Denn nichts anderes ist dieser Zustand: ein Ver-steckspiel mit ungewissem Ausgang und verbunden mit einem permanent hohen Stresspegel, der sich nicht nur negativ auf die Leistung in der Arbeit, sondern auch auf die eigene Gesundheit auswirkt. Und doch scheint dieser Preis leichter aufgebracht zu werden als die mit dem Outing verbundenen befürchteten Konsequenzen, die das Karriere-Aus, Ausgrenzung oder Mobbing im Team bzw. durch Kolleg*innen oder so-gar den Jobverlust umfassen könnten.

16.2   Status quo

Aus rechtlicher Sicht gibt es in Deutschland eigentlich nichts zu befürchten, denn seit 2006 ist durch das Allgemeine Gleichbehandlungsgesetz geregelt, dass Menschen aufgrund ihres Geschlechts oder ihrer sexuellen Identität nicht benachteiligt werden dürfen.[5] Dieses Gesetz ist gut und wichtig, bildet es doch die Grundlage, um betrof-fenen Menschen Schutz und Sicherheit zu bieten. Doch Gesetz und gelebte Praxis liegen in diesem Fall weit auseinander. Dass diese Angst berechtigt ist, belegt eine Studie des Deutschen Instituts für Wirtschaftsforschung 2020, in der herausgefunden wurde, dass bereits jede dritte LGBTQI+-Person Diskriminierung am Arbeitsplatz er-fahren hat. Noch höher sind die Zahlen der Diskriminierung im privaten Bereich und vermutlich nochmal um ein Vielfaches die entsprechende Dunkelziffer. Wichtig dabei anzuerkennen ist, dass es hierbei weniger um Diskriminierung beispielsweise beim Einstellungsprozess oder Arbeitsplatzverlust geht, sondern um die erlebte Realität im Arbeitsleben. Ein interessanter Fakt, der aus der Studie hervorgeht, ist, dass es einen Unterschied zwischen dem Outing vor Kolleg*innen und dem vor Vorgesetzten zu geben scheint. So sind 40% aller Befragten nicht vor ihrer Führungskraft, jedoch vor Kolleg*innen geoutet. Auch die Branche scheint bei einem Outing eine Rolle zu spie-len. Im Sozialwesen scheint dies für Betroffene am leichtesten zu sein, im Baugewerbe (Land- und Forstwirtschaft, Abfallentsorgung, verarbeitendes Gewerbe) sind die Be-fragten am seltensten geoutet.[6] Dies legt nahe, dass Kultur eine wichtige Rolle beim Thema Outing spielt und diese stark durch Vorgesetzte bestimmt wird.

Von einer menschenzentrierten und offenen Arbeitskultur profitieren alle Beschäftig-ten eines Unternehmens und insbesondere beim aktuell herrschenden Fachkräfte-mangel gilt diese als einer der besten Differenzierer am Markt, um Talente anzuziehen. Zudem ist die Innovationsbereitschaft und -fähigkeit von Mitarbeitenden in Unterneh-men mit einer starken Kultur der Gleichstellung etwa sechsmal höher als in Unter-nehmen, in denen sie gering ausfällt. Um eine konkrete Zahl dahingehend zu nennen,

---

5   Vgl. Allgemeines Gleichbehandlungsgesetz, 2006.
6   Vgl. DIW Berlin, 2023.

welchen immensen Einfluss gut gewählte Führungskräfte in diesem Kontext haben, lässt sich ein Studienergebnis von Accenture heranziehen. Laut diesem sorgt eine Diskrepanz zwischen der Sicht der Führungskräfte und der Sichtweise der Mitarbeiter*innen für eine um 33 % geringere globale Gewinnspanne von Unternehmen. Das entspricht im Jahr 2019 einem Wert von 3,4 Billionen Euro. So sehen viele Führungskräfte sich als Initiatoren eines sicheren Raums für ihr Team, in dem Fehler gemacht und Ideen eingebracht werden dürfen. Dem entgegen steht, dass nur ein Drittel der Mitarbeiter*innen diese Sichtweise teilen, mit der Folge der eingangs genannten potenziellen Gewinne, die durch diese Diskrepanz nicht abgerufen werden.[7]

Zahlen, die definitiv aufhorchen lassen und Anlass geben, darüber nachzudenken, wie Diversität stärker im eigenen Team oder sogar eigenen Unternehmen etabliert werden kann, um so die Performance zu steigern und gleichzeitig die Beschäftigtenzufriedenheit zu erhöhen. Ein Thema, bei dem alle Parteien gewinnen würden. Die erfolgreiche Etablierung einer menschenzentrierten und gleichstellungsorientierten Unternehmenskultur kann je nach Unternehmensgröße und aktuellem Standard zu einer umfangreichen und anspruchsvollen Aufgabe werden, die einiges an Zeit in Anspruch nehmen wird.

16.3 Schaffung einer gleichstellungsorientierten Unternehmenskultur

Damit diese Veränderung gelingt, ist es zunächst wichtig zu verstehen, welche Faktoren zu einem Unternehmensklima beitragen, in dem Diversität gelebt und akzeptiert wird. Insgesamt wurden die folgenden fünf Faktoren identifiziert:[8]

1. Das Thema Gleichstellung gilt als Führungsaufgabe der obersten Ebene.
2. Es braucht diskriminierungsfreie Strukturen, die durch Sichtbarkeit des Themas und konkrete Ansprechpartner*innen (Abteilung: HR; Bereich: Diversity & Inclusion) etabliert werden. Mitarbeiter*innen müssen sehen und wissen, dass es eine*n Ansprechpartner*in gibt, bei dem/der sie sich melden können im Fall von Diskriminierung jeglicher Art.
3. Interne Kommunikation wird als Führungsaufgabe verstanden, um auf das Thema aufmerksam zu machen bei gleichzeitiger Wertevermittlung und klaren, aber leicht einprägsamen Verhaltensregeln. (»Wir leben Diversität und sind stolz auf unsere Unterschiede, denn sie sind unsere Stärke.«)
4. Eine starke Fehlerkultur, die tatsächlich gelebt wird.
5. Führungskräfte, die sensibilisiert und empathisch im Umgang mit Menschen anderer Lebensrealitäten agieren.

---

7   Vgl. Accenture, 2023.
8   Ebda.

Gestützt werden diese Faktoren durch eine Befragung von mehr als 250 Führungskräften aus der deutschen Wirtschaft, laut der 67 % der Befragten glauben, dass Diversität direkte Vorteile für die Organisation bringt.[9]

Ein weiterer Aspekt sind die Ergebnisse, die aus einer Studie mit LGBTIQ+-Menschen 2016 durchgeführt wurde. Spannend ist, dass Menschen, die geoutet sind, angeben, deutlich mehr Zufriedenheit und Commitment bei der Arbeit zu haben als diejenigen, die nicht geoutet sind. So wird auch noch einmal der Eindruck der erhöhten Leistungsfähigkeit bekräftigt, denn nach eigenen Angaben sind die Ressourcen mehr als doppelt so hoch bei geouteten Mitarbeiter*innen. Es zeigt sich deutlich, dass das Geheimhalten der eigenen Identität überdurchschnittlich viel Kraft kostet und so in der logischen Konsequenz zulasten der Leistung im Job geht. Damit einher gehen die negativen Effekte, die es haben kann, wenn Menschen sich nicht sicher fühlen und ungeoutet bleiben. Denn nicht nur die Leistungsfähigkeit der ungeouteten Mitarbeiter*innen fällt niedriger aus, sondern es nehmen auch die Probleme mit der mentalen Gesundheit zu. So konnte herausgefunden werden, dass nicht geoutete Menschen im Vergleich zu geouteten häufiger an den Tod und das Sterben denken.[10] Diese Tatsache verstärkt die Wichtigkeit einer toleranten und von Vielfalt geprägten Unternehmenskultur, in der Menschen ohne Angst am Arbeitsplatz sein können. Die Folge für Unternehmen sind tendenziell mehr Krankheitstage und Job- oder Unternehmenswechsel, wenn kein Rahmen geschaffen wird, in dem sich jedes Teammitglied und jede*r Mitarbeiter*in gut aufgehoben, toleriert und sicher fühlt.

Es ist eine Vielzahl von Nachteilen festzustellen, wenn Diversität keine Beachtung in Unternehmen bekommt, mit direkten Auswirkungen auf die Leistungsfähigkeit und die Innovationsbereitschaft von Teams. Bedenkt man diese Auswirkungen, fällt es schwer nachzuvollziehen, weshalb viele Menschen keinen direkten Zusammenhang zwischen einer von Toleranz und Offenheit geprägten Unternehmenskultur und den Unternehmenszielen sehen. Spätestens wenn man sich mit dieser Thematik und ein paar Fakten dazu befasst, wird schnell deutlich, wie viel Relevanz dahintersteckt und dass es rein aus Unternehmenssicht nur sinnvoll sein kann, den Fokus darauf zu legen. Diversity beginnt dabei immer an der Spitze eines Unternehmens, die das Thema vorlebt und die Wichtigkeit dafür unterstreicht. Nur durch die konsequente Handhabung von Toleranz und bei gleichzeitiger Sanktionierung von Intoleranz, Mobbing und Gewalt gegen Menschen, kann ein Umfeld entstehen, in dem Wertschätzung und ein angenehmes Miteinander entstehen. Das wiederum ermöglicht jedem einzelnen Mitarbeitenden, er*sie selbst zu sein, unabhängig von seinen*ihren persönlichen Merkmalen. Ein weiterer Aspekt ist, dass das Thema selbst wenig finanzielle Investition benötigt, aber einen direkten Effekt auf das Unternehmen hat.

---

9   Vgl. Charta der Vielfalt, 2023.
10   Vgl. Frohn, Dominic, 2023.

Wichtig zu erkennen ist, dass es sich hierbei um eine grundlegende Haltung handelt und damit verbunden einen Weg, den ein Unternehmen zu gehen bereit sein muss. Einmalige Aktionen, wie das Hissen einer Regenbogenflagge einmal im Jahr oder der einmalige Hinweis auf dieses Thema und seine Wichtigkeit, tragen sicherlich wenig zur Implementierung bei. Es erfordert konstantes Handeln, Vorleben und Darauf-Aufmerksam-Machen. Es braucht Zeit und Geduld, bis sich erste Erfolge einstellen und man messbare Ergebnisse vorweisen kann, und dennoch liegt der Vorteil und die Notwendigkeit dieser Maßnahmen auf der Hand. Jede Führungskraft sollte die Brisanz dieses Themas verstehen und erkennen, dass es nicht mehr ohne Diversität in unserer Gesellschaft funktionieren kann.

Die größte Herausforderung daran ist sicherlich die Wichtigkeit dieses Themas und der Wille zur Umsetzung, ohne davon selbst betroffen zu sein. Es ist definitiv schwierig, sich für das Wohlergehen Anderer einzusetzen, ohne den Schmerz selbst zu spüren. Das erfordert Empathie und ein von Werten geprägtes Selbst. Neben dem ideellen Anspruch an dieses Thema lässt sich aber auch ein intrinsisch motivierter Anreiz finden, denn unabhängig davon, ob es Ihr Unternehmen ist oder Sie lediglich ein Team führen und dafür Verantwortung tragen: Sie haben in jedem Fall die Möglichkeit, auf dem Feld der Unternehmenskultur etwas zu verändern und sei es nur Ihre eigene Haltung, um als Vorbild voranzugehen. Der persönliche Gewinn liegt ganz nebenbei in zufriedenen Mitarbeiter*innen, die mehr Leistung bringen und mehr Freude daran haben, bei und mit Ihnen zu arbeiten – und das erfüllt Ihnen ganz nebenbei Ihre eigenen Unternehmensziele. Es lohnt sich! Denn hier gewinnen alle miteinander und es geht nicht nur darum, dass sich ein einzelner Mitarbeiter wohlfühlt, sondern dahinter verbirgt sich ein großer Hebel für mehr Effizienz und Unternehmenserfolg allgemein.

16.4 Der Blick in die Zukunft

Werfen wir einen Blick in die Zukunft und gehen davon aus, dass wir im Jahr 2035 leben, so ergibt sich ein neues Bild. »New Work« ist nicht mehr nur ein Begriff, sondern zum Standard in der Arbeitswelt geworden. Zahlreiche Unternehmen sind vom Markt verschwunden, weil sie keine Wege finden konnten, um die Generation Z zu halten, und somit keine neuen Mitarbeiter*innen rekrutieren konnten, jedenfalls nicht ausreichend, um das Geschäft am Markt zu halten und an den Bedürfnissen der Generation auszurichten.

Gleichzeitig sind viele Unternehmen zu beobachten, die unabhängig von ihrer Unternehmensgröße deutliche Erfolge vorzuweisen haben. Wir erleben einen Markt, an dem unglaubliches Wachstum bei vielen jungen Unternehmen zu verzeichnen ist. Unternehmen, die hochrangige Manager*innen für sich gewinnen konnten, ohne horrende Summen bezahlen zu müssen. Im Gegenteil, Führungspersönlichkeiten aus aller Welt haben sich bei diesen Unternehmen beworben, um Teil einer neuen Kultur zu sein. Wir erleben in diesen Unternehmen eine Kultur, die im Wesentlichen aus zwei erkennbaren Faktoren besteht: Die Mitarbeitenden verbinden vor allem gleiche Werte wie Offenheit, Toleranz und Ehrlichkeit sowie ein wertschätzendes Miteinander. Und zum anderen lässt sich beobachten, dass die Kultur davon geprägt ist, dass nur noch Prozesse und Produkte umgesetzt werden, die sinnvoll sind und der Allgemeinheit dienen. Jegliche Form von Sinn- oder Nutzlosigkeit wurde eliminiert – immer mit dem Ziel, zeitgemäße Produkte und Dienstleistungen zu verkaufen, die jedem Menschen nützlich sein können und eine gute Absicht verfolgen und so das Bedürfnis der Käufer*innen befriedigen.

Würde man einen Tag in einem solchen Unternehmen verbringen, würde man vieles beobachten können, sich anfangs zahlreiche Fragen stellen und teilweise ungläubig dabei zusehen, weil das Bild, das man vor Augen hat, von dem abweicht, was man bisher gewohnt war, im Arbeitsleben vorzufinden.

Es gibt nach wie vor Büros und viele Menschen, die mit Computern arbeiten, in Meetings sitzen oder an Produkten forschen und mit der Entwicklung beschäftigt sind. Allerdings sieht man auch erhebliche Abweichungen zur gewohnten Arbeitswelt. Es lassen sich viele zufriedene Menschen beobachten, die gerne in ihrem Job sind und sehr wohlwollend und freundschaftlich zusammenarbeiten. Es ist ebenso auffallend, dass die Menschen sehr fleißig sind und viel arbeiten, aber mit einer Haltung, die Leichtigkeit und Zufriedenheit vermittelt. Glückliche Menschen, die mögen, was sie tun, und gerne mit ihren Kolleg*innen für den Erfolg des Unternehmens arbeiten. Es findet eine Kombination aus privaten und beruflichen Aktivitäten über den Tag verteilt statt, denn das ist einer der Schlüssel für mehr Zufriedenheit und Leistungssteigerung.

Das wohl größte Merkmal, das sich zu heute unterscheidet, ist, dass die Menschen sehr unterschiedlich zu sein scheinen und doch sehr harmonisch miteinander umzugehen wissen. Wir würden Menschen mit ausländischem Hintergrund in der Führungsetage gemeinsam mit einer Drag Queen an der Spitze eines erfolgreichen Unternehmens beobachten können. Kolleg*innen unterschiedlichster Herkunft, teilweise mit Behinderung, arbeiten zusammen mit vielen Frauen im Team. Manche Führungsetagen bestehen nur noch vereinzelt aus Männern, andere Teams hingegen nur noch aus Männern. Dabei geht es keinem Team um das Geschlecht, die Herkunft oder sexuelle Orientierung, sondern jeder Mensch ist aufgrund seiner Talente und Kompetenzen auf seiner Position willkommen. Jeder lernt voneinander und bringt dem Unternehmen aufgrund der Unterschiedlichkeit der Menschen eine überdurchschnittlich hohe Innovationskraft, die das Wachstum beflügelt. Es wären Teams zu sehen, bei denen sich bei heutiger Betrachtung die Frage stellen würde, wie es möglich ist, dass so ein Team erfolgreich zusammenarbeitet. Und bei längerer Betrachtung drängte sich unweigerlich die Frage auf, wieso man selbst nicht viel früher den Mut gehabt hat, ein komplett unterschiedliches Team zusammenzustellen anstatt »Mini-ME's« einzustellen, weil es leichter und angenehmer ist, als sich mit einem diversen Team auseinanderzusetzen. Allein durch die Vermischung unterschiedlicher Menschen entsprechend ihrer Kompetenzen, können sich ungeahnte Erfolge und Innovationen ergeben. Was für eine schöne Vorstellung.

Alles, was es braucht, sind Menschen, die mutig sind und sich durch ihre Angst keine Grenzen setzen lassen. Denn es gibt keine Grenzen. Es gibt nur Angst, die Grenzen setzt.

Über Meryl Deep

Meryl Deep ist im Schwarzwald geboren und aufgewachsen. Schon als kleines Mädchen war sie fasziniert von der Welt samt der Individualität eines jeden Menschen. Maßgeblich dazu beigetragen hat ihre Mutter, die ihr von Beginn an Toleranz gegenüber sämtlichen Lebensformen und uneingeschränkte Freiheit zur eigenen Entwicklung mitgegeben hat. Noch während der ersten Lebensjahre wurden ihre Mutter und sie vom Vater verlassen und mussten zu zweit durchs Leben mit sämtlichen Höhen und Tiefen gehen. Ein Ereignis, das Meryl sehr früh dazu zwang, die Verantwortung für ihr Leben zu übernehmen.

Nach nicht bestandenem Abitur suchte sie sich einen Weg, um studieren zu können, was ihr gelang. Noch während des BWL-Studiums mit dem Schwerpunkt Marketing in Berlin schaffte sie als Werkstudentin den Einstieg in Deutschlands größten Getränkekonzern für alkoholfreie Erfrischungsgetränke und war anschließend als Managerin für den Launch von nationalen Marken verantwortlich.

Während der Flüchtlingskrise 2015 engagierte sie sich für zahlreiche Flüchtlinge, gründete eine ehrenamtliche Hilfsinitiative, um syrischen Geflüchteten ein wenig Freude in der Freizeit zu bereiten während einer wenig erfreulichen Lage. Einem Flüchtling half sie von der Ankunft bis zur vollständigen Integration. Sie unterstützte ihn in allen Lebensbereichen, konnte ihm zu einem Ausbildungsplatz verhelfen und den Weg für ein neues Leben in Deutschland ebnen. Das Wohlergehen und die Vielfalt eines jeden Menschen liegen Meryl sehr am Herzen.

2020 hat sie nach einem Burn-out ihre Konzernkarriere beendet und beschlossen, ihrem Leben mehr Sinn zu verleihen. Sie verbrachte anschließend zwei Monate in Indien und beschäftigte sich intensiv mit Persönlichkeitsentwicklung, was sie insgesamt seit mehr als zehn Jahren tut.

Meryl arbeitet in einem Start-up, das sich dem Thema »Mentale Gesundheit« verschrieben hat. Sie ist ausgebildet als systemische Coach und hilft Menschen dabei,

Blockaden zu lösen und Herausforderungen zu überwinden, um ein zufriedeneres Leben zu führen. Aus eigener Erfahrung weiß sie, was es bedeutet, wenn die mentale Gesundheit leidet und das eigene Leben keine Freude mehr bereitet.

Heute inspiriert sie Menschen, sich authentisch zu zeigen und den Mut zu finden, ihr eigenes Leben zu leben. Meryl Deep ist als Keynote-Speakerin und Moderatorin zu erleben und begeistert die Menschen mit ihrem Charme und ihrer immer stilvollen und von Humor geprägten Art.

Literaturverzeichnis

Bergmann, I. (2004). Duden – Das überzeugende Zitat. Die 1.000 bedeutendsten Zitate zu den wichtigsten Themen des Alltags. Dudenredaktion (Hrsg.), 1. Aufl., 2004, S. 16.

Inam, H. & Robbins, M. (2018). Bring your whole self to work (Stand 30.07.2023), https://www.forbes.com/sites/hennainam/2018/05/10/bring-your-whole-self-to-work/.

Frohn, D.: Out im Office?! (Was) hat die sexuelle Identität mit Job und Performance zu tun? (Stand: 14.07.2023), https://www.schwulejugend.de/sjk/wp-content/uploads/2016/10/DRUCK_Vortrag-Koblenz-160427_DF.pdf.

Zeit Online: Nur wenige wagen Coming-Out am Arbeitsplatz (Stand: 15.07.2023), https://www.zeit.de/arbeit/2019-01/studie-lgbt-coming-out-kollegen-arbeitsplatz-sexualitaet?utm_referrer=https%3A%2F%2Fwww.google.com%2F, 26.01.2019.

Allgemeines Gleichbehandlungsgesetz vom 14. August 2006 (BGBl . I S. 1897), das zuletzt durch Artikel 4 des Gesetzes vom 19. Dezember 2022 (BGBl . I S. 2510) geändert worden ist.

DIW Berlin: LGBTQI*-Menschen am Arbeitsmarkt: hoch gebildet und oftmals diskriminiert (Stand: 15.07.2023), https://www.diw.de/de/diw_01.c.798165.de/publikationen/wochenberichte/2020_36_1/lgbtqi_-menschen_am_arbeitsmarkt__hoch_gebildet_und_oftmals_diskriminiert.html#section2.

Accenture: Sichtbare Fortschritte – Versteckte Hürden (Stand: 15.07.2023), https://www.accenture.com/_acnmedia/PDF-134/Accenture-GTE-Pride-2020.pdf, S. 14.

Charta der Vielfalt, Ernst & Young (Hrsg.). Diversity in Deutschland – Studie anlässlich des 10-jährigen Bestehens der Charta der Vielfalt, https://www.charta-der-vielfalt.de/fileadmin/user_upload/Studien_Publikationen_Charta/STUDIE_DIVERSITY_IN_DEUTSCHLAND_2016-11.pdf (Stand: 18.07.2023).

Plöderl M., et al. (2009). Homosexualität als Risikofaktor für Depression und Suizidalität bei Männern, Blickpunkt der Mann, S. 28.

16.5 Nachwort von Sanam Moayedi-Stummer, Head of Talent Netflix DACH, Nordics, Central & Eastern Europe

Wir kennen alle den Elefanten im Raum. Er ist da und wird immer größer, je länger wir schweigen.

Diesen Satz entnehme ich aus einem Buch, das Kindern Rassismus erklärt. Aber wir können und sollten vieles von unseren Kindern lernen, die eine ganz andere Reife an den Tag legen, wenn es um Akzeptanz von Identität geht.

Solange wir im Unternehmen stillschweigend hinnehmen, dass Menschen im Arbeitsleben ein Doppelleben führen, wird der Elefant immer größer. Solange wir nicht mutig zu unserer Selbstverantwortung in der Gesellschaft stehen, wird der Elefant immer weiter dafür sorgen, dass Deutschland in den Statistiken am Ende bleibt, wie Meryl Deep in ihrem Essay hervorhebt.

Lasst uns das Schweigen brechen, zuhören und lernen. Die Arbeitswelt von heute trägt enorme Chancen in sich, weil Privilegien offener denn je angesprochen werden. Aber die Privilegierten werden immer wieder versuchen, Gedankenmauern zu bauen, ihre »Upside Down Worlds« zu schützen und den Elefanten hinzunehmen. Daher dürfen Unternehmen nicht glauben, dass Zielzahlen alleine reichen. Es handelt sich vielmehr um Werte und eine Kultur, die keine Grenzen zulassen.

Ich bin geduldig und optimistisch. Gesellschaftliche Veränderung braucht Zeit. Ich beobachte und erlebe eine neue Generation von Unternehmen, die Offenheit, Toleranz und Ehrlichkeit nach innen und außen leben und damit im Kern eines gemeinsam hat: echte Wertschätzung im Miteinander.

> *Die Welt, die wir heute erschaffen haben, ist ein Produkt unseres Denkens.*
> *Wir können sie nicht verändern, ohne unser Denken zu verändern.*
> Albert Einstein

Über Sanam Moayedi-Stummer

Sanam Moayedi-Stummer, geboren im Iran und aufgewachsen sowohl in Kanada als auch in Deutschland, verfügt über langjährige Erfahrung in zahlreichen Managementpositionen. Sie startete ihre Karriere als Management Consultant, bevor sie in die Industrie zu Coca-Cola wechselte. Dort leitete sie eine Vielfalt von strategischen Projekten, Business Development und Einkauf, bevor sie in den HR-Bereich wechselte, wo sie in nationalen und internationalen Rollen tätig war. Sanam Moayedi-Stummer engagiert sich für Frauen in Führungspositionen, verfügt über exzellente Skills in Strategischem Management und bringt langjährige Erfahrung in nationalen und internationalen Rollen in globalen Konzernen. Neben ihrer Arbeit agierte sie als Co-Geschäftsführerin der Brili GmbH, die eine App für Kinder und Erwachsene mit ADHS entwickelt hat, um für mehr Leichtigkeit und Erfolg im Alltag zu sorgen.

17 New Pay: das Vergütungssystem der Zukunft

Von Kaja Braun, 28, Managing Director, Pinetco GmbH

Da Gehaltszufriedenheit einen großen Einfluss auf Kündigungsabsichten hat, ist dieses Thema für Organisationen wichtiger als zuvor, wenn diese sich in einem Wettbewerb um Arbeitskräfte befinden und ihre Arbeitnehmer:innen gebunden werden sollen. Immer mehr Unternehmen experimentieren daher mit neuen Gehaltsmodellen: Ein Ansatz mit dem Namen »New Pay« soll die Bedürfnisse der Arbeitnehmenden besser erfüllen können als herkömmliche Vergütungssysteme. In diesem Beitrag wird beleuchtet, was unter New Pay zu verstehen ist, welche Anforderungen heute und in Zukunft an ein Vergütungssystem gestellt werden und was Organisationen jetzt konkret tun können, um diesen Anforderungen gerecht zu werden.

17.1 Warum wir über Geld sprechen müssen

Wenn wir über die Arbeitswelt der Zukunft nachdenken, über die in 2035 notwendigen Skills, die gefragtesten Jobs, die Bedeutung von Geschlechterrollen und die Entwicklung von Organisationen, dann darf dabei ein Thema nicht außer Acht gelassen werden: die Bezahlung der Arbeit, die Vergütung, der Lohn oder auch das Gehalt.

Wird Gehalt in der Zukunft über die Blockchain ausgezahlt oder befinden wir uns gar in einer Dystopie wie in dem Hollywoodfilm »In Time«, in dem Lebenszeit als Bezahlung dient? Oder etwas konservativer gedacht: Werden wir 2035 alle in einer 4-Tage-Woche arbeiten?

Um die Frage nach dem Gehalt der Zukunft zu beantworten, muss sich zunächst angeschaut werden, um was es geht: Was ist Gehalt, welche Faktoren führen zu einer Zufriedenheit mit dem Gehalt und welche Trends sind aktuell sichtbar?

Gehalt im aktuellen Diskurs

Gehalt – damit wird im deutschsprachigen Raum bezeichnet, was Angestellte von ihren Organisationen für die ausgeführte Arbeit erhalten. Im Zuge der Coronapandemie wurde dem Gehalt bestimmter Berufsgruppen besondere Aufmerksamkeit gewidmet: Sind Pflegekräfte mit ihrem Gehalt in Anbetracht der geleisteten Arbeit zufrieden?[1] Welches Gehalt ist für systemrelevante Berufe gerecht? In einem Lesendenkommentar in der Süddeutschen Zeitung wurde beispielsweise die Frage

---

1   Vgl. Petter (2021); Schneider (2021).

aufgeworfen: »*Warum werden Anwälte, Notare, Investmentbanker, Steuerberater oder sonstige Consultants im Vergleich zur Kindergärtnerin oder dem Krankenpfleger so exorbitant hoch bezahlt?*«[2]

Wie man auch dieser Diskussion entnehmen kann, sind auf individueller Ebene Zufriedenheit und Gerechtigkeit im Hinblick auf das Thema Gehalt eng miteinander verbunden. Wer sein Gehalt als ungerecht empfindet, wird selten damit zufrieden sein und umgekehrt.[3]

Die Gehaltszufriedenheit ist jedoch nicht nur für individuelle Arbeitnehmer:innen relevant, sondern auch für Organisationen. Viele Studien haben einen Zusammenhang zwischen der Zufriedenheit mit der Vergütung und der allgemeinen Zufriedenheit mit dem Arbeitsplatz sowie der erbrachten Leistung und Kündigungsabsichten aufgezeigt.[4] Es herrscht außerdem ein Zusammenhang zur Bindung an eine Organisation.[5] Heute noch werden in aktuellen Studien weitere Effekte thematisiert, zum Beispiel eine positive Korrelation der Gehaltszufriedenheit mit einem Wissensaustausch,[6] das Vertrauen in die Organisation[7] oder das Zusammenspiel zwischen der Höhe des Gehalts und der Unternehmenskultur.[8]

Insbesondere in Bezug auf den Wettbewerb um Fachkräfte wird dabei häufig von einem Wandel in der Arbeitswelt gesprochen. Dahinter finden sich Ideen zu einer neuen Organisationskultur mit einem Fokus auf Sinnstiftung und Selbstorganisation, zum Beispiel von Frédéric Laloux in »Reinventing Organization« beschrieben,[9] aber auch durch die Digitalisierung geförderte neue Wege der Zusammenarbeit.[10] Organisationen müssen sich im Zuge des New Work neu erfinden, wenn sie langfristig Bestand haben möchten. Dabei werden Vergütungsstrukturen häufig vernachlässigt, obwohl sie wie erwähnt einen erheblichen Einfluss auf Zufriedenheit und Bindung von Arbeitnehmenden haben.

Wenn wir über neue Arbeitswelten, neue Organisationsformen und -kulturen sprechen, müssen wir folglich auch über neue Formen von Gehalt sprechen: Welches Gehalt macht zufrieden? Welches Gehalt ist gerecht? Wie kann eine Gehaltsfindung aussehen und was müssen Organisationen in die Wege leiten, um den Bedürfnissen der neuen Generationen gerecht zu werden?

---

2   Süddeutsche Zeitung (2020).
3   Vgl. Gim/Cheah (2020), S. 2.
4   So auch Jordan et al. (2018).
5   So auch Currall et al. (2005); Gieter/Hofmans (2015); Zhou/Lee (2016); Gevrek et al. (2017); Akinbobola/ Nathaniel (2019), S. 1084; Kim et al. (2020).
6   Vgl. Farooq/Bilal/Raza (2020), S. 120.
7   Vgl. Gim/Cheah (2020), S. 11.
8   Vgl. Peretz et al. (2020).
9   Vgl. Laloux (2015).
10   Vgl. Zukunftsinstitut (2021).

Um sich diesen Fragen zu nähern, hilft ein Blick auf die Geschichte des Gehalts und seiner Begrifflichkeiten.

17.2   Worüber reden wir? Gehalt und Vergütungssysteme

Gehalt ist der Begriff, der umgangssprachlich am häufigsten verwendet wird: Gemeint ist damit meistens ein Geldbetrag, der regelmäßig auf das Konto der Angestellten überwiesen wird.[11] Früher war der Begriff des Lohns für Arbeitende gebräuchlich, Gehalt dagegen lediglich bei akademischen Berufen. Diese Aufteilung existiert so nicht mehr, sie erklärt aber, warum beide Begriffe immer noch in Gebrauch sind. Das Wort »Lohn« findet sich in Deutschland vor allem beim Stundenlohn.[12]

Arbeitsentgelt ist der im Sozialversicherungsrecht und in der Gewerbeordnung verwendete Begriff. Damit werden sowohl Lohn als auch Gehalt aus nicht selbstständiger Tätigkeit bezeichnet und es ist der treffendste Begriff, wenn es konkret um den monatlichen Geldeingang bei Arbeitnehmenden geht.[13]

Kommen zu diesem Entgelt weitere Bausteine hinzu, zum Beispiel ein Dienstwagen, Altersvorsorge, leistungsabhängige oder -unabhängige Bonuszahlungen oder Erfolgsprämien, kann der Begriff der Vergütung genutzt werden: die Gegenleistung, die Arbeitgebende ihren Arbeitnehmenden für die erbrachte Leistung zukommen lassen.[14]

Vergütung kann in verschiedenen Varianten bezahlt werden und so unterscheiden sich auch die Abrechnungsgrundlagen. Vergütet werden kann zum Beispiel die reine Arbeitszeit in Form eines Stundenlohns, es kann eine pauschale Vergütung als Jahres-/Monatsgehalt mit einer definierten Anzahl von Stunden stattfinden oder aber das Erbringen bestimmter Leistungen im Stück-/Akkordlohn wird berücksichtigt. Vergütung auf Basis von erzielten Provisionen oder Umsätzen ist ebenso denkbar.[15] Erweitert wird dies durch zusätzliche Zahlungen wie Weihnachts- oder Urlaubsgeld, Prämien- und Bonuszahlungen, geldwerte Vorteile und Mitarbeiterbeteiligungen. Auch die Ausstattung, Dienstwagen etc. können dazugezählt werden.

Gehalt, Lohn, Entgelt und Vergütung können somit beinahe synonym verwendet werden, wobei Vergütung der umfassendste Begriff ist.

---

11   Vgl. Duden (2021).
12   Vgl. Anwalt.org (2021).
13   Vgl. Redmann (2019), S. 35.
14   Vgl. Redmann (2019), S. 36.
15   Vgl. Redmann (2019), S. 168.

Ein Vergütungssystem, Entgeltsystem, Gehaltssystem oder Gehaltsmodell beschreibt die Struktur und Gliederung der Vergütung innerhalb einer Organisation oder auch die *»geordnete Lohn- und Gehaltsfestlegung«*.[16] Die verschiedenen Begrifflichkeiten, vor allem die Ausdrücke »Vergütungssystem« und »Entgeltsystem«, werden in Personalhandbüchern synonym verwendet.[17] »Gehaltsmodell« ist eher als umgangssprachlicher Begriff zu sehen, der zum Beispiel in der Außendarstellung von Unternehmen verwendet wird.[18]

Entscheidend bei einem Vergütungssystem ist das Formulieren von Regeln bezüglich der Fragestellungen, wer wann wie viel Vergütung erhält. Häufig kann bei einem Vergütungssystem zwischen Grund- und Leistungsentgelt unterschieden werden: ein Basisgehalt, das jeden Monat gezahlt wird, sowie ein Leistungszuschlag. Wie Ulmer 2013 in einem Grundlagenbuch zur Entwicklung von Vergütungssystemen festhielt, geht die eigentliche Funktion eines Vergütungssystems über die Formulierung der genannten Regeln jedoch hinaus:

> »Entgeltsysteme dienen daher auch als Transmitter der organisatorischen und kulturellen Unternehmenswerte. Sie haben die Aufgabe, das Selbstverständnis des Unternehmens den Mitarbeitenden bewusst zu machen und die Wertschätzung letztlich auch in Geldwert auszudrücken.«[19]

Ein Vergütungssystem kann weiter dazu dienen, Arbeitnehmer:innen zu motivieren und an das Unternehmen zu binden. Vergütungssysteme können daher als *»strategische Instrumente«*[20] betrachtet werden. Sie gehen nicht zuletzt deshalb über das reine Bruttogehalt hinaus. Auch variable Gehaltsbausteine, Arbeitszeiten, Urlaubstage, Zuschüsse, Benefits und Arbeitsbedingungen sind Elemente eines Vergütungssystems.[21]

Dabei wird die Vergütung häufig in Abhängigkeit von den Anforderungen, Qualifikationen und Arbeitsleistungen definiert. Das Ziel ist, eine von allen als gerecht empfundene Vergütung zu finden. Dies gilt jedoch nicht nur innerhalb eines Unternehmens, sondern in einer gesamtgesellschaftlichen Betrachtung auch darüber hinaus. Ein Vergütungssystem sollte diskriminierungsfrei sein und eine Lohnspreizung, durch die soziale Ungleichheit entsteht, nicht fördern. Auch der *Gender-Pay-Gap* ist immer wieder Gegenstand von Diskussionen.

---

16 Ulmer (2013), S. 11.
17 Vgl. Weißenrieder (2019), S. 12/13.
18 Vgl. sipgate (2017).
19 Ulmer (2013), S. 12.
20 Redmann (2019), S. 17; so auch Heneman/Greenberger/Fox (2002), S. 65.
21 Vgl. Redmann (2019), S. 19.

In der Personalliteratur gilt meist folgender Konsens: Was vergütet und belohnt wird, wird auch mehr getan. Bei der Gestaltung eines Vergütungssystems gilt es also darauf zu achten, was incentiviert werden sollte.[22]

Besonders in Branchen, in denen ein Fachkräftemangel herrscht und es zu einem sogenannten *War of Talents* kommt, spielt das Vergütungssystem auch beim Gewinnen und Halten neuer Arbeitnehmer:innen eine Rolle.[23]

Unter alternativen Vergütungssystemen werden solche verstanden, die weder zum klassischen Tarifvertrag oder zur Tarifordnung zählen noch auf individueller Verhandlung mit Vorgesetzten und/oder der Personalabteilung beruhen. Es handelt sich dabei nicht um einen definierten Begriff; eine Vielzahl privater Vereinbarungen oder von Unternehmen erarbeitete Vergütungssysteme könnten dazu gezählt werden.

17.3   Ein neuer Ansatz: New Pay

Ein neuer Ansatz bezüglich des Themas »Gehalt« wird durch das Konzept New Pay geboten. Dieser ausschließlich im deutschsprachigen Raum auftretende Begriff wurde 2017 von Sven Franke, Nadine Nobile und Stefanie Hornung geprägt. Er leitet sich grob vom Konzept des New Work ab und umfasst vordergründig die Erwartung, dass Gehälter fair, transparent, flexibel, selbstbestimmt und partizipativ sein müssen. Ein konkretes Vergütungssystem liegt New Pay nicht zugrunde. Eine wissenschaftliche Betrachtung dieses Konzepts ist nicht zu finden, vermutlich begründet durch den Fokus auf den deutschsprachigen Raum und den kurzen Zeitraum seit seiner Entstehung. Doch in der Medienberichterstattung zeigt sich, dass immer mehr Unternehmen »mit neuen Gehaltsmodellen experimentieren«.[24] New Pay hat in Handbüchern und Webseiten für Geschäftsführer:innen und Personalverantwortliche Einzug gehalten,[25] in Magazinen für ebendiese Zielgruppe wird darüber berichtet[26] und bekannte Arbeitgebende wie Robert Bosch teilen ihre Erfahrungen mit New Pay.[27] Online ist dabei zum Beispiel zu lesen, dass Arbeitnehmer:innen New Pay als gerechter empfinden.[28]

Das Wort »New Pay« hielt Einzug nicht nur in Interviews, Blogartikel und Konferenzen, sondern auch in aktuelle klassische Personalhandbücher zum Thema Vergütungssysteme. So findet sich der Begriff im Titel der zweiten Auflage des im Springer Verlag erschienenen Buches »Nachhaltiges Leistungs- und Vergütungsmanagement – Ent-

---

22   Vgl. Lazear (2000), S. 1360; Fehr/Klein/Schmidt (2007), S. 153; Barlevy/Neal (2012), S. 1829.
23   Siehe z. B. Luna-Arocas/Danvila del Valle/Lara (2020), S. 2.
24   Obmann (2020).
25   Vgl. Weißenrieder (2019); Weinberg (2019); Unternehmer.de (2021).
26   Vgl. Ksienrzyk (2020); Obmann (2020); Obmann (2021).
27   Vgl. New Work SE (2021).
28   Vgl. Koschik (2019).

geltsysteme zwischen Status quo, Agilität und New Pay« von Jürgen Weißenrieder,[29] dieser lässt aber offen, worum es sich bei New Pay konkret handelt. Eine wissenschaftliche oder offiziell anerkannte Definition des Begriffes existiert nicht.

»Eine schnelle, einfache Definition ist schwierig«, sagt Sarah Maximilian, Vergütungsexpertin und Beraterin zu New Pay, im Interview. Dokumentiert wurde der Begriff zum ersten Mal im Kontext der alternativen Vergütungssysteme in einer sogenannten Blogparade des Unternehmens CO:X von Juli bis Oktober 2017, bei dem Nadine Nobile und Sven Franke zu Beiträgen rund um das Thema New Pay aufriefen.[30] New Pay wird häufig im Kontext von New Work verwendet. So finden sich in Personalsachbüchern Zitate wie: »Auch Vergütung muss im Sinne von New Work agil werden.«[31] Der Vergütungsexperte und New-Pay-Berater Andreas Laus erläutert im Interview ebenfalls: »Die Definition des Begriffs New Pay ist natürlich stark verbunden mit dem Thema New Work.« Um New Pay zu verstehen, muss also zunächst das Konzept von New Work beschrieben werden.

Die Definition der New Work Charta der Humanfy GmbH, die 2019 von den Beratenden Markus Väth, Arthur Soballa und Anja Gstöttner formuliert und von über 400 Personen unterzeichnet worden ist, findet allgemein große Akzeptanz: »Jenseits isolierter Maßnahmen und Einzelmethoden konzentriert sich die Essenz von New Work in fünf Prinzipien, die sich im unternehmerischen Alltag widerspiegeln: Freiheit, Selbstverantwortung, Sinn, Entwicklung und soziale Verantwortung.«[32] Dies passt zu den Ansätzen einer neuen Organisationskultur, wie sie auch von Laloux beschrieben wird.[33]

Berater:innen weisen darauf hin, dass jedes Unternehmen seinen eigenen Weg finden müsse: »Wir gucken uns an, was die Organisation zum aktuellen Zeitpunkt benötigt, und probieren dann gemeinsam mit der Organisation aus« – so skizziert Sarah Maximilian im Interview den Beratungsprozess. Für Frank Spieker, Verantwortlicher für Vergütung bei der Lufthansa Group, beinhaltet New Pay das Reagieren auf den Wertewandel in der Gesellschaft und auf die Dynamik in der Entwicklung von Arbeitsstrukturen in Form passender Vergütungssysteme. Dies könne vielfältige Prägungen annehmen.

Um den Grundgedanken von New Pay dennoch abstrakt beschreiben zu können, formulieren Franke et al.: »Der Begriff New Pay umschreibt Prozesse rund um die Entwicklung neuer Gehaltsprozesse, die die Bedürfnisse der Menschen in einer sich dynamisch wandelnden Organisation unterstützen. Die Gehaltsfindung [...] durch-

---

29 Vgl. Weißenrieder (2019).
30 Vgl. CO:X (2017).
31 Vgl. Redmann (2019), S. 39.
32 Schermuly/Geissler (2020), S. 48.
33 Vgl. Laloux (2015).

bricht fast immer alte Muster, Rituale und Regeln und hinterfragt klassische Entgeltsysteme. New Pay ist ein System, das lebt, atmet und sich nach Bedarf selbst anpasst.
Ziel ist die eigene, individuelle Lösung.«[34]

17.3.1   Die 7 Prinzipien von New Pay

Zusätzlich dazu benennen sie sieben Prinzipien von New Pay, die auch an New Work
angelehnt sind und die wir uns im Folgenden näher angucken wollen: 1) Fairness als
zentrale Dimension, 2) Transparenz, 3) Selbstverantwortung, 4) Partizipation, 5) Flexibilität, 6) Wir-Denken und 7) Permanent Beta.[35]

1. **Fairness**

   Bei New Pay soll Fairness im Mittelpunkt stehen. Gemeint ist damit die von Arbeitnehmenden wahrgenommene Gerechtigkeit, die durch »*nachvollziehbare, an-
   gemessene und verlässliche Prozesse*«[36] erhöht werden soll. Vergütungsberater
   Andreas Laus bezeichnet dies als »*Angemessenheit*«: Arbeitnehmer:innen müssen
   abgeholt werden und das Gefühl empfinden, fair vergütet zu werden. Im New-Pay-
   Report von 2021 wird die angegebene Gehaltszufriedenheit als Indikator für die
   wahrgenommene Fairness bzw. Gerechtigkeit der Vergütung gesehen.[37]

2. **Transparenz**

   Unter New Pay sollen Arbeitnehmer:innen Kenntnisse über die Entwicklung des
   Vergütungssystems und dessen aktuelle Struktur erhalten.[38] Dies kann, muss aber
   nicht bedeuten, dass auch konkrete Gehaltssummen der Mitarbeitenden bekannt
   sind.[39] Transparenz wird im Kontext von New Work und New Pay als wesentlich
   für eine agile, vertrauensvolle und offene Zusammenarbeit angesehen.[40] Sie soll
   außerdem eine Erhöhung der wahrgenommenen Gerechtigkeit herbeiführen.[41]
   David Cummins, der Organisationen berät und New Pay im eigenen Unternehmen
   eingeführt hat, hält nach seiner Erfahrung die Transparenz über das Verfahren für
   wichtiger als diejenige über die Gehälter an sich.[42] Ein verständliches und transpa-
   rentes System sieht auch Frank Spieker als wichtigen Bestandteil von New Pay.[43]

3. **Partizipation**

   Im Kern geht es bei der Partizipation darum, dass Arbeitnehmer:innen Einfluss auf
   ihre eigene Vergütung üben können – sei es konkret bei ihrem individuellen Ge-

---

34   Franke/Hornung/Nobile (2019), S. 25.
35   Vgl. Franke/Hornung/Nobile (2019), S. 235 f.
36   Franke/Hornung/Nobile (2019), S. 82.
37   Vgl. Buhl et al. (2021), S. 23.
38   Vgl. Weißenrieder (2019), S. 270.
39   Vgl. Franke/Hornung/Nobile (2019), S. 82.
40   Vgl. Redmann (2019), S. 170.
41   Vgl. Franke/Hornung/Nobile (2019), S. 238.
42   Vgl. Cummins (2021) im Interview.
43   Vgl. Spieker (2021), im Interview.

halt oder über die Mitgestaltung am Vergütungssystem.[44] Auch als »*Partizipation und Einflussnahme*«[45] bezeichnet, können demnach darunter verschiedene Prozesse fallen, bei denen Arbeitnehmer:innen zu ihren Meinungen befragt werden oder spezifische Sachverhalte aktiv mitgestalten. Dies kann von der Bewertung eines Arbeitsplatzes bis hin zur Festlegung konkreter Gehälter unterschiedliche Aspekte betreffen. »*New Pay ist zumindest die Idee, dass wir partizipativ vorgehen*«,[46] so erläutert Sarah Maximilian ihr Verständnis und weist darauf hin, dass die Kommunikation und das Einbeziehen der Arbeitnehmer:innen die wichtigsten Mechanismen seien und sich New Pay dahingehend stark von der klassischen Vorgehensweise unterscheide.[47] Laut New-Pay-Report von 2021 spiegle sich darin das »*Bedürfnis der Mitarbeitenden nach Partnerschaft*«[48] wider, also nach einer Beziehung »*auf Augenhöhe*«.[49]

4. **Selbstverantwortung**

Die Selbstverantwortung geht über die Partizipation am Vergütungssystem hinaus: Arbeitnehmer:innen übernehmen für ihre eigene Vergütung oder die Vergütung von Kolleginnen und Kollegen Verantwortung. Während sie bei der Partizipation lediglich befragt oder beteiligt werden, tragen sie bei der Selbstverantwortung die Verantwortung auch für den gesamten Prozess.

Vergütungsexperte Andreas Laus sieht den Unterschied vor allem darin, dass sich klassische Vergütungssysteme an festen Funktionen orientieren und daran dann der Arbeitsplatz bewertet wird. Bei einem New-Work-Konzept könnten sich Funktionen und Rollen jedoch stetig verändern, weil sich Arbeitnehmer:innen selbst organisieren, sodass die klassischen Vergütungssysteme nicht mehr anwendbar seien.[50] Selbstverantwortung stünde demnach mehr mit der generellen Selbstorganisation im jeweiligen Unternehmen in Verbindung. Organisationsberaterin Monika Luger wiederum sieht die »*Selbstbestimmtheit*«[51] von Arbeitnehmenden im Vordergrund, die es ermöglicht, das eigene Leben passend zu gestalten. Dies kann jedoch auch zum folgenden Prinzip der Flexibilität gezählt werden.

5. **Flexibilität**

Flexibilität wird bei New Pay insbesondere im Hinblick auf Arbeitszeit betrachtet: Arbeitszeitmodelle sollen frei wählbar sein und sich den Lebensumständen der Arbeitnehmer:innen anpassen können.[52] Für Frank Spieker ist Flexibilität ein zentraler Aspekt von New Pay. Arbeitnehmer:innen fordern zunehmend individuelle Wahlmöglichkeiten und diese müssen ihnen geboten werden. Dies kann die Aus-

---

44 Vgl. Franke/Hornung/Nobile (2019), S. 82/240/241.
45 Vgl. Weißenrieder (2019), S. 270.
46 Maximilian (2021), im Interview.
47 Vgl. Maxiliam (2021), im Interview.
48 Buhl et al. (2021), S. 25.
49 Buhl et al. (2021), S. 29.
50 Vgl. Laus (2021), im Interview.
51 Luger (2021), im Interview.
52 Vgl. Franke/Hornung/Nobile (2019), S. 241.

wahl von monetären Vergütungsbestandteilen betreffen, aber auch Arbeitszeit und -ort. Vor allem der letzte Punkt hat im Kontext der Coronapandemie erheblich an Bedeutung gewonnen.[53] Auch seien individualisierbare Weiterbildungs- und Weiterentwicklungsmöglichkeiten ebenso wichtig wie das Gehalt und müssten beim Thema Vergütung berücksichtigt werden.[54]

6. **Wir-Denken**

Im Vergütungssystem soll zum einen nicht mehr auf individuelle Boni gesetzt werden und zum anderen soll Arbeit Sinn stiften, was wiederum Teil der Entlohnung sei.[55] Einen stärkeren Team-Bezug sieht Frank Spieker auch beim New-Pay-Ansatz: Bonussysteme sollten eher am wirtschaftlichen Erfolg von Teams festgemacht werden, um die Teamarbeit zu fördern.[56]

7. **Permanent Beta**

Das Vergütungssystem befindet sich im stetigen Wandel und wird regelmäßig überprüft. Dieses Merkmal leitet sich von den Grundsätzen agiler Arbeitsweisen und agiler Organisationen ab: Es soll kein ausgefeilter Plan entwickelt und jahrelang umgesetzt werden, sondern mit einem Testlauf angefangen, Feedback eingeholt und anschließend verbessert werden.[57] Anlehnend an Selbstorganisation und agile Organisationen führt auch Vergütungsexperte Andreas Laus an: *»Du fängst an, dich mit dem Thema zu beschäftigen, und es wird sich weiterentwickeln. Und es gibt keinen Endzeitpunkt und es gibt keine endgültige Wahrheit.«*[58]

17.3.2   Konkrete Vergütungssysteme bei New Pay

Zusätzlich werden von den Autor:innen zu New Pay 18 Modelle erwähnt, welche die Gehaltsfestsetzung konkret definieren. Diese sind nicht alle als eigenständige, alternative Vergütungssysteme zu betrachten: Die Mitarbeitendenbeteiligung[59] oder das öffentlich transparente Gehalt[60] sind beispielsweise bereits Bestandteile klassischer Vergütungssysteme,[61] während die *»Entlohnung durch Wirksamkeit oder Sinn«*[62] zwar als Ergänzung, aber nicht als eigenständiges Vergütungssystem betrachtet werden kann. Diese Modelle sind daher eher als Impulse aus der Praxis zu verstehen statt als eigenständige, bereits existierende Vergütungssysteme. Im Folgenden werden vier Modelle vorgestellt, die als eigenständige Vergütungssysteme funktionieren können und auch in anderen Quellen bereits Erwähnung gefunden haben.

---

53   Vgl. Spieker (2021), im Interview.
54   Vgl. Spieker (2021), im Interview.
55   Vgl. Franke/Hornung/Nobile (2019), S. 82.
56   Vgl. Spieker (2021), im Interview.
57   Vgl. Weißenrieder (2019), S. 286.
58   Laus (2021), im Interview.
59   Vgl. Franke/Hornung/Nobile (2019), S. 246.
60   Vgl. Franke/Hornung/Nobile (2019), S. 252.
61   So auch Löffelholz (1993), S. 33.
62   Franke/Hornung/Nobile (2019), S. 254.

- **Einheitsgehalt**

  Beim Einheitsgehalt verdienen alle Arbeitnehmer:innen den gleichen Betrag. In Personalsachbüchern ist damit häufig eher gemeint, dass Arbeitnehmer:innen bei gleicher Tätigkeit einen identischen Lohn erhalten.[63] Bei New Pay soll darüber aber hinausgegangen werden: Unabhängig von ihrer Tätigkeit, ihrer Ausbildung, ihrer Betriebszugehörigkeit oder anderen denkbaren Faktoren werden alle Arbeitnehmer:innen gleich bezahlt.[64] Organisationsberaterin Monika Luger hält dieses System lediglich bei Start-ups für passend.[65]

- **Gehaltsformel oder Gehaltsrechner**

  Um die passende Vergütung für jede Arbeitnehmerin und jeden Arbeitnehmer auszurechnen, steht eine Gehaltsformel oder ein Gehaltsrechner zur Verfügung, mit dem anhand bestimmter Kriterien das auszuzahlende Gehalt ermittelt wird. Häufig werden diese Kriterien gemeinsam erarbeitet.[66] Organisationsberater David Cummins sieht darin den Vorteil, dass mit Hilfe der Kriterien innerhalb der Formel ausgedrückt werden kann, was dem Unternehmen wichtig ist.

- **Wunschgehalt oder selbst gewähltes Gehalt**

  Beim Vergütungssystem »Wunschgehalt« beinhaltet der Name bereits die Definition: Arbeitnehmer:innen bestimmen ihre Vergütung selbst.[67] Dabei kann es sich bei dem formulierten Wunsch um ein Ziel handeln, das mittelfristig erreicht werden soll, wenn zum Beispiel die wirtschaftliche Lage des Unternehmens dies zulässt. Es kann aber auch ein direkt festgelegter Betrag sein, der ohne Verhandlung gezahlt wird.[68] In vielen Fällen erhalten Arbeitnehmer:innen dazu begleitende Informationen, beispielsweise über den wirtschaftlichen Erfolg des Unternehmens, und durchlaufen einen spezifischen Prozess. Wie Weißenrieder notiert, ist dies gewissermaßen »die maximale Partizipation«.[69] Monika Luger sieht in diesem Vergütungssystem ein »hohes Potenzial«[70], weil es Reflexionsprozesse bei den einzelnen Personen sowie im Team anrege. Auch Cummins hält das Wunschgehalt für einen vielversprechenden Ansatz, weist aber darauf hin, dass viele Organisation den dafür nötigen Reifegrad noch nicht besitzen.

- **Gehaltsgremium oder Gehaltsvertreter:innen**

  Beim Gehaltsgremium entscheiden nicht Geschäftsführer:innen oder Personalverantwortliche über neue Gehälter oder Gehaltserhöhungen, sondern ein Gremium aus Mitarbeitenden übernimmt diese Aufgabe. Dabei kann es sich um ein festes Gremium handeln oder um Personen, die von den jeweiligen Arbeitneh-

---

63 Vgl. Weißenrieder (2019), S. 294.
64 Vgl. Franke/Hornung/Nobile (2019), S. 245.
65 Vgl. Luger (2021), im Interview.
66 Vgl. Franke/Hornung/Nobile (2019), S. 248.
67 Vgl. Franke/Hornung/Nobile (2019), S. 247.
68 Vgl. Redmann (2019), S. 170.
69 Weißenrieder (2019), S. 289.
70 Luger (2021), im Interview.

menden benannt werden.[71] Hierarchien spielen dabei meistens keine Rolle und jede Person hat dieselbe Stimme.[72] In kleineren Unternehmen kann auch die gesamte Belegschaft als Gehaltsgremium fungieren.

Zusammenfassend lässt sich sagen, dass New Pay auf den Ansätzen von New Work hinsichtlich Agilität, Selbstorganisation, Sinn und Transparenz beruht. Die Prinzipien von New Pay (Fairness, Transparenz, Selbstverantwortung, Partizipation, Flexibilität, Wir-Denken und Permanent Beta) spiegeln dies wider, sind aber nicht abschließend definiert und lassen Raum für Interpretationen.

17.4   Was wünscht sich die junge Generation?

New Pay bietet spannende Ansatzpunkte für Entscheider:innen, sowohl in Hinblick auf die zugrunde liegenden Prinzipien als auch in Bezug auf die konkreten Vergütungssysteme. Wenn wir in das Jahr 2035 schauen und wissen wollen, welche Entwicklungen es bei Vergütungssystemen geben wird und welche Trends sich durchsetzen, lohnt sich ein Blick auf die Wünsche der jungen Generation.

In strukturierten Interviews wurden 17 Arbeitnehmer:innen, die nach New Pay bezahlt werden, zur aktuellen Zufriedenheit mit ihrem Gehalt und Wünschen für die Festsetzung des Gehaltes befragt, und die Antworten wurden mit dem aktuellen Stand der Forschung verglichen. Diese wurden kategorisiert und abstrahiert, um die Tendenzen in den Antworten aufzeigen zu können.

17.4.1   Tendenzen, die die aktuellen Vergütungssysteme infrage stellen

Die Bedeutung von Zeit

Die Antworten zeigen eine gestiegene Bedeutung des Faktors »Zeit« bezüglich der Gehaltszufriedenheit. Zum einen wird für zeitliche Flexibilität – sowohl im Hinblick auf die Arbeitszeit als auch auf individuelle längere Auszeiten – auf Geld verzichtet. Zum anderen besteht der Wunsch, lieber mehr freie Zeit als mehr Geld zur Verfügung zu haben. Schließlich fragten sich Teilnehmende vereinzelt, ob Zeit und Vergütung nicht gänzlich voneinander getrennt werden können. Dies weist auf einen gesellschaftlichen Trend hin: Lebenszeit wird bewusster wahrgenommen und gestaltet, die Arbeit soll sich dem unterordnen. Dahinter steht vermutlich zum einen der Wunsch nach Zeitsouveränität und zum anderen das Bedürfnis, nicht nur Lebenszeit gegen Einkom-

---

71   Vgl. Franke/Hornung/Nobile (2019), S. 248.
72   Vgl. Weißenrieder (2019), S. 286.

men zu tauschen und insgesamt mehr Zeit zu haben. In der Forschung zum sogenannten *work-family-conflict* könnten sich diesbezüglich weitere Theorien finden.[73]

Individualisierung und Flexibilisierung

Mit Individualisierung ist die individuelle Festlegung von Vergütung, Arbeitszeit, Arbeitsort, Nebenleistungen und weiteren Bestandteilen gemeint, sodass ein auf die jeweilige Arbeitnehmerin oder den jeweiligen Arbeitnehmer zugeschnittenes Gesamtpaket entsteht. Dies geht über klassische Gleitzeit oder freie Wahl des Arbeitsplatzes hinaus: Als Beispiel wurde genannt, weiterhin branchenfremden Nebentätigkeiten nachgehen zu dürfen und für diese freigestellt zu werden. Lawler notierte 2000, dass die Vergütungssysteme der Zukunft auf die diversifizierten Bedürfnisse von Arbeitnehmenden individuell zugeschnitten werden müssen.[74] Im Allgemeinen wird davon ausgegangen, dass individuelle Vereinbarungen die Performance von Arbeitnehmenden erhöhen.[75] In einer aktuellen Studie in Bezug auf individuelle Pay-for-Performance-Vereinbarungen konnten zusätzlich negative Effekte auf die Performance von Kolleginnen und Kollegen festgestellt werden, die keinen individuellen Vereinbarungen unterlagen.[76]

Auch wenn das Gehaltsgefüge sich im Vergleich mit Kolleginnen und Kollegen fair anfühlen soll, wurden Wünsche nach Individualisierung und flexibler, individueller Gestaltung sehr deutlich. Dies passt ebenso zum Punkt der Arbeitszeit: Das Arbeitsleben soll den Anforderungen des Alltags gerecht werden können. Zusätzlich sollen individuelle Karrierepfade und zum Beispiel Weiterbildungsmöglichkeiten oder Boni sowie Nebenleistungen geboten werden, die zu den Arbeitnehmenden passen. Der in der Forschung bisher vernachlässigte Aspekt der Flexibilisierung wird hier deutlich.

In Hinblick auf digitale Tools zum HR-Management ist anzunehmen, dass individuelle und flexibilisierte Gehälter 2035 noch einfacher einzuführen und zu verwalten sein werden und dieser Trend durch die technologische Unterstützung weiter ausgebaut werden wird.

Unterstützen statt verhandeln

In einer häufig getätigten Aussage wurde das Gehalt als eine Form der Wertschätzung bezeichnet. Das Bild zweier Parteien, die sich zunächst diametral gegenüberstehen und anschließend durch Verhandlung aufeinander zubewegen, passt nicht dazu und fand sich in den Interviews nicht wieder. Vielmehr besteht eine vertrauensvolle, transparente Beziehung zwischen der Organisation und ihren Arbeitnehmenden, bei der Gehaltswünsche gemeinsam ermöglicht werden.

---

73 Vgl. Bhave/Kramer/Glomb (2013).
74 Vgl. Lawler (2000).
75 Vgl. Abdulsalam et al. (2021), S. 1203.
76 Vgl. Abdulsalam et al. (2021), S. 1022 f.

Der wahrgenommene Support durch eine Organisation wurde von Williams et al. 2008 als ein Einflussfaktor auf die Gehaltszufriedenheit identifiziert.[77] Auch unabhängig vom Gehalt handelt es sich dabei um die Wahrnehmung von Arbeitnehmenden darüber, wie sehr die Organisation sie und ihren Beitrag schätzt und an ihrem Wohlergehen interessiert ist.[78] In den Interviews wurde geäußert, dass starre Verhandlungen nicht der Fall seien, sondern Gehaltsgespräche auf Augenhöhe und partnerschaftlich stattfänden: *»Ich finde auch wertvoll in Gehaltsgesprächen, die man dann führt, dass es weniger eine Verhandlung ist, sondern mehr eine… eine Suche nach dem Bedarf.«*

Dies passt zu den verschiedenen neuen Ansätzen zur Organisationsentwicklung, die vorwiegend auf sinnstiftende Kollaboration ausgerichtet sind. Eine Unternehmenskultur mit einem unterstützenden Klima kann die negativen Effekte eines niedrigen Gehalts abfangen. Hierzu könnte auch das New-Pay-Prinzip »Wir-Denken« gezählt werden.

Mitbestimmung

Die unter New Pay als zentral geltende Partizipation und Selbstverantwortung werden ebenfalls in den Interviews genannt. Arbeitnehmer:innen möchten über die Möglichkeit verfügen, Vergütungssysteme an die für sie wichtigen Punkte anzupassen, und aktiv daran mitarbeiten. Konträr zu der bei New Pay als wichtig angesehenen Partizipation äußerten allerdings sechs Teilnehmer:innen den Wunsch, sich nicht mit der Vergütung und dem Vergütungsgefüge befassen zu müssen. Dies bedeutet jedoch nicht, dass es unabhängig von ihnen entschieden werden sollte. Vielmehr stand der Gedanke im Raum, ein Vergütungssystem gefunden zu haben, das so gut und gerecht funktioniere, dass keine Anpassung und kein Zeitinvest mehr nötig seien, um dieses zu verbessern. Somit kann auch diese Kategorie eher als utopischer Wunsch verstanden werden. Wenn das Vergütungssystem noch nicht den idealen Zustand erreicht hat, bevorzugen es Arbeitnehmende, wenn sie mitgestalten können.

Unternehmerisches Denken

Nicht nur soll die eigene Leistung angemessen entlohnt werden, die Entlohnung soll sich auch am für das Unternehmen geschaffenen Wert orientieren. Zusammen mit Aussagen über die Mitgestaltung des Unternehmens ergibt dies ein Bild von Arbeitnehmenden, die aktiv am Unternehmen mitarbeiten sowie unternehmerisch denken und handeln möchten. Dies findet sich in der bisherigen Forschung so nicht wieder.

---

77   Vgl. Williams et al. (2008), S. 651.
78   Vgl. Eisenberger et al. (1986), S. 501.

17.5 Wie sieht Gehalt 2035 aus?

Ob New Pay das Vergütungssystem der Zukunft darstellt, bleibt abzuwarten und hängt nicht zuletzt natürlich auch mit der wirtschaftspolitischen Lage und der damit einhergehenden Prioritätensetzung zusammen. Organisationen sollten ihre Vergütungssysteme im Hinblick auf die genannten Tendenzen jedoch jetzt schon überprüfen und möglicherweise die Individualisierung und Flexibilisierung sowie die Bedeutung von Zeit in den Vordergrund stellen, Mitbestimmung sowie unternehmerisches Denken fördern und eine entsprechende Unternehmenskultur schaffen. Dies muss nicht zwangsläufig die Etablierung von New Pay beinhalten: Einige dieser Faktoren finden sich auch in der klassischen Gehaltsforschung. New Pay kann dafür Impulse liefern.

17.6 Was Organisationen jetzt tun müssen

Vier mögliche Herangehensweisen für ein zeitgemäßes Vergütungssystem

1. **Die Wichtigkeit von Zeit übertrifft die Bedeutung von Geld** – insbesondere für die Generationen Y und Z. Freizeit und Lebensqualität spielen eine ganz andere Rolle. Teilzeitmodelle, bezahlte oder unbezahlte Auszeiten sowie die Möglichkeit zur Ausübung von Nebenbeschäftigungen oder ehrenamtlichen Tätigkeiten können bei Gehaltsverhandlungen wichtiger sein als das Bruttoeinkommen an sich. Organisationen, die verschiedene Optionen anbieten und Spielraum für individuelle Lebensgestaltung ermöglichen, können sowohl für Arbeitnehmende als auch -gebende vorteilhaft sein.

2. **Einholen von Fragen und Feedback ist hilfreich:** Dieser Ansatz wird im Gehaltskontext selten umgesetzt, obwohl er nichts Neues beinhaltet. Ein Workshop zum aktuellen Entlohnungssystem und eine strukturierte Befragung von Feedback und Wünschen können die Transparenz des Systems erhöhen und das empfundene Gerechtigkeitsgefühl steigern. Selbst wenn letztendlich keine Änderungen am Entlohnungssystem vorgenommen werden, kann so die Komplexität der Gehaltsfrage verdeutlicht werden. Zudem können wertvolle Impulse gewonnen werden.

3. **Mut zum Experimentieren.** Es ist schwierig, Experimente mit Geld durchzuführen, da einmal gewährte Erhöhungen nicht zurückgenommen werden können. Aus diesem Grund schrecken viele Unternehmen davor zurück. Dennoch können neue Vergütungssysteme getestet und im schlimmsten Fall wieder abgeschafft werden, insbesondere wenn sie von freiwilligen Beta-Testern erprobt werden. Warum also nicht einen Pilotversuch mit einem Vergütungsgremium starten und die Erfahrungen der Menschen damit teilen?

4. **Digitale Unterstützung nutzen.** Damit komplexer werdende Vergütungssysteme nicht zu einem höheren administrativen Aufwand führen, sollten von Anfang an digitale Tools mitgedacht werden, die die Individualisierung und Self-Service unterstützen können.

Über Kaja Braun

Kaja Braun (sie/ihr) wurde im Alter von 27 Jahren Geschäftsführerin einer Digitalagentur, in welcher sie zuvor den Aufbau des Softwarebereichs leitete und die Entwicklung mehrerer digitaler Produkte vorantrieb. Gehaltsentscheidungen und die Frage nach dem fairen Gehalt spielten dabei von Anfang eine zentrale Rolle in dem internationalen Unternehmen – so wurde am zweiten Standort in Indien vollständige Gehaltstransparenz eingeführt. Im Studium an der Universität der Künste Berlin und der Hochschule St. Gallen erhielt sie zusätzlich die Möglichkeit, intensiv zum Thema Gehalt und dem Trendbegriff New Pay zu forschen.

Literaturverzeichnis

Abdulsalam, Dhuha; Maltarich, Mark A.; Nyberg, Anthony J.; Reilly, Greg; Martin, Melissa (2021). Individualized pay-for-performance arrangements. Peer reactions and consequences. In: Journal of Applied Psychology, 8 (106), S. 1202–1223.

Akinbobola, Olusola; Nathaniel, Nze (2019). Dimensions of Pay Satisfaction as Predictors of Work Engagement among Military and Civilian Personnel. In: Journal of Reviews on Global Economics (8), S. 1077–1085.

Anwalt.org (2021). Arbeitsrecht. Lohn und Gehalt in Deutschland. URL: https://www.anwalt.org/gehalt/, Abruf am 03.11.2021.

Barlevy, Gadi; Neal, Derek (2012). Pay for Percentile. In: American Economic Review, 5 (102), S. 1805–1831.

Bergmann, Frithjof (2019). New Work New Culture. Work we want and a culture that strengthens us. Washington, John Hunt Publishing.

Bhave, Devasheesh P.; Kramer, Amit; Glomb, Theresa M. (2013). Pay satisfaction and work-family conflict across time. In: Journal of Organizational Behavior, 5 (34), S. 698–713.

Buhl, Hanna-Lena; Hornung, Stefanie; Nobile, Nadine; Franke, Sven (2021). New Pay Report, URL: https://www.new-pay.org/inspiration/new-pay-report/, Abruf am 03.11.2021.

CO:X (2017). New Pay – die Blogparade im Überblick – Teil 1. URL: http://www.coplusx.de/2017/10/08/new-pay-die-blogparade-im-%C3%BCberblick/, Abruf am 16.10.2021.

Cummins, R. David (2021). Experteninterview über Google Meet am 14.07.2021.

Currall, Steven C.; Towler, Annette J.; Judge, Timothy A.; Kohn, Laura (2005). Pay Satisfaction and Organizational Outcomes. In: Personnel Psychology, 3 (58), S. 613–640.

Duden (2021). Gehalt. URL: https://www.duden.de/rechtschreibung/Gehalt_Lohn_Entgelt, Abruf am 03.11.2021.

Eisenberger, Robert; Huntington, Robin; Hutchison, Steven; Sowa, Debora (1986). Perceived organizational support. In: Journal of Applied Psychology, 3 (71), S. 500–507.

Farooq, Naveed; Bilal, Hazrat; Raza, Wahid (2020). Knowledge Sharing Culture Influences on Organizational Commitment. The Mediating Role of Pay Satisfaction. In: Journal of Accounting and Finance in Emerging Economies (6), S. 117–126.

Fehr, Ernst; Klein, Alexander; Schmidt, Klaus M (2007). Fairness and Contract Design. In: Econometrica, 1 (75), S. 121–154.

Franke, Sven; Hornung, Stefanie; Nobile, Nadine (2019). New Pay – Alternative Arbeits- und Entlohnungsmodelle. 1. Auflage, Freiburg: Haufe.

Gevrek, Deniz; Spencer, Marilyn; Hudgins, David; Chambers, Valrie (2017). I can't get no satisfaction. The power of perceived differences in employee intended retention and turnover. In: Personnel Review, 5 (46), S. 1019–1043.

Gieter, Sara De; Hofmans, Joeri (2015). How reward satisfaction affects employees' turnover intentions and performance. An individual differences approach. In: Human Resource Management Journal, 2 (25), S. 200–216.

Gim, Gabriel; Cheah, Wen-Sing (2020). Pay satisaction and organisational trust. An importance-perfomance map analysis. In: Journal of Applied Structural Equation Modeling (4), S. 1–16.

Haufe (2021). Ein Überblick zum Thema New Work. URL: https://www.haufe.de/thema/new-work/, Abruf am 15.10.2021.

Heneman, Robert L.; Greenberger, David B.; Fox, Julie A. (2002). Pay increase satisfaction. A reconceptualization of pay raise satisfaction based on changes in work and pay practices. In: Human Resource Management Review, 1 (12), S. 63–74.

Jordan, Gašper; Todorović, Ivan; Čudanov, Mladen; Marič, Miha (2018). The Impact of Pay Satisfaction on Organizational Commitment in Higher Education, 13th International Forum on Knowledge Assets Dynamics on the theme: »Societal Impact of Knowledge and Design«, Delft.

Kim, Mee; Park, Sanghee; Jiang, Yuan; Park, Won-Woo; Chung, Hyun (2020). Relational Approach to Team-Level Pay Satisfaction. The Roles of LMX Differentiation. In: Academy of Management Proceedings (2020).

Koschik, Anne (2019). »New Pay« – Ein zeitgemäßes & gerechtes Gehaltssystem? URL: https://www.karriere.de/mein-geld/zeitgemaesses-verguetungssystem-mitarbeiter-empfinden-new-pay-als-gerechter/24974086.html, Abruf am 26.03.2021.

Laloux, Frederic (2015). Reinventing Organizations. Ein Leitfaden zur Gestaltung sinnstiftender Formen der Zusammenarbeit. 1. Auflage, München: Vahlen.

Laus, Andreas (2021). Experteninterview über Google Meet am 30.07.2021.

Lawler, Edward E. (2000). Pay Strategy. New Thinking for the New Millennium. In: Compensation & Benefits Review, 1 (32), S. 7–12.

Lazear, Edward P. (2000). Performance Pay and Productivity. In: American Economic Review, 5 (90), S. 1346–1361.

Löffelholz, Josef (1993). Lohn und Arbeitsentgelt. Wiesbaden: Gabler.

Luger, Monika (2021). Experteninterview über Google Meet am 03.08.2021.

Luna-Arocas, Roberto; Danvila del Valle, Ignacio; Lara, Francisco (2020). Talent management and organizational commitment: the partial mediating role of pay satisfaction. In:
Employee Relations: The International Journal (ahead-of-print).

Maximilian, Sarah (2021). Experteninterview über Google Meet am 19.08.2021.

Obmann, Claudia (2020). New Pay: Gehaltsverhandlung ade? Warum New Work
neue Vergütungsmodelle braucht, URL: https://www.handelsblatt.com/karriere/
new-pay-gehaltsverhandlung-ade-warum-new-work-neue-verguetungsmodelle-
braucht/25484888.html, erschienen am 30.01.2020, Abruf am 26.03.2021.

Obmann, Claudia (2021). Fair verteilt? Wie sich Vergütungsmodelle durch New Work
verändern, URL: https://www.handelsblatt.com/karriere/fair-verteilt-wie-sich-
verguetungsmodelle-durch-new-work-veraendern/27747632.html, erschienen am
31.10.2021, Abruf am 01.11.2021.

Peretz, Hilla; Blake, Andrew B.; Ganzach, Yoav; Fried, Yitzhak (2020). Does Pay Matter to
Everyone? A National Culture Analysis of Pay, Sex, and Job Satisfaction. In: Academy of
Management Proceedings.

Petter, Jan (2021). Pflegekräfte in der Pandemie: »Wir fühlen uns wie Nummern«, URL:
https://www.spiegel.de/ausland/pflegekraefte-in-der-corona-pandemie-schlechte-
bezahlung-enorm-viel-stress-a-740e2235-6d28-47fa-8853-78f3f5c19583, erschienen am
17.07.2021, Abruf am 01.11.2021.

Redmann, Britta (2019). Vergütungssysteme gestalten. Agil, rechtssicher und nicht-monetär.
Unternehmen stärken und Mitarbeiter binden. 1. Auflage, Freiburg: Haufe.

Schermuly, C. C.; Geissler, C. (2020). Was ist New Work? Und wenn ja: wie viele? In: Personal-
magazin (08), S. 46–49.

Schermuly, Carsten (2020). Wie wird New Work praktiziert und mit welchem Erfolg? URL:
https://www.haufe.de/personal/hr-management/new-work-barometer-wie-wird-new-
work-praktiziert_80_520272.html, erschienen am 20.07.2020, Abruf am 14.10.2021.

Schneider, Jan (2021). Streik in Berlin. Wie geht es weiter mit dem Pflegenotstand? URL:
https://www.zdf.de/uri/ff7720a5-2519-4386-a00f-c2bcd3a246c4, erschienen am
13.10.2021, Abruf am 01.11.2021.

sipgate (2017). So zahlen wir. URL: https://sipgate.medium.com/so-zahlen-wir-
6251ec42205a, erschienen am 23.06.2017, Abruf am 16.10.2021.

Spieker, Frank (2021). Experteninterview über Google Meet am 21.07.2021.

Süddeutsche Zeitung, Süddeutsche (2020). Ich möchte keine Merci-Schokolade. URL:
https://www.sueddeutsche.de/kolumne/systemrelevante-berufe-ich-moechte-keine-
merci-schokolade-1.4859922, erschienen am 27.03.2020, Abruf am 01.11.2021.

Ulmer, Gerd (2013). Gehaltssysteme erfolgreich gestalten. IT-unterstützte Lohn- und Gehaltsfindung. 4. Auflage, Berlin: Gabler Verlag.

Unternehmer.de (2021). New Pay: Definition und Erklärung. URL: https://unternehmer.de/
lexikon/existenzgruender-lexikon/new-pay, Abruf am 01.11.2021.

Weinberg, Helge (2019). New Pay: Entscheiden die Mitarbeiter über das Gehalt? URL:
https://www.humanresourcesmanager.de/news/stefanie-hornung-new-pay-

entscheiden-die-mitarbeiter-ueber-das-gehalt.html, erschienen am 11.10.2019, Abruf am 01.11.2021.

Weißenrieder, Jürgen (2019). Nachhaltiges Leistungs- und Vergütungsmanagement – Entgeltsysteme zwischen Status quo, Agilität und New Pay. 2. Auflage Wiesbaden: Springer Gabler.

Williams, Margaret L.; Brower, Holly H.; Ford, Lucy R.; Williams, Larry J.; Carraher, Shawn M. (2008). A comprehensive model and measure of compensation satisfaction. In: Journal of Occupational and Organizational Psychology, 4 (81), S. 639–668.

Zhou, Sicong; Lee, Jeong (2016). The Effects of Pay Satisfaction on Job Satisfaction and Turnover Intention. In: The Journal of the Korea Contents Association (16), S. 693–700.

Zukunftsinstitut (2021). Megatrend New Work. URL: https://www.zukunftsinstitut.de/dossier/megatrend-new-work/, Abruf am 16.10.2021.

18   Was verdienst du, zu verdienen?

Ein Impuls von Anissa Brinkhoff, Finanzjournalistin

Wie genervt muss man sein von einem System, bis man anfängt, es zu verändern anstatt zähneknirschend mitzuspielen? Eine Mieterhöhung löste bei mir diesen Mindshift aus – denn auf meine eh schon horrende Hamburger Miete sollten pro Monat nochmal 200 Euro draufkommen, weil es meine Vermieterin so wollte. Und es auch so entscheiden durfte. Ich sah mich als Konsequenz schon meine Honorare als freie Journalistin erhöhen – und lief zum Glück Ideen über den Weg, die meinen Handlungshorizont erweiterten.

Es gibt da draußen Menschen und Organisationen,[1] die Vergütung und Vermögen ganz anders denken. Die Fragen stellen, auf die ich selbst nie kommen würde. Weil sie geübt darin sind, Systeme zu verändern, oder weil sie selbst so sehr von struktureller Unfairness betroffen sind, dass sie diese klar benennen können.

Dass Pflegekräfte mehr Geld verdienen sollten, haben wir inzwischen alle eingesehen. Aber was wäre, wenn die Pflegekraft mehr verdient als die Geschäftsführung? Weil sie es verdient, mehr zu verdienen?

Ok, das klingt erstmal krass. Dahinter liegen die Erkenntnisse, dass Gehaltsunterschiede auf Chancenungleichheit beruhen, dass Macht, Gehörtwerden, Reichweite und Vermögen zusammenhängen. Und dass unsere bisherigen Gehaltsstrukturen denen den Karriereweg erleichtern, die eh schon Privilegien genießen.

Um bei dem Beispiel von Pflegekraft und Geschäftsführung zu bleiben: Die Person in der Geschäftsführung ist wahrscheinlich in dieser Rolle, weil sie Akademiker:innen als Eltern hat, weil sie Nachhilfe und eine finanzielle Bildung von zuhause mitbekommen hat. Sie konnte sich ein Studium leisten und erwartet ein Erbe. Für jedes dieser Privilegien wird ihr – wenn das Gehalt nach persönlichem Verdienst berechnet werden würde – ein Anteil vom Gehalt abgezogen. Die Reinigungskraft dagegen genießt in der Regel keine dieser Privilegien, also wird ihr diese Chancenungleichheit über das Gehalt ausgeglichen. Dazu ist sie noch für die Care-Arbeit ihres Kindes zuständig und bekommt auch hierfür einen Zuschlag. Fehlende Privilegien werden so finanziell ausgeglichen. Wie hoch genau am Ende beide Gehälter sind? Ich habe keine Ahnung. Denn wie viel man eigentlich »braucht« in Deutschland, ist ja nochmal eine ganz neue Diskussion.

---

1   Für weitere Inspiration empfehle ich die Inhalte von Journalistin Mareice Kaiser, den Hashtag #ichbinarmutsbetroffen, dem Unlearn Business Lab und der Tax-Me-Now-Initiative.

Ist das nicht eine Art Umverteilung? Ja. Ist das die Lösung in der New-Pay-Diskussion? Es ist vielleicht ein Teil der Lösung. Weil wir meiner Meinung nach auch über die Vermögens- und Erbschaftssteuer sprechen müssen. Und ganz wichtig: Bei all diesen Diskussionen sollten nicht nur die mitdiskutieren, die Ahnung von den Themen haben. Weil Geld und Wissen in unserer Leistungsgesellschaft zu eng verbunden sind. Über eine Erbschaftssteuer müssen Menschen ohne Erbe mitdiskutieren, genauso wie Menschen mit viel Geld aktuell über Grundsicherung und Kindergeldmindestbeträge entscheiden.

Ich bin gespannt, wer mutig genug ist, die Privilegien-Hosen herunterzulassen und offen über Gehalt und Vermögen mitzudiskutieren. Ich selbst habe damit angefangen, aber die Hose hängt erst baggy, da ist also noch Verbesserungspotenzial. Und: Meine Honorare habe ich trotzdem erhöht, weil ich ja irgendwie meine Miete bezahlen muss.

Über Anissa Brinkhoff

 Anissa Brinkhoff (34, sie/ihr) ist Finanz-Journalistin und -Podcasterin und setzt sich für die Themen Female Finance und Finanzbildung ein. Als freiberufliche Autorin und Speakerin schreibt und spricht sie für verschiedene Medien oder Unternehmen über Geld und motiviert in Workshops Frauen, sich mit ihren Finanzen und der Altersvorsorge selbst auseinanderzusetzen. Sie berät Unternehmen zu Finanzpodcasts oder Female-Finance-Themen und ist Hamburg Ambassador des Fintech-Ladies-Netzwerks. In ihrem eigenen Podcast »Finance & Feelings« analysiert sie unsere Gefühle zu Geld, familiäre Prägungen, Abhängigkeiten, Ungerechtigkeiten und Zusammenhänge sowie die große Frage, wieso es sich für so viele von uns nicht gut anfühlt, sich mit Geld und Finanzen zu beschäftigen. Anissa Brinkhoff studierte Kommunikationswissenschaften und Journalistik in Münster und Hamburg und lebt inzwischen seit über 10 Jahren in der Hansestadt.

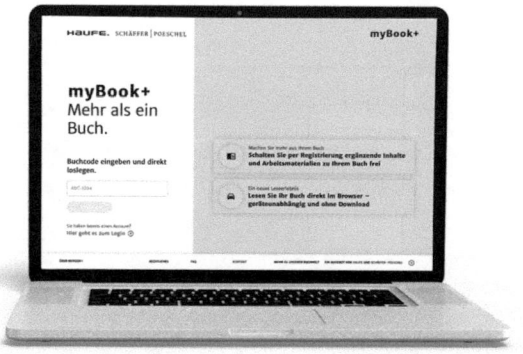

Ihre Online-Inhalte zum Buch: Exklusiv für Buchkäuferinnen und Buchkäufer!

▶ **https://mybookplus.de**

▶ Buchcode: **RBH-62591**